城市生态水利工程规划设计与实践研究

艾强　董宗炜　王勇　著

吉林科学技术出版社

图书在版编目（CIP）数据

城市生态水利工程规划设计与实践研究 / 艾强，董宗炜，王勇著. -- 长春 : 吉林科学技术出版社，2022.9
ISBN 978-7-5578-9779-6

Ⅰ．①城… Ⅱ．①艾… ②董… ③王… Ⅲ. ①城市水利－水利工程－水利规划－研究②城市水利－水利工程－工程设计－研究 Ⅳ. ①TV512

中国版本图书馆 CIP 数据核字(2022)第 179495 号

城市生态水利工程规划设计与实践研究

著	艾 强 董宗炜 王 勇	
出 版 人	宛 霞	
责任编辑	王 皓	
封面设计	南昌德昭文化传媒有限公司	
制 版	南昌德昭文化传媒有限公司	
幅面尺寸	185mm×260mm	
开 本	16	
字 数	300 千字	
印 张	14	
印 数	1-1500 册	
版 次	2022 年 9 月第 1 版	
印 次	2023 年 3 月第 1 次印刷	

出 版	吉林科学技术出版社
发 行	吉林科学技术出版社
地 址	长春市南关区福祉大路 5788 号出版大厦 A 座
邮 编	130118
发行部电话/传真	0431—81629529 81629530 81629531
	81629532 81629533 81629534
储运部电话	0431-86059116
编辑部电话	0431-81629510
印 刷	三河市嵩川印刷有限公司

书 号	ISBN 978-7-5578-9779-6
定 价	95.00 元

前言

    生态水利是按照生态学原理，遵循生态平衡的法则和要求，从生态的角度出发进行水利工程建设，建立满足良性循环与可持续利用的水利体系，从而达到可持续发展以及人与自然和谐相处。

    从宏观上讲，生态水利就是研究：水利与生态系统的关系；水资源的开发与利用对生态环境的影响、水利工程建设与生态系统演变的关系；水资源开发、利用、保护和配置中，在提高水资源的有效利用水平、节约用水的条件下，保证生态系统的自我恢复和良性发展的途径和措施。因此，生态水利是把人和水体作为整个生态系统的要素来考虑，照顾到人和自然对水利的共同需求，通过建立有利于促进生态水利工程规划、设计、施工和维护的运作机制，达到了水生态系统改善优化、人与自然和谐、水资源可持续利用、社会可持续发展的目的。

    生态城市建设的主要部分就是生态水利工程的建设，可有效的实现对资源的合理利用，并起到保护资源的目的，建设生态城市要实现资源的合理利用，并与环境做到有机的结合，实现资源的可持续发展，可见加大对城市生态水利工程建设的研究具有重要的社会效益和经济效益。本文从建设生态城市对水利工程的要求出发，结合城市水利工程建设面临的问题，对如何做好城市生态水利工程建设管理提出了几点措施，旨在为做好城市生态水利工程建设管理提供参考。

    本书在撰写过程中得到了相关专家的指导和帮助，在这里表示衷心的感谢。加之作者水平所限，难免有疏漏及不当之处，诚挚希望广大读者批评指正。

目录
CONTENTS

第一章　城市生态水系规划进展 ·· 1

第一节　我国城市水系规划的发展趋势 ·································· 1

第二节　新形势对城市发展及水系规划的要求 ···················· 3

第三节　城市生态水系规划技术体系 ·································· 11

第二章　城市水生态系统 ·· 30

第一节　城市化的水文效应 ·· 30

第二节　城市河流的生态环境功能 ···································· 33

第三节　湖泊生态系统及其环境功能 ································ 38

第四节　湿地生态系统及其环境功能 ································ 39

第五节　城市水生态系统规划与建设 ································ 45

第三章　城市生态水利工程规划 ·· 55

第一节　城市生态水系规划的内容 ···································· 55

第二节　水系保护规划 ·· 58

第三节　河流形态及生境规划 ·· 62

第四节　水系利用规划 ·· 64

第五节　涉水工程协调规划 ·· 72

第四章　城市生态水利工程总体安全设计 ·································· 75

第一节　防洪排涝安全 ·· 75

第二节　亲水安全 ··· 87

第三节　生态安全 ··· 97

第五章　城市滨水景观建设规划 ·· 99

第一节　滨水景观规划设计与规划 ···································· 99

第二节　城市河流滨水景观规划 ······································ 108

第三节　城市湖泊滨水景观规划 ······································ 111

第四节　城市湿地生态景观规划 ······································ 120

第五节　滨水区景观详细规划 ··· 125

第六章　城市河湖水污染综合治理 ……………………………………… 135

　第一节　城市污水处理及其资源化利用 ……………………………… 135

　第二节　城市污泥处理处置技术 ……………………………………… 151

　第三节　城市河湖水环境质量改善 …………………………………… 154

第七章　城市水环境中雨水利用 ………………………………………… 172

　第一节　城市雨水利用的含义与意义 ………………………………… 172

　第二节　雨水利用与处理技术 ………………………………………… 177

　第三节　雨水综合利用系统 …………………………………………… 189

　第四节　雨水水文循环途径的修复 …………………………………… 191

第八章　城市水资源建设 ………………………………………………… 193

　第一节　城市用水模式 ………………………………………………… 193

　第二节　城市水经济建设 ……………………………………………… 202

　第三节　城市水文化建设 ……………………………………………… 208

参考文献 …………………………………………………………………… 214

第一章 城市生态水系规划进展

第一节 我国城市水系规划的发展趋势

一、生态化

无论是"人水共存""多自然型河流"理念，还是"健康河道"理念，都很注重河道的生态保护，追求河道开发与生态保护的协调一致，即人水之间的和谐共生。河流作为一个生态系统提供了自然资源和生存环境两个方面的多种服务功能，生态系统只有保持了结构和功能的完整性，并且具有抵抗干扰和恢复能力，才能长期为人类社会提供服务。因此，生态系统健康是人类社会可持续发展的根本保证，这就要求我们在进行河道综合开发利用时，牢牢把握开发的适度原则，要加强河道生态系统的修复，确保了河道生态安全。

二、系统化

城市水系规划是具有综合性、协调性、规范性的水系规划体系，涉及水利、市政、环境、景观、旅游、交通等专业部门的系统工程，目前正逐步实现单一功能—综合功能、农村水利—城市水利、工程水利—资源水利、景观水利—生态水利、传统水利—现代水利的转变。按流域系统管理是当今世界水资源管理的最佳模式。为保障流域治

1

理规划目标的顺利实现，应加大流域水环境系统治理的力度，包含陆域和水域系统的综合整治。一方面应建立统一的流域管理机构，对绕城范围以内河网进行系统管理，包含水域管理及与河道生态系统有关的陆域管理，如河道排污、面源污染控制等；另一方面，应建立高效的协同工作机制，加强流域间的相互协调，既包含对大流域——绕城内外河道的同步整治进行协调，也包括对小流域——绕城以内各级管理单位的分工合作、密切配合进行统一协调。

三、特色化

城市水系规划布局应结合自然地理和河流水系特点，以水为载体，以文化为灵魂，以景观为表现形式，以滨水区为背景，突出体现地方特色，充分考虑城市空间景观形象的展现和塑造，形成有地方特色的滨水空间景观。水系空间是典型的开敞空间，往往给滨水的建筑留出了开敞的、尺度适宜的观赏距离，为集中展现建筑群体的整体形象提供了优越的条件，成为塑造城市形象的重要环节，因而水系规划不应仅仅限于水系物理环境和生态环境的治理和保护，还应充分体现规划对水系空间景观体系的引导和控制，塑造出优美及高品质的城市空间形象。

四、数字化

近几年，随着信息技术的迅猛发展，传统的人工信息采集与处理手段，逐步由应用网络、传输、数学模型、GIS、RS等高新技术进行信息的采集、传输、处理、分析等取而代之。为提高城市水系运行调度管理水平，实现资源共享、水资源综合管理及运行调度的可视化、自动化等，通过数字技术，建设数字水系，形成现代化的城市水系管理体系。

数字水系是根据城市水系管理需求，利用GIS、RS、GPS、数据库管理、虚拟现实、图像处理等先进技术，在对水利现有信息化资源整合的基础上，构建以水雨情、用水、水质、工程安全等监测设施为基础，通信系统为保障，计算机网络系统为依托，管理决策支持系统为核心的水系管理决策支持系统，为水系管理提供强大的三维可视化决策支持环境，实现水系监测、评价、预报、管理和调度的数字化，为水系网络正常运行调度决策提供科学的手段，提高管理决策水平。

通过监测设备的完善和更新改造，开展水库、湖泊、闸、坝工程水位实时监测及水质自动监控。完善现有的水利系统骨干信息网络，作为数据通道，完善网络节点的布设，改善部门局域网络，加强网络安全管理，保证了各部门各类信息的畅通和信息安全。建立水信息存储管理体系以及高效的网络数据交换和共享访问机制，保障数据的可靠性和完整性，实现水信息资源的共享。

根据防洪排涝、水系循环、供水及水生态环境保护等主要业务运行调度和决策需要，统一规划和设计，综合考虑对水信息的需求，建立并且完善水信息服务系统、水系网络运行调度系统和工程管理维护系统等应用软件系统。逐步实现运行调度的网络化、业务工作的现代化和决策的科学化。

第二节　新形势对城市发展及水系规划的要求

一、"美丽中国"建设的要求

中共十八大报告首提"美丽中国"概念，并且提出一系列要求，包括"大力推进生态文明建设""加大自然生态系统和环境保护力度"。其中，关于"实施重大生态修复工程，增强生态产品生产能力，强化水、大气、土壤等污染防治"的表述引发相关专业人士的关注。建设生态文明，是关系人民福祉、关乎民族未来的长远大计。面对资源约束趋紧、环境污染严重、生态系统退化的严峻形势，必须树立尊重自然、顺应自然、保护自然的生态文明理念，把生态文明建设放在突出地位，融入经济建设、政治建设、文化建设、社会建设各方面和全过程，努力建设"美丽中国"，实现中华民族永续发展。

坚持节约资源和保护环境的基本国策，坚持节约优先、保护优先、自然恢复为主的方针，着力推进绿色发展、循环发展、低碳发展，形成节约资源和保护环境的空间格局、产业结构、生产方式、生活方式，从源头上扭转生态环境恶化趋势，为人民创造良好生产生活环境，为全球生态安全做出贡献。

在"美丽中国"概念的基础上，延伸提出了"美丽省区""美丽城市""美丽乡村""美丽河流"等一系列概念，这对城市水系规划提出了美丽和生态的要求，力争实现"山清水秀、天高云淡、人杰地灵、物华天宝"的梦想，体现了"山青青，水碧碧，高山流水韵依依"的韵味。

二、新型城镇化建设的要求

城镇化是现代化的必由之路，是保持经济持续健康发展的强大引擎，是加快产业结构转型升级的重要抓手，是解决农业、农村、农民问题的重要途径，是推动区域协调发展的有力支撑，是促进社会全面进步的必然要求，要努力走出一条以人为本、四化同步、优化布局、生态文明、文化传承的中国特色新型城镇化道路。按照走中国特色新型城镇化道路、全面提高城镇化质量的新要求，明确未来城镇化的发展路径、主要目标和战略任务，统筹相关领域制度和政策创新，是指导全国城镇化健康发展的宏观性、战略性、基础性规划。规划提出要适应新型城镇化发展要求，提高城市规划科学性，加强空间开发管制，健全规划管理体制机制，严格建筑规范和质量管理，强化实施监督，提高城市规划管理水平和建筑质量；要顺应现代城市发展新理念、新趋势，推动城市绿色发展，提高了智能化水平，增强历史文化魅力，全面提升城市内在品质。

3

随着我国城市化进程的快速推进，水利在城市建设与发展中的基础性地位不断凸显，快速城市化所带来的水资源、水安全、水环境等一系列城市水利问题也越来越引起社会的广泛关注。新型城镇化建设提出要加快绿色城市建设、推进智慧城市建设、注重人文城市建设，这对城市水系规划提出了更高的要求，必须要充分发挥其基础性作用。

三、江河湖库水系连通的要求

河湖水系是水资源的载体，是生态环境的重要组成部分，也是经济社会发展的基础。江河湖库水系连通（简称河湖水系连通）是优化水资源配置战略格局、提高水利保障能力、促进水生态文明建设的有效举措。河湖水系连通是以江河、湖泊、水库等为基础，采取合理的疏导、沟通、引排、调度等工程和非工程措施，建立或改善江河湖库水体之间的水力联系；经过长期的治水实践，特别是新中国成立以来大规模的水利建设，目前部分流域和区域已初步形成了以自然水系为主、人工水系为辅，具有一定调控能力的江河湖库水系及其连通格局，为促进经济社会发展发挥了重要作用。河湖水系连通的指导思想以提高水资源调控水平和供水保障能力、增强防御水旱灾害能力、促进水生态文明建设为目标，以自然河湖水系、调蓄工程和引排工程为依托，努力构建"格局合理、功能完备，蓄泄兼筹、引排得当，多源互补、丰枯调剂，水流通畅、环境优美"的江河湖库连通体系，为了实现以水资源可持续利用支撑经济社会可持续发展提供基础保障。

该通知建议要将全国水生态文明城市建设试点地区河湖连通工作列入优先领域，加大支持力度，切实发挥好示范作用。城市层面应以城市水源调配、防洪排涝、水环境改善为重点，结合城市总体规划，合理连通城市河湖水系，完善城市防洪排涝体系，提高防洪排涝能力，加强备用水源工程建设，保障城市供水安全，保护并恢复河流生态廊道，提高水体流动性，适度构建亲水平台，提升城市品位。

四、中小河流治理和生态型清洁小流域治理的要求

中小河流治理项目是指为提高中小河流重点河段的防洪减灾能力，保障区域防洪安全和粮食安全，兼顾河流生态环境而开展的以堤防加固和新建、河道清淤疏浚、护岸护坡等为主要内容的综合性治理项目。

生态型清洁小流域主要位于水库、河道周边的水源保护区、生态敏感区、旅游景点和村镇等区域，以小流域为单元（流域面积原则上在 200 km2 以下），在传统水土保持工作开展的基础上，引进小型污水处理设施建设、垃圾填埋设施建设、湿地建设与保护、生态村建设，限制农药化肥的施用、退稻三禁、库滨区水土保持生态缓冲带建设等措施，大大改善了生态，有效保护了水源，营造优美的人居环境，提高了百姓的生产生活质量。

城市水系规划的编制要与省、市、县（区）的中小河流治理规划和生态型清洁小流域治理规划相衔接，必须保证工程总体布局安排协调一致。

五、水生态保护与修复的要求

随着我国人口的快速增长和经济社会的高速发展，生态系统尤其是水生态系统承受越来越大的压力，出现了水源枯竭、水体污染和富营养化等问题，河道断流、湿地萎缩消亡、地下水超采、绿洲退化等现象也在很多地方发生。通过水资源的合理配置和水生态系统的有效保护，维护河流及湖泊等水生态系统的健康，积极开展水生态系统的修复工作，逐步实现水功能区的保护目标和水生态系统的良性循环，支撑经济社会的可持续发展。水生态系统保护与修复工作既有特殊性又有普遍性，开展保护与修复工作不仅要建设一些水利工程，而且要将保护措施融合在各项水利工作中。要转变观念，按照水利不仅为经济发展，而且为良好生态系统建设提供支撑的要求，提出和实施水生态系统保护和修复工作的综合措施。通过建设或利用已有工程措施保护或修复水生态系统。除水土保持、节水及节水灌溉和水污染防治等工程措施外，生态补水工程、生物护坡护岸工程、生态清淤与内源治理工程、环湖生态隔离带工程、河道曝气、前置库、河滨生态湿地等都是水生态系统保护和修复工程。

城市水系规划的编制要与城市的水生态系统保护和修复规划相衔接，突出了生态优先的理念。

六、海绵城市和韧性城市建设的要求

（一）海绵城市

建设具有自然积存、自然渗透、自然净化功能的海绵城市是生态文明建设的重要内容，是实现城镇化和环境资源协调发展的重要体现，也是今后我国城市建设的重大任务。

顾名思义，海绵城市是指城市能够像海绵一样，在适应环境变化和应对自然灾害等方面具有良好的"弹性"，下雨时吸水、蓄水、渗水、净水，需要时将蓄存的水"释放"并加以利用。海绵城市建设遵循生态优先等原则，将自然途径与人工措施相结合，在确保城市排水防涝安全的前提下，最大限度地实现雨水在城市区域的积存、渗透和净化，促进雨水资源的利用和生态环境保护。在海绵城市建设过程中，应统筹自然降水、地表水和地下水的系统性，协调给水、排水等水循环利用各环节，并考虑其复杂性和长期性。

海绵城市的建设途径主要有以下几方面：一是对城市原有生态系统的保护。最大限度地保护原有的河流、湖泊、湿地、坑塘、沟渠等水生态敏感区，留有足够涵养水源及应对较大强度降雨的林地、草地、湖泊、湿地，维持城市开发前的自然水文特征，这是海绵城市建设的基本要求。二是生态恢复与修复。对传统粗放式城市建设模式下已经受到破坏的水体和其他自然环境，运用生态的手段进行恢复和修复，并维持一定比例的生态空间。三是低影响开发。按照对城市生态环境影响最低的开发建设理念，合理控制开发强度，在城市中保留足够的生态用地，控制城市不透水面积比例，最大限度地减少对城市原有水生态环境的破坏，同时，根据需求适当开挖河湖沟渠、增加水域面积，促进雨水的积存、渗透和净化。海绵城市建设应统筹低影响开发雨水系统、城市雨水管渠系统及超标雨水径流排放系统。低影响开发雨水系统可以通过对雨水的渗透、储存、调节、转输与截污净化等功能，有效控制径流总量、径流峰值和径流污染；城市雨水管渠系统即传统排水系统，应与低影响开发雨水系统共同组织径流雨水的收集、转输与排放；超标雨水径流排放系统，用来应对超过雨水管渠系统设计标准的雨水径流，通常通过综合选择自然水体、多功能调蓄水体、行泄通道、调蓄池、深层隧道等自然途径或人工设施构建。以上三个系统并不是孤立的，也没有严格的界限，三者相互补充、相互依存，是海绵城市建设的重要基础元素。

低影响开发雨水系统构建需统筹协调城市开发建设各个环节。在城市各层级、各相关规划中均应遵循低影响开发理念，明确低影响开发控制目标，结合城市开发区域或项目特点确定相应的规划控制指标，落实低影响开发设施建设的主要内容。设计阶段应对不同低影响开发设施及其组合进行科学合理的平面与竖向设计，在建筑与小区、城市道路、绿地与广场、水系等规划建设中，应统筹考虑景观水体、滨水带等开放空间，建设低影响开发设施，构建低影响开发雨水系统。

城市总体规划应创新规划理念与方法，将低影响开发雨水系统作为新型城镇化和生态文明建设的重要手段。应开展低影响开发专题研究，结合城市生态保护、土地利用、水系、绿地系统、市政基础设施、环境保护等相关内容，因地制宜地确定城市年径流总量控制率及其对应的设计降雨量目标，制定城市低影响开发雨水系统的实施策略、原则和重点实施区域，并将有关要求与内容纳入城市水系、排水防涝、绿地系统、道路交通等相关专项（专业）规划。

城市水系是城市生态环境的重要组成部分，也是城市径流雨水自然排放的重要通道、受纳体及调蓄空间，与低影响开发雨水系统联系紧密，在城市水系规划编制中应做到如下三点：①依据城市总体规划划定城市水域、岸线及滨水区，明确水系保护范围。城市开发建设过程中应落实城市总体规划明确的水生态敏感区保护要求，划定水生态敏感区范围并加强保护，确保开发建设后的水域面积应不小于开发前，已破坏的水系应逐步恢复。②保持城市水系结构的完整性，优化城市河湖水系布局，实现自然、有序排放与调蓄。城市水系规划应尽量保护与强化其对径流雨水的自然渗透、净化与调蓄功能，优化城市河道（自然排放通道）、湿地（自然净化区域）、湖泊（调蓄空间）布局与衔接，并与城市总体规划、排水防涝规划同步协调。③优化水域、岸线、滨水区及周边绿地布局，明确低影响开发控制指标。城市水系规划应根据河湖水系汇水范围，同步优化、调整蓝线周边绿地系统布局及空间规模，并衔接控制性详细规划，明确水系以及周边地块低影响开发控制指标。

海绵城市专项规划的主要任务是：研究提出需要保护的自然生态空间格局；明确雨水年径流总量控制率等目标并进行分解；确定海绵城市近期建设的重点。海绵城市专项规划应当包括下列内容：①综合评价海绵城市建设条件。分析城市区位、自然地理、经济社会现状和降雨、土壤、地下水、下垫面、排水系统、城市开发前的水文状况等基本特征，识别城市水资源、水环境、水生态、水安全等方面存在的问题。②确定海绵城市建设目标和具体指标。确定海绵城市建设目标（主要为雨水年径流总量控制率），明确近、远期要达到海绵城市要求的面积和比例，参照住房和城乡建设部发布的《海绵城市建设绩效评价与考核办法（试行）》，提出海绵城市建设的指标体系。③提出海绵城市建设的总体思路。依照海绵城市建设目标，针对现状问题，因地制宜确定海绵城市建设的实施路径。老城区以问题为导向，重点解决城市内涝、雨水收集利用、黑臭水体治理等问题；城市新区、各类园区、成片开发区以目标为导向，优先保护自然生态本底，合理控制开发强度。④提出海绵城市建设分区指引。识别山、水、林、田、湖等生态本底条件，提出海绵城市的自然生态空间格局，明确保护与修复要求；针对现状问题，划定海绵城市建设分区，提出建设指引。⑤落实海绵城市建设管控要求。根据雨水径流量和径流污染控制的要求，将雨水年径流总量控制率目标进行分解。超大城市、特大城市和大城市要分解到排水分区；中等城市和小城市要分解到控制性详细规划单元，并提出管控要求。⑥提出规划措施和相关专项规划衔接的建议。针对内涝积水、水体黑臭、河湖水系生态功能受损等问题，按照源头减排、过程控制、系统治理的原则，制定积水点治理、截污纳管、合流制污水溢流污染控制和河湖水系生态修复等措施，并提出与城市道路、排水防涝、绿地、水系统等相关规划相衔接的建议。⑦明确近期建设重点。明确近期海绵城市建设重点区域，提出分期建设要求。⑧提出了规划保障措施和实施建议。

（二）韧性城市

为了缓解各种风险，世界各地的城市不论在理论还是实践的层面上都发展了不同的城市发展理念，例如生态城市、低碳城市、绿色城市及步行城市等。随着信息科技渗透至生活工作的各层面，数位城市、泛在城市、精明城市、智能城市、感知城市及应变城市等已成为近年城市发展的主要趋势。然而，以上各概念倾向单一性，而林林总总的风险却影响着城市各相互关连的系统，城市不能依赖单一概念性的规划作为全面及长远规划发展的基础。奥雅纳凭据城市发展及基建规划的丰富经验，在2014年推出"智慧－绿色－韧性"作为综合规划概念，综合及统摄多个城市发展的概念，作为城市及基建规划的对策。

智慧：城市利用信息及通信科技，启动智慧增长。城市收集、整合以及运用日常生活、交通、经济及城市基础设施等相关资料，通过数据处理平台发放综合信息，促进更有效率的资源运用，以大数据开发新的服务来提供便利的经商环境，协助政府及机构为市民提供服务，提高生活品质。

绿色：规划融合自然的生态系统，把绿色技术运用在能源、水、废物、交通等基础建设之中，建设一种自然与发展和谐共生的绿色发展模式。在区域、社区及建筑物层面通过不同措施达到全方位减排及推动低碳生活。

韧性：面对自然及人为的不确定性因素，强化现有基础建设、增强风险管理及促进政府各部门的协调与合作，建构经济及社会韧性，加强城市抵御自然或人为危机的承受力，在危机发生的时候能够灵活动员或调配资源迅速应变及复原。

透过开发高新通信科技行业，结合清洁技术的深入应用，推动城市生态转型，实现绿色GDP的智慧增长，建设生态高效、信息发达、经济繁荣的新型现代化城市。通过通信科技（包括信息平台、预警预测系统等）以及推广部门合作，加强市民对灾害的认知及政府的决策能力，增强社会整体韧性。

七、水污染防治行动计划和河流清洁行动计划的要求

（一）水污染防治行动计划（国务院）

水环境保护事关人民群众切身利益，事关全面建成小康社会，事关实现中华民族伟大复兴的中国梦。当前，我国一些地区水环境质量差、水生态受损重、环境隐患多等问题十分突出，影响和损害群众健康，不利于经济社会持续发展。

坚持政府市场协同，注重改革创新；坚持全面依法推进，实行最严格环保制度；坚持落实各方责任，严格考核问责；坚持全民参与，推动节水洁水人人有责，形成"政府统领、企业施治、市场驱动、公众参与"的水污染防治新机制，实现环境效益、经济效益与社会效益多赢，为建设"蓝天常在、青山常在、绿水常在"的美丽中国来奋斗。

（二）城市河流清洁行动计划（河南省人民政府）

城市河流是城市生态系统的重要组成部分，是防洪排涝的重要通道、水资源的主要载体、生态环境的关键要素，是经济社会可持续发展的基础性资源。实施城市河流清洁行动计划，是贯彻落实科学发展观，倒逼经济转型升级的重要抓手，是提升城市品质、增强综合竞争力的重大举措，是顺应广大群众热切期盼、保障人民群众健康的必然选择，是建设美丽河南、促进经济社会可持续发展的重要内容。认真贯彻落实省委、省政府关于建设美丽河南的战略部署，以改善城市生态环境、提高人民生活质量为目标，以截污治污和河流生态建设为重点，坚持"科学规划、标本兼治，突出重点、整体推进，齐抓共管、综合整治"的基本原则，优先实施污染源头治理，着力推进垃圾河清理整治、河流截污整治、工业污染源整治三大治理工程；注重提升河流生态建设水平，着力推进污水处理设施、河道生态修复、河流沿岸景观三大建设工程，推动县级以上城市规划区内的河道及沿岸环境质量和面貌持续改善，努力把城市河道打造成为集绿色、生态、环保、休闲于一体，人工景观与自然生态景观和谐共生的生态廊道，提升城市品位，建设亲水型宜居城市。按照"一年新变化、三年见成效、五年水更清"的总体目标，争取经过3～5年的努力，全省县级及以上城市规划区内河流水环境质量明显好转，基本建立河道长效保洁机制，形成河网"水清、流畅、岸绿、安全"的生态新格局。

（三）水体达标方案编制技术指南

《环境保护法》规定，未达到国家环境质量标准的重点区域、流域的有关地方

人民政府，应当制订限期达标规划，并采取措施按期达标。《水十条》要求，未达到水质目标要求的地区要制订达标方案，将治污任务逐一落实到汇水范围内的排污单位，明确防治措施及达标时限。为深入贯彻落实《环境保护法》和《水十条》，加强达标方案的科学编制，切实推进水污染防治工作，环境保护部制定了《水体达标方案编制技术指南》。《指南》是未达到水质目标要求的地区制订未达标水体达标方案、开展水污染防治工作的重要技术支撑。结合水生态环境功能区划，主要以地级市（包括地区、自治州、盟，下同）行政区域为单元编制未达标水体达标方案。《指南》要求：深入调查评估水环境现状，诊断和识别主要水环境问题，查找与水质目标和要求的差距，分级构建更精细的控制单元，建立污染排放与水质响应关系，以阶段性水质改善目标为约束，统筹考虑水资源优化调控，测算入河／入海允许排放量，将允许排放量逐一分配至汇水区内的各级行政区和排污单位，拟定许可排放量。科学分配各控制单元污染物削减量，根据目标责任书、工作方案和其他规划、区划要求，因地制宜地细化整治任务和措施，合理安排重点工程，从技术经济角度论证目标可达性，提出方案落实的保障措施等。

（四）城市黑臭水体整治工作指南

住房和城乡建设部将会同环境保护部等部门建立全国城市黑臭水体整治监管平台，定期发布有关信息，接受公众举报；共同开展黑臭水体整治监督检查，并向社会公布监督检查结果，对整治不力、未按期完成整治目标要求的，责令限期整改，并且约谈相关责任人。

八、最严格水资源管理制度的要求

水是生命之源、生产之要、生态之基。新中国成立以来特别是以改革开放以来，水资源开发、利用、配置、节约、保护和管理工作取得显著成绩，为经济社会发展、人民安居乐业做出了突出贡献。但必须清醒地看到，人多水少、水资源时空分布不均是我国的基本国情和水情，水资源短缺、水污染严重、水生态恶化等问题十分突出，已成为制约经济社会可持续发展的主要瓶颈。随工业化、城镇化深入发展，水资源需求将在较长一段时期内持续增长，水资源供需矛盾将更加尖锐，我国水资源面临的形势将更为严峻。

解决我国日益复杂的水资源问题，实现水资源高效利用和有效保护，根本上要靠制度、靠政策、靠改革。针对中央关于水资源管理的战略决策，国务院发布了《关于实行最严格水资源管理制度的意见》，对实行最严格水资源管理制度工作进行全面部署和具体安排，进一步明确水资源管理"三条红线"的主要目标，提出具体管理措施，全面部署工作任务，落实有关责任，全面推动最严格水资源管理制度贯彻落实，促进水资源合理开发利用和节约保护，保障经济社会可持续发展。

"三条红线"：一是确立水资源开发利用控制红线，到 2030 年全国用水总量控制在 7 000 亿 m，以内。二是确立用水效率控制红线，到 2030 年用水效率达到或接近世界先进水平，万元工业增加值用水量降低到 40 m3 以下，农田灌溉水有效利用系数提高到 0.6 以上。三是确立水功能区限制纳污红线，到 2030 年主要污染物入河湖总量控制在水功能区纳污能力范围之内，水功能区水质达标率提高到 95% 以上。

"四项制度"：一是用水总量控制制度。加强水资源开发利用控制红线管理，严格实行用水总量控制，包括了严格规划管理和水资源论证，严格控制流域和区域取用水总量，严格实施取水许可，严格水资源有偿使用，严格地下水管理和保护，强化水资源统一调度。二是用水效率控制制度。加强用水效率控制红线管理，全面推进节水型社会建设，包括全面加强节约用水管理，把节约用水贯穿于经济社会发展和群众生活生产全过程，强化用水定额管理，加快推进节水技术改造。三是水功能区限制纳污制度。加强水功能区限制纳污红线管理，严格控制入河湖排污总量，包括严格水功能区监督管理，加强饮用水水源地保护，推进水生态系统保护与修复。四是水资源管理责任和考核制度。将水资源开发利用、节约和保护的主要指标纳入地方经济社会发展综合评价体系，县级以上人民政府主要负责人对于本行政区域水资源管理和保护工作负总责。

根据国务院发布的《关于实行最严格水资源管理制度的意见》和《实行最严格水资源管理制度考核办法》，各省、市人民政府都制定并发布了关于实行最严格水资源管理制度的实施意见，在编制城市水系规划时应高度凸显节水和净水的理念，充分论证水系供水水源的可行性，积极开发利用雨水、再生水、煤矿疏干水、微咸水等非常规水资源，在规划中主动落实最严格水资源管理制度的要求。

九、节水型社会建设的要求

建设资源节约型和环境友好型社会，要求实行最严格水资源管理制度，要加强需水管理，强化节水减排，进一步深化节水型社会建设；加快经济发展方式转变，要求产业结构和布局与水资源条件相匹配，进一步加强用水方式转变，优化用水结构，在提高用水效率和效益的前提下，提高区域水资源和水环境承载能力，为国家能源安全、粮食安全、城市供水安全、生态安全以及区域协调发展提供水资源保障；全面实行最严格的水资源管理制度，作为促进经济发展方式转变的重要手段，要求突破试点模式的局限性，整合各类资源，各部门和全社会合力推进节水型社会建设，在划定的"建立用水总量控制、用水效率控制、水功能区限制纳污指标体系"三条红线的基础上，全面建设节水型农业、节水型工业和节水型生活及服务业。

在城市水系规划中，要统筹协调好生态环境用水和景观用水，尽量加大非常规水源的开发利用力度，实现水资源的循环利用，提供利用效率，在水系规划中推进节水型社会建设。

第三节 城市生态水系规划技术体系

一、城市生态水系的概念

目前，关于城市生态水系的概念还没有统一认识和定论，笔者根据多年的实际工作经验，结合当前水生态文明建设和新型城镇化建设的方向，提出如下定义：

城市生态水系是以保护和修复生态系统、维持水系健康生命为中心，以保障防洪排涝、水资源、水环境、水生态的安全和营造自然、生态、和谐的滨水景观为基本点的水联网系统，是城市建设中基础性、综合性、协调性较强的公共设施系统。

上述城市生态水系的概念可以概括为"一个中心、两个基本点、三个特性"。值得强调的是，上述城市生态水系的概念是在互联网和物联网的基础上提出了水联网的概念，这契合了目前水利部正在积极推进的江河湖库互联互通和水利信息化建设的方向，同时也将城市生态水系的建设纳入住建部正在积极倡导的智慧城市和生态城市建设的范畴之内，这已远远超越了传统水利和传统城市建设的内涵，对目前国家正在积极开展的新型城镇化建设和生态文明建设具有重大指导意义。

城市生态水系规划指以城市生态水系为主要规划对象，综合考虑城市人口密度、经济发展水平、下垫面条件、土地资源和水资源等因素，利用及保护城市生态水系资源，对水系空间布局、水面面积、功能定位、水安全保障、水质目标、水景观建设、水文化保护、水系与城市建设关系以及水系规划用地等进行协调和具体安排，提出了城市生态水系保护和整理方案。

二、编制城市生态水系规划的目的和意义

（一）目的

在全国新型城镇化建设规划的指导下，建设生态城市、改善人居环境、提高城市品位、实现人与自然的和谐相处已成为城市可持续发展日益迫切的需求。但是，随着经济社会的快速发展和城市化、工业化的迅速推进，一方面城市对水安全、水资源、水环境的依赖性和要求愈来愈高，另一方面在城市建设过程中，不断地侵占、排放污染物，使城市水系的生态环境问题十分突出。水系空间格局不断变化，堵断、分割和毁坏现象时有发生，江河湖泊水域、滩地、堤防被占用现象十分普遍，严重削弱了现有水利工程体系的防洪排涝能力和水资源可持续利用能力，水污染带来的河道水质恶化和生态环境退化问题十分严峻。编制城市水系规划，完善水系布局，强化各级河道工程与资源管理，充分地发挥水系功能，维护河湖健康生命，保障水

资源的可持续利用和水环境承载能力，是今后一个时期我国城市水利发展的一项重要基础性工作。

（二）意义

城市生态水系作为城市重要的基础设施，担负着保证防洪排涝安全、优化配置水资源、构筑生态滨水空间、塑造宜人亲水景观、改善周边人居环境、实现资源循环利用及支撑城市经济社会持续发展的任务。城市水系规划是项复杂的系统工作，其关键是协调人与水的关系、水系保护与开发利用的关系、城市水系与流域（区域）水系的关系、城市水系多种功能（包括防洪排涝、供水水源、生态环境、航道运输、景观娱乐、旅游开发以及其他功能）之间的相互关系、水系整治和水生态保护的关系等。因此，城市生态水系规划是具有综合性、协调性、规范性的水系规划体系，它的编制和实施必将为城市水利发展提供强有力的支撑。

第一，水系规划是城市规划中的一个专项规划，与道路系统规划、绿化系统规划、排水系统规划、供水系统规划等其他专项规划密切相关，水系规划提供的相关数据是其他专项规划的工作依据，水系规划的先行编制和实施将为其他专项规划提供强有力的支撑。如果水系规划实施进展缓慢落后，在施工过程中必将与其他专项规则相互矛盾，导致返工和重复施工，其结果将会造成投资增加、资源浪费与建设周期延长。

第二，水系规划的编制和实施为实现城市规划总体目标奠定了基础，为实现城市生态环境保护、资源利用和保护目标创造了有利条件，也为城市生态良性发展奠定了坚实的基础。

第三年，水系规划的编制和实施为防洪排涝、生态供水的安全提供了保障。通过河网水系沟通和河湖库的建设，基本解决了城市的防洪安全问题。通过水源合理配置，加大再生水的利用，为河流生态提供了基本的水保障。通过扩大城市水体面积，利用蓄泄工程手段，增加洪水资源化的利用，适时补充城市地下水水源。通过生态河床、护岸的建设，增加了地下水的补给渠道，稳固了城市生存的根基，促进了区域水资源的可持续利用。

第四，营造水环境，构建水生态系统。通过治污、截污，以及集雨节水、分质供水、绿地建设等，有效地处理水系所面临的水质问题，不仅提供再生资源，也有利于城市水体及水系形成良好的生态环境。而河道的生态河床、护岸的建设，增加了水体、土壤的物理联系，加之滨河绿地系统的建设，为了水系生态系统的良性循环奠定了基础。

第五，作为城市景观的重要组成部分，构建了以河、湖、库为主体的水景观系统。城市水景观系统不仅提供了大量的、丰富多彩的各类水元素景观，成为公众亲水休闲和娱乐、旅游的好去处，也提供了独特的观景视角去感受城市日新月异的变化。

第六，利用城市水系较广阔的水面，结合水景观开发，为城市水经济发展与管理提供契机。城市水系优美的水环境是促进城市经济增长和社会发展的一个重要因素，通过科学合理的管理模式，盘活城市水资源，形成良好的城市生态环境，能带来可观的经济收益。如水系综合治理明显可以带来巨大的土地增值效益；对中水的生态化处理，进一步提高了水质标准，增加了销量等，为城市的水经济发展和管理提供新的发展机遇。

综上所述，城市生态水系规划的编制对于城市的生态建设、经济建设、政治建设、文化建设及社会建设五位一体协调发展具有重大指导意义。

三、规划工作的基础理论

（一）城市规划

1. 定义

城市规划是研究城市的未来发展、城市的合理布局和综合安排城市各项工程建设的综合部署，是一定时期内城市发展的蓝图，是城市管理的重要组成部分，是城市建设和管理的依据。

城市规划是以发展的眼光、科学论证、专家决策为前提，对城市经济结构、空间结构、社会结构发展进行规划。它具有指导和规范城市建设的重要作用，是城市综合管理的前期工作，是城市管理的龙头。城市的复杂巨系统特性决定了城市规划是随城市发展与运行状况长期调整、不断修订，持续改进和完善的复杂的连续决策过程。

城市规划与改建的目的，不仅在于安排好城市形体——城市中的建筑、街道、公园、公用事业及其他的各种要求，而且更重要的在于实现社会和经济目标。城市规划是一门科学、一种艺术、一种政策活动，它设计并且指导空间的和谐发展，以满足社会和经济的需要。

城市规划是为了实现一定时期内城市的经济和社会发展目标，确定城市性质、规模和发展方向，合理利用城市土地，协调城市空间布局和各项建设所做的综合部署和具体安排。城市规划是建设城市和管理城市的基本依据，在确保城市空间资源的有效配置和土地合理利用的基础上，是实现城市经济和社会发展目标的重要手段之一。

城市规划建设主要包含两方面的含义，即城市规划和城市建设。城市规划是指根据城市的地理环境、人文条件、经济发展状况等客观条件制订适宜城市整体发展的计划，协调城市各方面发展，并进一步对城市的空间布局、土地利用、基础设施建设等进行综合部署和统筹安排的一项具有战略性和综合性的工作。城市建设是指政府主体根据规划的内容，有计划地实现能源、交通、通信、信息网络、园林绿化以及环境保护等基础设施建设，是将城市规划的相关部署切实实现的过程。一个成功的城市建设要求在建设的过程中实现人工与自然完善结合，追求科学与美感的有机统一，实现经济效益、社会效益及环境效益的共赢。

2. 城市规划任务

城市规划的任务是：根据国家城市发展和建设方针、经济技术政策、国民经济和社会发展长远计划、区域规划，以及城市所在地区的自然条件、历史情况、现状特点和建设条件，布置城市体系；确定城市性质、规模和布局；统一规划、合理利用城市土地；综合部署城市经济、文化、基础设施等各项建设，保证城市有秩序地、协调地发展，使城市的发展建设获得良好的经济效益、社会效益和环境效益。城市规划通过空间发展的合理组织，满足社会经济发展和生态保护的需要。从城市的整体和长远利益出发，通过合理和有序地配置城市空间资源，提高城市的运作效率，促进经济和社会的发展，确保城市的经济、社会与生态环境相协调，增强城市发展的可持续性，建立各种引导机制和控制规则，确保各项建设活动与城市发展目标相一致；通过信息提供，促进城市房地产市场的有序与健康运作。

3. 遵循原则

城市规划的原则，是正确处理城市与国家、地区、其他城市的关系，城市建设与经济建设的关系，城市建设的内部关系等的指导思想。在城市规划编制过程中，应遵循和坚持整合原则、经济原则、安全原则、美学原则和社会原则。

4. 工作内容

（1）收集和调查基础资料，研究满足城市发展目标的条件和措施

（2）研究城市发展战略，预测发展规模，拟定城市分期建设的技术经济指标

（3）确定城市功能的空间布局，合理选择城市的各项用地，并考虑城市空间的长远发展方向

（4）提出市域城镇体系规划，确定区域性基础设施的规划原则

（5）拟定新区开发和旧城区利用、改造的原则、步骤与方法

（6）确定城市各项市政设施和工程设施的原则和技术方案

（7）拟定城市建设艺术布局的原则和要求

（8）根据城市基本建设的计划，安排城市各项重要的短期建设项目，为各项工程设计提供依据

（9）根据建设的需要和可能性，提出实施规划的措施与步骤

5. 规划方法

城市规划的方法，各国不尽相同，例如英国的发展规划，德国的土地使用规划（也称总体规划）和地区详细规划，俄罗斯的总体规划、建设规划和详细规划。

先论证城市发展性质，估算人口规模；再确定土地使用方式，组织建筑空间结构，确定道路交通系统及其他主要市政工程系统等；然后编制城市总体规划和城市详细规划。这种规划基本上是一个物质环境规划，为一个城市的未来各种活动安排空间结构，是一幅要在规定期限内（如 20～30 年内）加以实现的城市物质环境状态的蓝图，用来指导城市建设。

经多年的实践，人们越来越认识到上述规划方法不能适应社会、经济的迅速发展。基于对城市开放性——城市的发展与更新永无完结的认识，城市规划界提出了"持续规划"和"滚动式发展"的规划思想，即主要着眼于短期的发展与建设，对远景目标则不断地加以修正补充和调整，实行一种动态的平衡，从而抛弃了把城市规划

当作城市"未来终极状态"的旧观念。

在这种认识下，出现了新的城市规划方法。在规划内容上除了物质环境规划，还增加了经济规划和社会规划，以实现城市的社会经济目标，因此成为多目标、多方面的更为综合的规划。这种规划方法仍然在发展中。

6. 城市规划的作用

要建设好城市，必须有一个统一的、科学的城市规划，并严格按照规划来进行建设。城市规划是一项系统性、科学性、政策性和区域性很强的工作。它要预见并合理地确定城市的发展方向、规模和布局，做好环境预测和评价，协调各方面在发展中的关系，统筹安排各项建设，使整个城市的建设和发展，达到技术先进、经济合理、"骨肉"协调、环境优美的综合效果，为城市人民的居住、劳动、学习、交通、休息以及各种社会活动创造良好条件。

城市规划又叫都市计划或都市规划，是指对城市的空间和实体发展进行的预先考虑。其对象偏重于城市的物质形态部分，涉及城市中产业的区域布局、建筑物的区域布局、道路及运输设施的设置、城市工程的安排等。

7. 发展趋势

在不同时代和不同地区，对城市的发展水平和建设要求不同，因此城市规划的研究重点不尽一致，并随时代的发展而转变。

多学科参与城市研究的历史自古就有，自20世纪以来更趋活跃，从地理学、社会学、经济学、环境工程学、生态学、行为心理学、历史学、考古学等方面研究城市问题所取得的成果，极大地丰富了城市规划理论。这个趋势将继续下去，今后还会有更多的学科渗入并开拓城市问题的研究领域。

系统工程学、工程控制论等数理方法及电子计算机遥感等新技术手段在城市规划领域中的应用在逐步推广，它们在资料的收集处理、预测评价方面所提供的方法和手段，有助于提高城市规划工作的质量。

对城市与城市规划工作的认识不断深化。基于城市是综合的动态的体系，城市规划研究不仅着眼于平面上土地的利用划分，也不仅局限于三维空间的布局，而是引入了时间、经济、社会多种要求的"融贯的综合研究"。在城市规划工作中，将考虑最大范围内可以预见和难以预见的情况，提供尽可能多的选择自由，并且给未来的发展留有充分的余地与多种可能性。

（二）水利规划

1. 定义

水利规划是为防治水旱灾害、合理开发利用水土资源而制定的总体安排，属于水利学科的分支。水利规划是水利建设的重要前期工作，其基本任务是：根据国家规定的建设方针和水利规划基本目标，考虑各方面对水利的要求，研究水利现状、特点，探索自然规律和经济规律，提出治理开发方向、任务、主要措施及实施步骤，安排水利建设计划并指导水利工程设计和管理。

2. 目标

国家规定的水利规划的基本目标包括经济、社会、环境等目标，通称规划目标。它是各个时期国家侧重点的体现，是规划总体安排的最高准则。这些目标是针对各方面对水利的要求，通过有效地完成防洪、除涝、灌溉、防治土壤盐碱化、水力发电、内河航运、工业及城市供水、过木、旅游、水土保持、水产养殖及水资源保护等各项具体开发治理任务来实现的。

3. 类型

单目标或多目标水利规划按治理开发任务均可分为：

（1）综合利用水利规划，即统筹考虑两项以上任务的水利规划

（2）专业水利规划，即着重考虑某一任务的水利规划

单目标或多目标水利规划按研究对象又可分成：

（1）流域水利规划，即以某一流域为研究对象的水利规划

（2）地区水利规划，即以某一行政区或经济区为研究对象的水利规划

（3）水利工程规划，即以某一工程为研究对象的水利规划

此外，随着一些地方水资源短缺问题的出现，需要以两个或两个以上流域为研究对象，按照国民经济发展要求和各自的水资源条件，对流域间水量进行调剂，称跨流域调水规划。这类水利规划涉及有关流域水资源的合理利用，通常要在相关流域规划的基础上进行。

4. 基本原则

编制水利规划的基本原则主要是从实际出发、从整体出发、综合治理、综合利用、因时因地制宜。

5. 问题识别

水利规划问题识别主要包括：

（1）进行系统调查，弄清基本情况，了解各个方面对规划的要求

（2）分析水土资源利用现状与发展潜力

（3）确定规划水平年（规划中各项研究分析所依据的年份），一般分近、远两期，以规划编制后 10 ~ 15 年为近期水平年，以规划编制后 20 ~ 30 年为远期水平年

（4）分析规划范围内近期和远期社会、经济、环境等方面可能的发展变化

（5）确定研究范围与应解决的主要问题

（6）确定规划目标，并拟定相应的评价指标

问题识别是规划中的一项基础工作，除重视开展新的调查外，可以尽量参用以往进行的有关水利调查、水利区划和水利规划成果。

6. 方案拟订

水利规划方案拟订主要包括：

（1）拟订现状情况与延伸到不同水平年的可能情况。后者即是通称的无规划措施下的比较方案

（2）研究可采取的各项规划措施

（3）拟订实现不同规划目标的措施组合

（4）拟订规划方案并进行方案的初步筛选

7. 影响评价

对规划方案实施后预期的经济、社会、环境等方面的影响进行区别及衡量。

评价工作包括：

（1）确定不同规划方案各项措施的投入、产出

（2）进行"无规划状况"与现状、各规划方案与现状的影响对比

（3）分析各规划方案的影响程度、范围、性质、时间和历时

评价中，对各种影响都应尽可能做出定量的估计，有些难以定量的可辅以定性描述

8. 方案论证

对不同方案的利弊进行全面衡量，提出意见。这是规划工作的最后一步，也是规划成果的最终体现，方案论证的主要工作包括：

（1）评价规划方案的各项效益指标

（2）评价规划方案对不同规划目标的实现程度

（3）拟定评价准则，并进行规划方案的综合对比

规划评价准则是进行方案论证，衡量各方面得失，从中做出判断的主要依据。各国都对此做了规定，最基本的评价准则有规划方案的经济性、实现规划目标的有效性、规划方案的可接受性及规划方案的稳定性等几项。

（4）推荐规划方案

9. 规划管理与实施

水利规划涉及范围广泛，不是仅某一部门、某些学科技术人员所能完成的。许多国家大都采取多学科规划方法，由决策机构授权某一单位组成由多学科人员参加的统一规划班子负责编制。规划中一些重要问题在工作过程中，由不同学科人员共同研究，并经决策机构认可，以利于及时统一认识，协调矛盾。中国也采取类似方式，由国家或地方委托水利主管部门或某事业主管部门组织编制，并在下达的规划任务书中明确规划原则和分工要求，经各有关地区、部门分别工作，再由编制单位综合研究，形成正式规划报告。

规划报告一经审定，即具有一定的法律约束性，以保证水利建设按既定规划要求有步骤地实施。对其审批权限各国有不同规定，但都强调要通过国家或地方权力机构批准。另外，审定后的水利规划并不是一成不变的，每隔一定时间常根据情况的变化，对原定的规划方案进行调整和修订。因此，在规划实施过程中还要十分重视不断总结经验，收集资料，为规划修订做好准备。

10. 中国水利规划展望

中国水利建设面临的主要问题是：

第一，许多重要城市和主要江河中下游平原防洪标准仍然不高，有些河段标准很低。

第二，北方广大地区、沿海主要城市港口和其他一些地区，水资源短缺，供需矛盾日益尖锐，已成为工农业发展的重大制约因素。

第三，许多地区农牧业生产发展所依赖的水利条件较差，亟需增加投入。

第四，发展水电事业和内河航运对水利建设提出更高要求，需要通过河流的综合治理开发／为水电、航运的发展创造条件。

第五，许多河段水体污染日趋严重；有些地方水土保持工作成效甚微，甚至水土流失日益严重，生态环境持续恶化。

第六，许多已建水利工程长期不配套、设施老化，效益递减，亟待结合发展需要，逐步改造、完善。这些都是今后中国水利规划工作需要着重研究的课题。为此，水利规划工作在继续做好流域规划、地区规划和各类专业规划的同时，应有针对性地研究编制以宏观决策为主要任务的规划，例如全国水资源利用规划、全国排灌发展规划，以及跨流域调水规划、工程更新改造规划、水源保护规划等各种专题规划，使水利规划向更多层次、更加综合的方向发展。水利规划作为一门学科，在规划理论和规划方法上同样也要有新的发展。

根据中国情况，其发展趋势大体有下列几个方面：

（1）进一步完善多学科规划途径，使不同学科形成一个整体

（2）扩大系统分析方法在规划中的应用，充分揭示规划系统中各方面的内在联系

（3）研究多目标规划评价准则和方法，力求从宏观上做出正确决策

（4）加强规划管理、立法和政策方面的研究，使各项规划能在行政与法律保障下更好地实施

（三）环境工程学

环境工程学是环境科学的一个分支学科。它是研究运用工程技术和有关学科的原理和方法，保护和合理利用自然资源，防治环境污染，以改善环境质量的学科。环境工程学的主要内容包括大气污染防治工程、水污染防治工程、固体废物的处理和利用，以及噪声控制等。环境工程学还研究环境污染综合防治的方法和措施，以及利用系统工程方法，从区域的整体上寻求解决环境问题的最佳方案。

迄今为止，人们对环境工程学这门学科还存在着不同的认识。有人认为，环境工程学是研究环境污染防治技术的原理和方法的学科，主要是研究对废气、废水、固体废物、噪声以及造成污染的放射性物质、热、电磁波等的防治技术；有人则认为环境工程学除研究污染防治技术外，还应包括环境系统工程、环境影响评价、环境工程经济和环境监测技术等方面的研究。

尽管对环境工程学的研究内容有不同的看法，但从环境工程学发展的现状来看，其基本内容主要有大气污染防治工程、水污染防治工程、固体废物的处理和利用、环境污染综合防治、环境系统工程等几个方面。

每个人都通过呼吸作用，不停地同大气进行气体交换。一个成年人一天内同大

气之间的气体交换量为 10 ~ 12 m3，通常，一个人五星期不吃东西，或五天不喝水，尚能活命，但是五分钟不呼吸就会丧生。所以说，空气尤其是清洁的空气是人的生命须臾不可缺少的。

然而，20 世纪中叶以来，进入大气中的污染物的种类和数量不断增多。已经对大气造成污染的污染物和可能对大气造成污染并引起人们注意的物质就有 100 种左右，其中影响面广、对环境危害严重的主要有硫氧化物、氮氧化物、氟化物、碳氢化合物、碳氧化物等有害气体，以及飘浮在大气中含有多种有害物质的颗粒物和气溶胶等。

大气中的污染物有的来自自然界本身的物质运动与变化，有的来自人类的生产和消费活动。人类生产活动排放的有害气体治理和工业废气中颗粒物的去除原理与方法的研究是大气污染防治工程的主要任务。

水是一切生物生存和发展不可缺少的。水体中所含的物质非常复杂，元素周期表中的元素几乎都可在水体中找到。但是人类生产和生活消费活动排出的废水，尤其是工业废水、城市污水等大量进入水体造成水体污染。因此，采用废水物理处理法、废水化学处理法、废水生物处理法和废水物理化学处理法等方法进行治理，以及充分利用环境自净能力，以防止、减轻直至消除水体污染，改善和保持水环境质量，并制定废水排放标准，合理地利用水资源，加强水资源管理，就成为水污染防治工程的主要任务。

人类在开发资源、制造产品和改进环境的过程中都会产生固体废物，而且任何产品经过消费也会变成废弃物质，最终排入环境中。随着人类生产的发展和生活水平的提高，固体废物的排放量日益增加，污染水体、土壤和大气。

然而，固体废物具有两重性，对于某一生产或消费过程来说是废弃物，但对于另一过程来说往往是有使用价值的原料。因此，固体废物处理和利用既要对暂时不能利用的废弃物进行无害化处理，如对城市垃圾采取填埋、焚化等方法予以处置；又要对固体废物采取管理或工艺措施，实现固体废物资源化，例如利用矿业固体废物、工业固体废物制造建筑材料，利用农业废弃物制取沼气等。

废气、废水和固体废物的污染，是各种自然因素和社会因素共同作用的结果。控制环境污染必须根据当地的自然条件，弄清污染物产生、迁移和转化的规律，对环境问题进行系统分析，采取经济手段、管理手段和工程技术手段相结合的综合防治措施，改革生产工艺和设备，开发和利用无污染能源，利用自然净化能力等，以便取得环境污染防治的最佳效果。环境污染综合防治是在对废水、废气、固体废物单项治理的基础上发展起来的。

环境问题往往具有区域性特点。利用系统工程的原理和方法，对区域性的环境问题和防治技术措施进行整体的系统分析，以求取得最优化方案，是环境系统工程的主要任务。环境系统工程方法还可应用于不同的规模、等级、剖面的系统，如大气系统（大气污染模型、大气扩散等）、地面水系统（河流污染、湖泊污染的分析和城市污水再生利用）、地下水系统、海洋系统及某一环境工程单元过程系统等。

环境工程学是一个庞大而复杂的技术体系。它不仅研究防治环境污染和公害的措施，而且研究自然资源的保护和合理利用方法，探讨废物资源化技术、改革生产工艺、发展少害或无害的闭路生产系统，及按区域环境进行运筹学管理，以获得较大的环境效益和经济效益，这些都成为环境工程学的重要发展方向。

自然资源的有限和对自然资源需求的不断增长，特别是环境污染的控制目标和对能源需求之间的矛盾，促使环境工程学对现有技术和未来技术发展进行环境影响评价，为保护自然资源和社会资源提供依据。

（四）生态学

1. 定义

生态学是研究生物体与其周围环境（包括非生物环境和生物环境）相互关系的科学。目前已经发展为"研究生物与其环境之间的相互关系的科学"。生态学是有自己的研究对象、任务和方法的比较完整和独立的学科。它的研究方法经过描述—实验—物质定量三个过程。系统论、控制论、信息论的概念和方法的引入，促进生态学理论的发展。

2. 一般规律

生态学的一般规律大致可从种群、群落、生态系统和人与环境的关系四个方面说明。

在环境无明显变化的条件下，种群数量有保持稳定的趋势。一个种群所栖环境的空间和资源是有限的，只能承载一定数量的生物，当承载量接近饱和时，如果种群数量（密度）再增加，增长率则会下降乃至出现负值，使种群数量减少；而当种群数量（密度）减少到一定限度时，增长率会再度上升，最终使种群数量达到该环境允许的稳定水平。对种群自然调节规律的研究，可以指导生产实践。例如，制订合理的渔业捕捞量和林业采伐量，可保证在不伤及生物资源再生能力的前提下取得最佳产量。

一个生物群落中的任何物种都与其他物种存在相互依赖和相互制约的关系，常见的有以下几种：

（1）食物链

居于相邻环节的两物种的数量比例有保持相对稳定的趋势，如捕食者的生存依赖于被捕食者，其数量也受被捕食者的制约；而被捕食者的生存和数量也同样受捕食者的制约。两者间的数量保持相对稳定。

（2）竞争

物种间常因利用同一资源而发生竞争，例如植物间争光、争空间、争水、争土壤养分，动物间争食物、争栖居地等。在长期进化中，竞争促进了物种的生态特性的分化，结果使竞争关系得到缓和，并使生物群落产生出一定的结构。例如森林中既有高大喜阳的乔木，又有矮小耐阴的灌木，各得其所；林中动物或有昼出夜出之分，或有食性差异，互不相扰。

（3）互利共生

如地衣中菌藻相依为生，大型草食动物依赖胃肠道中寄生的微生物帮助消化，以及蚁和弱虫的共生关系等，都表现了物种间的相互依赖的关系。

以上几种关系使生物群落表现出复杂而稳定的结构，即生态平衡，平衡的破坏常可能导致某种生物资源的永久性丧失。

生态系统的代谢功能就是保持生命所需的物质不断地循环再生。阳光提供的能量驱动着物质在生态系统中不停地循环流动，既包括环境中的物质循环、生物间的营养传递和生物与环境间的物质交换，也包括了生命物质的合成与分解等物质形式的转换。

物质循环的正常运行，要求一定的生态系统结构。随着生物的进化和扩散，环境中大量无机物质被合成为生命物质，形成了广袤的森林、草原以及生息其中的飞禽走兽。一般来说，发展中的生物群落的物质代谢是进多出少，而当群落成熟后代谢趋于平衡，进、出大致相当。

人们在改造自然的过程中须注意到物质代谢的规律。一方面，在生产中只能因势利导，合理开发生物资源，而不可只顾一时，竭泽而渔。世界上已有大面积农田因肥力减退未得到及时补偿而减产。另一方面，还应该控制环境污染。由于大量有毒的工业废物进入环境，会超越生态系统和生物圈的降解和自净能力，因而造成毒物积累，损害人类与其他生物的生活环境。

生物进化就是生物与环境交互作用的产物。生物在生活过程中不断地由环境输入并向其输出物质，而被生物改变的物质环境反过来又影响或选择生物，二者总是朝着相互适应的协同方向发展，即通常所说的正常的自然演替。随着人类活动领域的扩展，对环境的影响也愈加明显。

在改造自然的活动中，人类自觉或不自觉地做了不少违背自然规律的事，损害了自身利益。如对某些自然资源的长期滥伐、滥捕、滥采造成资源短缺和枯竭，从而不能满足人类自身需要；大量的工业污染直接危害人类自身健康等，这些都是人与环境交互作用的结果，是大自然受破坏后所产生的一种反作用。

3. 应用思路

生态学的基本原理，通常包括四方面的内容：个体生态、种群生态、群落生态和生态系统生态。

一个健康的生态系统是稳定的和可持续的：在时间上能够维持它的组织结构和自治，也能够维持对胁迫的恢复力，健康的生态系统能够维持它的复杂性同时满足人类的需求。

生态学的基本原理的应用思路是模仿自然生态系统的生物生产、能量流动、物质循环和信息传递而建立起人类社会组织，以自然能流为主，尽量地减少人工附加能源，寻求以尽量小的消耗产生最大的综合效益，解决人类面临的各种环境危机。

生态学的基本原理的应用思路较为流行的几种如下：

（1）可持续发展

可持续发展观念是协调社会与人的发展之间的关系，包括了生态环境、经济、社会的可持续发展，其中最根本的是生态环境的可持续发展。

（2）人与自然和谐发展

事实上造成当今世界面临的空前严重的生态危机的重要原因就是以往人类对自然的错误认识。工业文明以来，人类凭借自认为先进的"高科技"试图主宰、征服自然，这种严重错误的观念和行为虽然带来了经济的飞跃，但造成的环境问题却是不可弥补的。人类是生物界中的一分子，因此必须与自然界和谐共生，共同发展。

（3）生态伦理道德观

大量而随意地破坏环境、消耗资源的发展道路是一种对后代和其他生物不负责任和不道德的发展模式。新型的生态伦理道德观应该是发展经济的同时还要考虑这些人类行为不仅有利于当代人类生存发展，还要为后代留下足够的发展空间。

从生态学中分化出来的产业生态学、恢复生态学以及生态工程、城市生态建设等，都是生态学基本原理推广的成果。

在计算经济生产中，不应认为自然资源是没有价值的或者无限的，而是用生态价值观念，去考虑经济发展对环境的破坏影响，利用科技的进步，将破坏降低到最大限度，同时倡导一种有利于物质良性循环的消费方式，即适可而止、持续、健康的消费观。

（五）城市生态学

城市生态学是以城市空间范围内生命系统及环境系统之间联系为研究对象的学科。由于人是城市中生命成分的主体，因此城市生态学也可以说是研究城市居民与城市环境之间相互关系的科学。

城市生态学的研究内容主要包括城市居民变动及其空间分布特征，城市物质和能量代谢功能及其与城市环境质量之间的关系（城市物流、能流及经济特征），城市自然系统的变化对城市环境的影响，城市生态的管理方法和有关交通、供水、废物处理，城市自然生态的指标及其合理容量等。可见城市生态学不仅研究城市生态系统中的各种关系，而且为将城市建设成为一个有益于人类生活的生态系统寻求良策。

生态城市是按照生态学原理建立起来的一类社会、经济、信息、高效率利用且生态良性循环的人类聚居地。换句话说，就是把一个城市建设成为一个人流、物流、能量流、信息流、经济活动流、交通运输流等畅通有序，文化、体育、学校、医疗等服务齐全、文明、公正，与自然环境和谐协调、洁净的生态体系。所以，城市生态学是根据生态学研究城市居民和城市环境之间相互关系的学科。

（六）河流生态学

河流生态学是研究河流等流水水域中生物群落结构、功能关系、发展规律及其与环境（理化、生物）间相互作用机制的学科。

近十几年来，在世界范围内河流生态学研究取得了长足进展，并且出现了一些新的特点，主要表现在以下几个方面：①在全球水文圈、生物圈、流域、河流廊道和河段等多尺度的大量观测资料基础上进行的河流生态系统过程研究，不断丰富了河流生态学理论。②改变了长期以来河流生态学以原始的自然河流为其研究对象的局面，把研究重点转向在自然力和人类活动双重作用下的河流生态系统的演替规律，适应了近百年来河流被大规模开发和改造的现实。③社会需求的增长为河流生态学的发展提供了动力。河流生态学的应用领域不断扩大，特别是为流域一体化管理和河流生态修复提供了一种科学工具，为管理决策提供了多种选择。④信息技术的发展，特别是遥感技术和地理信息系统技术，为河流生态学大尺度的景观格局分析提供了有用的工具。⑤河流生态学与相关学科的交叉融合，形成了许多新的学科生长点，一批边缘交叉学科的兴起成为河流生态学发展的最重要特征。

河流生态系统研究的重点是研究河流生命系统与生命支持系统之间的复杂、动态、非线性、非平衡关系，其核心问题是研究生态系统结构功能与重要生境因子的耦合、反馈相关关系。这里所说的重要生境因子是指水文情势、水力学特征、河流地貌等因素，它们对应的学科分别是水文学、水力学和河流地貌学等。河流生态系统研究是一种跨学科的研究，诸多学科与河流生态学的交叉、融合发展了富有生命力的新兴学科领域，这包括生态水文学、生态水力学、景观生态学和生态水工学等。目前，这些新的交叉学科正处于方兴未艾阶段，研究工作十分活跃。

（七）生态水工学

生态水利工程学简称生态水工学，是一门正在探索和发展的新兴交叉学科。它作为水利工程学的一个新的分支，是研究水利工程在满足人类社会需求的同时，兼顾水域生态系统健康与可持续性需求的原理及技术方法的工程学。

人与自然和谐相处是生态水工学的指导思想，发展生态水工学是落实水利科学发展观的具体体现，其目的是促进人与自然和谐相处，保证了水资源的可持续利用。生态水工学的理论具体体现在以下几个方面：

第一，在现有水利工程学理论的基础上，吸收、融合了生态学的原理和知识，以工程力学和生态学为理论基础。

第二，以整个流域的生态系统为对象。在开发利用水资源时，要明确河流与其上下游、左右岸的生物群落处于一个完整的生态系统中，进行统一的规划、设计和建设。

第三，在满足人类对水的需求的同时，要兼顾生态系统健康性的需求。在对江河湖泊进行水资源开发的同时，尽可能保留江河湖泊的自然形态，维持河道的蜿蜒性及横断面的天然状态，保留或恢复河湾、急流、浅滩与湿地的多样性。

第四，认识和遵循生态系统自身的规律，充分发挥自然界自我修复和自我净化功能，生态恢复工程强调生态系统的自我设计功能。

生态水利工程是一种综合性工程，在河流综合治理中既要满足人类对水的各种需求，包括防洪、灌溉、供水、发电、航运以及旅游等需求，也要兼顾生态系统健康和可持续性的需求。生态水利工程的设计既要符合水利工程学原理，也要符合生态学原理，体现生态水利工程学人水和谐的设计理念。生态水利工程规划设计的基本原则如下：

（1）保护和恢复多样化的河流环境

（2）充分利用河流生态系统的自我恢复能力

（3）以修复整个水域生态系统为目标

（八）生态水文学

生态水文学整合了生态及水文知识，来了解生态系如何改变水文特性，这些水文特性又如何影响生态系功能，虽仍为研究生态与水文的关系，但较偏向水文特性的探讨。在科学体系上，生态水文学属于地球科学范畴，是水文学的一个分支，是生态学与水文学的交叉学科。生态水文学就是将水文学知识应用于生态建设和生态系统管理的一门学科。它主要研究生态系统内水文循环与转化和平衡的规律，分析生态建设、生态系统管理与保护中与水有关的问题。如生态系统结构变化对水文系统中水质、水量、水文要素的平衡与转化过程的影响，生态系统中水质与水量的变化规律及其预测预报方法，水文水资源空间分异与生态系统对位关系。生态水文学是基于生态学与水文学的一门交叉学科，通过生态学以及水文学知识的整合以进一步了解水与生态系统的相互作用过程与规律，把稳定生态系统特性作为水资源可持续利用的管理目标。

（九）污染生态学

1. 定义

污染生态学是研究生物系统与被污染的环境系统之间的相互作用规律及采用生态学原理和方法对污染环境进行控制和修复的学科。它包括两个方面的基本内涵：生态系统中污染物的输入及其对生物系统的作用过程和生物系统对污染物的反应及适应性，即污染生态过程；人类有意识地对污染生态系统进行控制、改造与修复的过程，即污染控制与污染修复生态工程。

2. 研究内容

污染生态学研究内容包括：①环境污染的生态效应：包括环境污染对生态系统中各种生物的影响，污染物在生物体内的积累、浓缩、放大、协同和拮抗等作用。②环境污染的生物净化：包括绿色植物对大气污染物的吸收、吸附、滞尘以及杀菌作用，土壤－植物系统的净化功能，植物根系和土壤微生物的降解、转化作用，以及生物对水体污染的净化作用。③环境质量的生物监测和生物评价等。

3. 基本原理

整体优化原理：在污染生态学研究中，把地球看成是一个复杂的整体，即生物圈，它由许许多多的生态系统所组成。其中，每个生态系统都包含着物质、信息和运动三部分。在污染的生态系统中，物质既有大气、水与土壤等介质，又有化学污染物质。而化学污染物质的运动，构成了污染生态系统中主要的循环模式，也使得生态系统各分室之间存在着"千丝万缕"的联系。因此，对污染生态系统进行改造和修复，要具有整体优化的观念。

区域分异原理：生态系统在其生物学和非生物学（物理和化学）特征上存在着经度和纬度的地域差异，从而导致污染物质在迁移转化与生态行为上的区域分异。这种区域分异不但表现为空间位置的不同，也表现为污染物的毒性、循环通量、作用时间、积累或降解等生态行为上的差异。生态系统的区域分异，还包括时间分异。

循环再生原理：循环和再生的原理必须成为污染生态学研究的主要目标之一。例如，水的循环与再生，为生态系统中物质和能量交换提供了基础，有利于水资源的保护和可持续利用，而且还起到了调节气候、清洗大气和净化环境的作用。因此，从广义上来说，自然资源和生态环境保护的目的，就是使生态系统中的非循环过程成为可循环的过程，使化学物质的循环和再生的速度能够得到维持或加大。生态系统通过生物成分，一方面利用非生物成分不断地合成新的物质，另一方面又把合成物质降解为原来的简单物质，并归还到非生物组分中。如此循环往复，进行着不停顿的新陈代谢作用。这样生态系统中的物质和能量就进行着循环和再生的过程。

四、规划工作的内容

城市水系规划的对象为城市规划区内构成城市水系的地表水体及岸线和滨水地带，它不仅是城市总体规划中的一个专项规划，也是流域规划中的一个区域规划。因此，城市水系规划必须以城市总体规划和流域综合规划为上位规划。

《城市水系规划规范》对城市水系规划的内容，城市水系的构成分类、保护、利用和相关工程设施协调等方面作了规定，主要技术内容包括保护规划、利用规划、涉水工程协调规划等。城市水系的保护应包括水域保护、水生态保护、水质保护和滨水空间控制等内容，根据实际需要，可增加水系历史文化保护和水系景观保护的内容。利用规划包括水体利用规划、岸线利用规划、滨水区利用规划、水系改造规划。涉水工程协调规划应对给水、排水、防洪排涝、水污染治理、再生水利用、综合交通等工程进行综合协调，同时还应协调景观、旅游和历史文化保护方面的内容。《城市水系规划规范》明确了城市水系规划的主要内容，但同时指出：城市水系规划不应是包罗万象的综合规划，其重点应主要在城市水系布局、水面面积、河湖生态水量、河湖水质、水景观和水文化、水系管理、规划工程实施方案等方面，城市防洪排涝、给水排水、水环境保护、水源地安全保障等方面的规划，因为其重要性和特殊性应单独进行编制，不作为城市水系规划的主要内容，但是在水系规划编制时应注意充分协调和吸收这些规划。

《城市水系规划导则》指出城市水系规划是项复杂的系统工作，其关键是协调人与水的关系、水系保护与开发利用的关系、城市水系与流域（区域）水系的关系、城市水系多种功能（包括防洪排涝、供水水源、生态环境、航道运输、景观娱乐、旅游开发以及其他功能）之间的相互关系、水系整治与水生态保护的关系等。《城市水系规划导则》规定的内容包括：明确规划期的规划目标、构建城市水系系统和水系布局、确定城市适宜水面面积和水面组合形式、确定城市河湖生态水量和控制保障措施、制订城市河湖水质保护目标和改善措施、制订城市水景观建设方案、划定城市水系行政管理范围和制订管理办法、制订城市水系整治工程建设方案。城市防洪排涝、给水排水、水环境保护、水源地安全保障等宜单独编制专项规划，通常不纳入城市水系规划之中。

根据城市水系规划规范和导则，结合多年的规划实际经验，笔者认为城市生态水系规划是集防洪排涝、水资源配置与保护、水环境保护、亲水景观、水生态建设于一体，以城市水域水功能分区和可持续发展为目标，以水资源高效合理配置、水生态保护与滨水生态环境建设为核心，统筹兼顾水量、水质、水生态、防洪排涝、环境改善等方面要求，并且融合水安全、水环境、水文化、水景观、水经济的城市水利综合规划。城市生态水系规划应该包括以下 14 个方面的工作内容，这样才能做到协调各专业规划的关系，兼顾各部门的需求，更好融入城市规划和流域规划。

（一）调查研究及基础资料分析

编制城市水系规划，应收集、整理和分析城市的自然条件、经济社会、水系历史和现状及已有规划等方面资料。

自然条件资料应主要包括规划区内的水系、气象、水文、地形、地貌、地质、土壤、植被、生物（水生植物和水生动物）、自然保护区等资料。城市自然条件资料中应特别重视生态与环境方面的资料。保护城市水系生态和环境日益引起各方面的重视，是水系规划的一项重要任务。

经济社会发展资料应主要包括规划区域内的人口、工业、农业、水利、林业、渔业、市政、交通、旅游等现状与发展规划，水资源开发利用、土地利用、城市的历史沿革等资料。经济发展资料应主要包括国民生产总值、财政收入、产业结构及产值构成等资料。人口资料应主要包括城市现状常住人口、流动人口和暂住人口数量，人口的年龄构成、劳动构成，城市人口的自然增长和机械增长情况等资料。

土地利用资料应主要包括城市土地利用现状和规划的具体布局、城市用地的综合评价资料。水资源开发利用资料应主要包括水资源特征、水资源量、水资源开发利用和供需状况、水资源配置等资料；生活、工业、农业等现状取用水量，取水位置及用水特点、取水设施技术指标；再生水可利用量、再生水厂分布等资料。城市经济社会发展资料中应特别重视城市土地利用资料，弄清城市建设土地利用现状对水系造成的影响、土地利用布局规划对城市水系的潜在影响，为城市水系整治与城市建设土地利用的协调提供基础。

城市水资源开发利用、防洪排涝、供水水源、市政工程、水污染防治等方面也非常重要，对城市水系的布局具有重要影响。公用设施资料应主要包括城市防洪排涝、供水水源、市政工程等现状与规划资料。防洪排涝资料应主要包括历次发生洪水的水位、洪量、持续时间、洪水频率、受灾情况等资料，城市防洪标准、排涝设计标准、现有防洪与排涝设施、堤防情况、抗洪与排涝能力等资料。供水水源资料应主要包括城市饮用水水源位置、水量、水质以及水源区陆域植被、水土保持、环境布局、生态状况等，城市工业用水和农业用水水源位置、水量和水质等资料。市政工程资料应主要包括城市给水排水管网布置、雨污泵站、道路、居住规划、景观规划、经济开发区位和格局等。水污染防治资料应主要包括城市污水排放、污水处理等资料，还应包括水污染防治现状与发展规划、污染源管理、达标情况等资料。其中，污水排放资料应主要包括城市入河湖排污口位置、排放量、污染物类型、污染物浓度，以及水污染事故发生和危害分析等资料；污水处理资料应包括城市污水处理规模和处理率、污水管网覆盖率、生活污水与工矿企业废水处理设施、排放标准和处理情况等资料。

现状水系资料应主要包括流域水系现状，城市水系概况，河流、湖泊、水库、湿地及其他水域的基本情况等资料。城市所处流域水系的现状调查及其与城市水系关系分析，涉及不同流域水系的应分别加以分析。城市水系概况应主要包括城市水系现状布局、集水区域与排水关系、供水关系与服务范围、城市水系生态状况等资料。河流现状基本情况应主要包括河道起讫位置、长度、上下口宽度、河底高程、堤岸高程、设计及现状水位与流量、水位控制地点及控制幅度、等级、水面面积、规模、功能、水生生物、供水服务范围、集水区域、航道等级、水利工程、水质、排污口、河段在水系中的地位及其与上下游（级）河道的相互适应该关系、河道硬质化情况等资料。湖泊和水库现状基本情况应主要包括湖泊和水库位置、岸线长度、水面面积、水深、水位变幅、等级、功能、水生生物、供水服务范围、集水区域、航道等级、水利工程、水质、排污口、湖库在水系中的地位及其与上下游（级）河道的相互适应关系等资料。湿地现状基本情况应主要包括湿地位置、岸线长度、面积、水位变幅、物种统计等资料。流域水系资料的收集应重点弄清城市水系与流域水系的关系，如：城市水系在流域水系中的位置及其对流域防洪排涝、水资源开发利用、污染物输移通道等方面的影响；同样还有流域水系对城市的防洪排涝、供水水源、水环境质量等方面的影响。对于流域内有多座城市来说，应充分调查和分析城市群之间的水系关系。我国城市水利建设历史悠久，不同的年代对城市河湖水系都有不同程度的治理和开发利用，城市水系格局与自然水系相比较，已发生了巨大变化。编制城市水系规划应注意收集城市及其所在流域主要水系的历史情况、功能演变过程、大事件、历史水面面积、历代治水与主要水利工程建设与运行情况等，了解城市水系自然演变规律和城市建设对水系的影响，为城市水系规划提供历史借鉴和指导。

水系管理资料应主要包括城市水系现状管理体制、机制、办法、机构、人员设置以及运行管理费用来源等资料。

编制城市水系规划应注意收集城市及其所在流域的经济社会发展总体规划、流域和区域的水资源综合规划及专项规划、有关部门的发展规划和有关科研成果，了解经济社会发展对水系、土地利用的需求及布局。

（二）合理拟定规划的边界条件

与《城市总体规划》和《城市河流流域综合规划》相结合，拟定规划范围、水平年、依据、原则、理念（适宜、特色和新颖）、目标（要充分结合地理、资源、文化特征和经济社会发展（预期）需求及承载能力，统筹体现前瞻性、科学性、合理性和可行性）。

（三）水系规划整体布局和水系网路构建

与城市总体规划中相关专业进行衔接和协调，统筹考虑各种功能需求，进行水系网络总体布局，并提出水面规划指标。应分析城市水系现状和历史演变状况，依据流域、区域综合规划，城市总体规划及防洪排涝、供水、水资源保护等专项规划，以及经济社会发展和旅游开发等规划对水系布局的需求，明确了城市水系主体功能，确定城市水系的基本格局。

（四）水系综合利用规划

水系综合利用规划包括功能定位、岸线分配、水系形态设计、滨水区控制、运行方式设计等。根据相关标准和规范，结合城市总体规划和近期建设的要求，进一步细化并确定规划范围内各水域功能区划、水面面积、水体规模、水深、滨水岸线、防洪排涝、河道生态需水量、水质等规划指标。

（五）防洪排涝规划

分析规划区域涉及主要河流的水文特性、河道特点，计算设计暴雨、设计洪水和设计径流。

为进行防洪排涝、水环境状况的分析，以制订相应满足整治目标的方案，结合城市雨水管网自排等要求，进行河道和调蓄工程的洪、中、枯水面线计算，确定了主要控制断面的水位。

研究满足行洪要求，并根据两岸地形、建筑物、城市规划等情况，通过清障难易程度及经济对比，综合考虑各方需求，并与截污治污方案相结合，兼顾各有关部门对岸线的要求，提出上下游、左右岸相协调、排泄通畅的岸线规划控制线、堤防工程规划、蓄滞洪区和分洪区等工程规划。

调查分析涝区地理位置、面积、范围、自然地理概况等，进一步确定排涝标准、排涝体系以及治涝方案及工程等。

（六）水系供水水源规划

根据（城市水资源规划），摸清区域内不同水平年可供水资源量，区域生产生活、防洪排涝、滨水景观、水质保护、生态需水等需求，水资源供需平衡关系等情况。在《城市水资源规划》对区域内水资源进行合理配置的前提下，采用"优水优用、劣水劣用"的水资源配置模式和"借用天上水、调蓄地表水、合理开发地下水、循环利用再生水"的水资源开发利用思路，规划水系的供水水源方案，并提出保障措施等。

（七）水环境保护规划

利用区域水质环境现状调查资料，分析污染源和污染强度；根据水质保护目标要求和情况，进行河道水环境容量分析计算，提出了各段河道水质达到水功能目标的污染物控制量，提出水污染防治措施规划方案。

（八）水生态修复规划

分析城市水系的水生态环境现状及存在问题，结合河道现状特点，利用生态恢复措施，在河道截污、清淤、污染防治的基础上，提出维持水系健康、生物多样、水质清洁的水系生物生态修复方案，恢复河道边缘及中心的植物群落，尽量恢复河流的自然流态和创造丰富的自然生境；从城市生态系统整体构建的角度，提出了各水域规模、水生生境多样性和滨水岸线要求。

（九）滨水景观规划

结合城市规划对沿岸功能的要求，进一步美化沿河景观，实现水清、岸绿、景美，使滨水景观成为自然景观与人文景观相协调的河道生态景观区，实现生态城市、人文城市的城市发展模式。提出分区景观规划及典型景观设计。

（十）水文化和水经济规划

在水系规划中融入当地悠久深厚的历史文化，彰显城市的文化底蕴；积极培育水经济市场，保障水系工程的良性持续运行。

（十一）基础工程建设规划

基础工程建设规划包括水源工程、河道治理工程、湖泊、湿地工程、控制建筑物工程、生态型护岸工程等建设任务和规模。

（十二）管理规划

调查研究水系管理方面存在的问题，提出统一、协调、高效及可持续发展的水系管理体制、机制，针对今后发展的需要，根据相关规划，提出与综合整治规划相适应的管理内容和措施要求。

（十三）投资估算

估算城市水系规划各项工程总投资，根据分期实施计划提出相应的分期投资，拟定出近期实施工程项目清单。

（十四）效益分析

从经济、社会、环境等方面分析城市水系规划建设所产生的效益，着重分析社会、环境效益，分析该规划的实施对城市发展的促进作用。

五、规划工作的成果形式

城市生态水系规划成果一般由三部分组成：

第一，规划文本：表达规划的意图、目标及对规划的有关内容提出的规定性要求，文字表达应当规范、准确、肯定、含义清楚。

第二，规划图纸：用图像表达现状和规划设计内容，规划图应绘制在近期测绘的现状地形图上，规划图上应显示出现状和地形。图纸上应标注图名、比例尺、图例、绘制时间、规划设计单位名称和技术负责人签字。规划图纸所表达的内容与要求应与规划文本一致。

第三，附件：包括规划说明书和基础资料汇编，规划说明书的内容是分析现状、论证规划意图、解释规划文本等。

第二章 城市水生态系统

第一节 城市化的水文效应

一、城市化对水分循环过程的影响

水分的蒸发、凝结、降落（降雨）、输送（径流）循环往复运动过程，称作水分循环。天然流域地表具有良好的透水性，雨水降落时，一部分被植物截留蒸发，一部分降落地面填注，一部分下渗到地下，涵养在地下水水位以上的土壤孔隙内和补给地下水，其余部分产生地表径流，汇入受纳水体。据北美洲安大略环境部资料，城市化前，天然流域的蒸发量占降水量的40%，入渗地下水量占50%。城市化后，由于人类活动的影响，天然流域被开发，植被遭破坏，土地利用状况改变，自然景观受到深刻的改造，混凝土建筑、柏油马路、工厂区、商业区、住宅区、运动场、停车场及街道等不透水地面大量增加，使城市的水文循环状况发生了变化。降水量增多，但渗入地下的部分减少，只占降水量的32%，填注量减少，蒸发减少为25%，而产生地面径流的部分增大，由地表排入地下水道的地表径流量占降水量的比例达43%。这种变化随着城市化的发展、不透水面积率的增大而增大，下垫面不透水面积的百分比愈大，其贮存水量愈小，地面径流会越大。

二、城市化对水量平衡的影响

根据物质不灭定律，任何一个区域（或流域）在任一时段内输入水量与输出水量的差值，恰巧是该时段区域内贮水量的变化，三者之和称为水量平衡。

（一）流域水量平衡方程式

流域水量平衡方程式为：

$$\Delta W = (P + R + G) - (E_1 + E_2 + R_1 + G_1 + S) \qquad （2-1）$$

式中 ΔW —— 时段内区域贮水量变化；

P —— 降水量；

R、R_1 —— 地表径流流入与流出量；

G、G_1 —— 地下提取与渗入地下水量；

E_1、E_2 —— 地表蒸发和植物蒸腾水量；

S —— 生态系统组分内贮水量。

（二）城市水量平衡方程式

城市水量平衡方程式为：

$$\Delta W = (P + R + G + T) - (E_1 + E_2 + R_1 + G_1 + S + T_1) \qquad （2-2）$$

式中 T —— 上水管道输入水量；

T_1 —— 下水管道输出水量；

其他符号含义同前。

可见，在城市化地区的水量平衡中，不但包括天然水循环，而且还包括人工控制的上下水管道中的水循环（T、T_1）城市化对上述公式中各项都会产生影响，从而改变了城市地区的水文特征。首先在输入项中，城市化对大气降水（P）的影响比较明显。前已述及，城市地区年降水量一般比农村地区多5% ~ 15%，雷暴雨多10% ~ 15%，地表水流入量除径流流入量（R）外，还有上水管道进水量（T），此项有时可高达降水量的数倍以上。城市中地下水的提水量（G）也是比较高的，特别是在一些缺水的城市中，导致城市地下水水位降低，地下径流和土壤含水量减少，地表干燥，可供蒸发的水量减少，加之植被少、风速小，蒸发和蒸腾（E_1、E_2）都比乡村少，下渗量（G_1）也相应减少。由于城市耗水量一般较大，径流（Ri）比郊区小，增加人工下水管道的出水量（T_1）。

三、城市化对河流水文性质的影响

河流水文性质包括水位、断面、流速、流量、径流系数、洪峰、历时、水质、水温、泥沙等。城市化对河流水文性质的影响是多方面的。

（一）流量增加，流速加大

城市化不但降水量增加，雷暴雨增多，而且因为不透水地面多，植被稀少，降水的下渗量、蒸发量减少，增加了有效雨量（指形成径流的雨量），使地表径流量增加。

城市化对天然河道进行改造和治理，天然河道被裁弯取直、疏浚整治，设置道路边沟、雨水管网、排洪沟渠等，增加了河道汇流的水力学效应。雨水迅速变为径流，使河流流速增大。河道被挤占变窄，也使流速加大。

（二）径流系数增大

径流系数是指某段时间内径流深与降水量之比。表示降水量用于形成径流的有效雨量。径流系数增大，表示城市降水量用于形成径流的有效雨量多，蒸发渗漏量少。据北京市研究，郊区大雨的径流系数为 0.2 以下，而城区大雨径流系数一般为 0.4~0.5。地表流动部分水量增加，对城区河流或排水沟渠的压力加大。

（三）洪峰增高，峰现提前，历时缩短

由于城市化，流量增加，流速加大，集流时间加快，汇流过程历时缩短，城市雨洪径流增加，流量曲线急升骤降，峰值增大，出现时间提前。同时由于地面不透水面积增大，下渗减少，故雨停之后，补给退水过程的水量也减少，使得整个洪水过程线底宽较窄，增加了产生迅猛洪水的可能性。城市排水管道的铺设，自然河道格局变化，排水管道密度大，以及涵洞化排水，排水速度快，使水向排水管网中的输送更为迅速，雨水迅速变为径流，必然引起峰值流量的增大，洪流曲线急升骤降，峰值出现时间提前。据研究，城市化地区洪峰流量约为城市化前的 3 倍，涨峰历时缩短 1/3，暴雨径流的洪峰流量预期可达未开发流域的 2~4 倍。这取决于河道整治情况和城市的不透水面积率及排水设施等。随城市化面积的扩大，这种现象也日益显著。如果因城市化而又有城市雨岛效应，则洪水涨落曲线更为陡急。

（四）径流污染负荷增加

城市发展，大量工业废水、生活污水排放进入地表径流。这类废污水富含金属、重金属、有机污染物、放射性污染物、细菌、病毒等，污染水体。城市地面、屋顶、大气中积聚的污染物质，被雨水冲洗带入河流，而城市河流流速的增大，不仅加大了悬浮固体和污染物的输送量，而且加剧了地面、河床冲刷，使径流中悬浮固体和污染物含量增加，水质恶化。无雨时（枯水期），径流量减少，污染物浓度增大；暴雨时（汛期），河流流速增大，加大了悬浮固体与污染物的输送量，也加剧了河床冲刷，使下游污染物荷载量明显增加。

此外，城市建设施工期间，大量泥沙被雨水冲洗，使河流泥沙含量增大。工业冷却水排放也会使局部水温升高。

四、城市化对地下水的影响

（一）地下水水位下降，局部水质变差

城市不透水区域下渗水量几乎为零，土壤水分补给减少，补给地下含水层的水量减少，致使基流减少，地下水补给来源也随之减少，促使地下水水位急剧下降。

（二）水量平衡失调

城市化、工业化的发展，人口增加，生活水平提高，对水的需求量大增，地表水又受到不同程度的污染，致使供水不足，水资源短缺，于是大量抽取地下水，超过了自然补给能力，让水量平衡失调。

（三）生态环境恶化

如果地下水补给不足持续的时间较长，则容易引起地下水含水层的衰竭，造成城区地下水水位持续下降，从而导致地面下沉，引起地基基础破坏，建筑物倾斜、倒塌、沉陷，桥梁、水闸等建筑设施大幅度位移，海水倒灌，城市排水功能下降，容易发生洪涝、干旱灾害，使生态环境恶化。

第二节　城市河流的生态环境功能

一、河道的概念、形态特征与功能

（一）河道的概念

河道，即水的通道，是水生态环境的重要载体。自古以来，治河是治水活动的重要内容。人们通过治导、疏浚和护岸等措施，对河流进行治理和控制，用期除患兴利，实现兴洪除涝、取水利用、交通航运之目的。我国的江河溪流，源远流长，川流不息，推动着经济社会的文明进步，孕育着灿烂华夏文化。

随着经济社会的快速发展，一方面河道在保障经济生活和建设良好生态环境中的作用越来越大；另一方面由于人类活动的影响，与我们生活生产息息相关的河道却功能退化、水质恶化。水多为患，水少为愁，水脏为忧，此类突出问题集中反映在河道上。人民群众迫切要求整治河道，改善水环境，全社会对河道治理十分关注。

开展河道整治是恢复、提高河道基本功能的根本措施，是提高水资源承载力、改善生态环境的有效途径，是打造绿色河道的客观需要。现代化建设的推进，对河道整治提出了新的要求，不仅要继承传统整治技术的精髓，并且应树立亲水的理念，营造人与自然和谐的水环境。

（二）河道的形态特征及功能

河道具有行洪、排涝、引水、灌溉、航运、旅游等功能，根据不同的功能要求，设计不同的河道断面形式。主要分为4类：复式、梯形、矩形及双层等。

1. 复式断面

复式断面适用于河滩开阔的山溪性河道。枯水期流量小，水流归槽主河道。洪水期流量大，允许洪水漫滩，过水断面大，洪水位低，一般不需修建高大的防洪堤。

枯水期可充分开发河滩的功能，根据河滩的宽度和地形、地势，结合当地实际，开发不同利用的功能。如滩地较宽阔，一般可开发高尔夫球场、足球场等大型或综合运动场；河滩相对较窄的，可修建小型野外活动场所、河滨公园或辅助道路等。河滩的合理开发利用，既能充分发挥河滩的功能，又不因围滩而抬高洪水位，加重两岸的防洪压力。

2. 梯形断面

梯形断面占地较少，结构简单实用，是农村中小河道常用的断面形式。一般以土坡为主，有利于两栖动物的生存繁衍。河道两岸保护（或管理）范围用地，有条件的征用，无条件的可采用借田租用等方式，设置保护带，发展果树、花木等经济林带或绿化植树，防止河岸边坡耕作，便于河道管理，确保了堤防安全。

位于城镇等人口聚居地周边的河道，在绿化河岸与设置道路时，其合理的布置能充分体现河道安全、休闲和亲水的功能，营造人水和谐的人居环境，提高城镇的品位。

平原河道堤防高度一般不高，设计中可根据不同的地形、地势，考虑挡土墙与河岸景观相结合，采用不同形式和造形的挡土墙，突出水景设计，掩盖堤防特征，使人走在堤边而又无堤之感觉。

山溪性河道通常洪水暴涨暴落，高水位历时短，流量集中，流速大，对沿河堤坝、农田冲刷严重。堤防断面形式可采用矮胖形断面，允许低频率洪水漫坝过水，确保堤坝冲而不垮，农田冲而不毁。这类堤防可以称之为"防冲不防淹堤防"。

3. 矩形断面

平原河网水位一般变幅不大，河道断面设计时，正常水位以下可采用矩形干砌石断面，正常水位以上采用毛石堆砌斜坡，以增加水生动物生存空间，削减船行波等冲刷，有利于堤防保护和生态环境的改善。若河岸绿化带充足，采用缓于 1 : 4 的边坡，以确保人类活动安全。这类断面一般适用于城镇、乡村等人居密集地周边的河道或航道。

4. 双层河道

双层河道（上层为明河，下层为暗河）断面通常适用于城镇区域内河，下层暗河主要功能是泄洪、排涝；上层明河具有安全、休闲、亲水等功能，一般控制 20cm 左右的水深，河中放养各种鱼类，河道周边建造嬉水池、喷水池、凉亭等休闲配套设施，是孩童嬉水玩耍的好地方，也是老人健身养心的好场所。城镇区域内建双层河道，具有较好的安全性和亲水性，可提高河道两岸人居环境和街道的品位，是"人与自然和谐相处"治水理念的体现。

二、河流的概念与生态环境功能

（一）河流概述

河流是指在重力作用下，集中于地表凹槽内的经常性或者周期性的天然水道的通称。在中国有江、河、川、溪、涧等不同称呼。河流沿途接纳很多支流，形成复杂的干支流网络系统，这就是水系。多数河流以海洋为最后归宿，但有一些河流注入内陆湖泊或沼泽，或因渗漏、蒸发而消失于荒漠中，于是分别形成外流河和内陆河。世界著名的亚马孙河、尼罗河、长江、密西西比河等为外流河，中国新疆的塔里木河等为内陆河。

每一条河流和每一个水系都从一定的陆地面积上获得补给，这部分陆地面积便是河流和水系的流域。实际上，它也就是河流和水系在地面的集水区。

每一条河流都有它的河源和河口。河源是河流的发源地，指最初具有地表水流形态的地方。河源以上可能是冰川、湖泊、沼泽或泉眼。河口是指河流与海洋、湖泊、沼泽或另一条河流的交汇处，经常有泥沙堆积，有时分汊现象显著，在入海、入湖处形成三角洲。在河源与河口之间是河流的干流，一般可划分为上、中及下游3段，各段在水情和河谷地貌上各有特色。河流的上游是紧接河源的河谷窄、比降和流速大、水量小、侵蚀强烈、纵断面呈阶梯状并多急滩和瀑布的河段。河流的中游水量逐渐增加，但比降已经和缓，流水下切力已开始减小，河床位置比较稳定，侵蚀和堆积作用大致保持平衡，纵断面往往成平滑下凹曲线。河流的下游河谷宽广、河道弯曲、河水流速小而流量大，淤积作用显著，到处可见沙滩和沙洲。如长江源于唐古拉山，流经青海、云南、四川、湖北、湖南、江西、安徽、江苏和上海，注入东海，全长6 300km。习惯上从河源到宜昌为上游，宜昌到湖口为中游，湖口以下为下游，各段差异显著。

河源与河口的高度差称为河流的总落差（例如长江为6 600多米），而特定河段两端的高度差则是该河段的落差，单位河长内的落差叫作河流的比降，以小数或千分数表示。流域面积是流域的重要特征之一。河流的水量多少与流域面积大小有直接关系。除干燥气候地区，一般流域面积愈大，流域的水量也愈大（如长江流域面积180.85万倾，年径流总量$9.6 \times 1010 m3$）。流域的形状对河流水量变化也有明显影响。圆形或卵形流域，降水容易向干流集中，进而引起巨大的洪峰；狭长形流域，洪水宣泄比较均匀，洪峰不易集中。流域的海拔主要影响降水形成和流域内的气温，而降水形式和气温又影响到流域的水量变化。

在地球表面的总水量中，河流中的水量所占的比重很小（占全球总水量的0.000 1%），但周转速度快（12~20d），在水分循环中是重要的输送环节，也是自然环境中各种物质相互转换的动力之一。

河流是地球表面淡水资源更新较快的蓄水体，是人类赖以生存的重要淡水体。河流与人类历史的发展息息相关。古代文明的发源大都与河流（如尼罗河、黄河等）联系在一起。至今一些大河的冲积平原和三角洲地区（如密西西比河、长江、珠江、多瑙河、莱茵河等）仍然是人类社会经济及文化发达的地区。

（二）城市河流生态环境功能

河流的功能有两方面：一是功利性功能，如为生产、生活提供用水，为航运、水上娱乐、养殖等提供水域，为水力发电提供能源等；二是生态环境功能，如为水生生物提供生存环境、对污染物的稀释和自净作用、保证河口地区生态系统稳定，以及输沙排盐、湿润空气、补充土壤含水等功能。功利最大性原理驱动人们只注重河流的经济功能，而忽视其本身所具有的生态环境功能。其结果必然导致水资源利用率不断升高，水资源利用效率不断降低，使得河道水量日益减少，污染日重，环境质量日差。城市河流对城市的繁荣与衰落、对城市社会经济协调发展有着重要的意义。

1. 就近供水的功能

水在人类生活中是不可缺少的物质条件，许多城市人均用水量 400 ~ 500L/d 以上，如此庞大的用水量，从就近河道中汲取，具有投资少、成本低、稳定性高等诸多优势。地下水可作为城市水源，但其安全性、稳定性、经济高效性等方面都无法与城市河流相比，因为城市地下水在很多情况下依靠城市河流补给。大量使用地下水还将引起地面沉降，加剧地质与洪涝灾害。远距离调水，供水成本提高，所以，河流是城市居民生活和生产就近取水的最佳水源。

2. 供绿和降温增湿功能

城市绿地诸多生态功能的发挥与城市河流有关。如城市河流两岸、河心沙洲，为城市绿地建设提供了有利的自然条件和物质基础。将河流两岸建成为城市绿带，是城市绿地建设成功的范例。伦敦的泰晤士河、巴黎的塞纳河便是成功的典范。河水的高热容量、流动性以及河流风的流畅性，对于减弱城市热岛效应、缓和冬夏温差具有明显的调节作用。

3. 提供便捷的交通条件

城市交通是城市生态建设的重要内容。开发城市河流的水运功能，可以缓解城市交通紧张。城市河流两岸以及城市河流穿市而过的分布格局，大面积的开敞空间，为城市交通建设提供了路基，也为防止交通线两侧的大气、噪声污染提供了环境容量。许多城市河流两岸的交通线已成为城市交通主干线。

4. 提供生物多样性存在的基地

生物多样性包括自然生境多样性、群落多样性、物种多样性。城市河流的自然特征（包括物质特性、形态特性、功能特性）本身，是城市景观多样性的组成部分。河流两岸、河漫滩湿地、河心沙洲，适宜各种生物尤其是两栖类生物的生存，并且对污染有一定的自净功能。如果这些地带遭到破坏，环境恶化，甚至部分河流成为污水通道，城市景观质量下降，生物多样性消失，则意味着城市河流生态功能下降，对城市生态环境将产生严重的影响。因此，控制城市河流水污染，保持良好水质，对保护生物多样性的存在，提高城市水生态环境质量，具有重要意义。

5. 合理开发利用

流经城市的河流同时具有供水、排污、通航、风景、娱乐等多种功能。城市规划建设既要充分开发城市河流的各项生态功能，使其更好地为城市发展服务，更要尊重城市河流的自然规律，对河流进行适当的功能定位，协调各类功能，保护城市河流水质，使其能可持续利用。城市一般位于河流的中下游或支流入注主流的河口，当河流穿城而过时，一般上游水质较好，开发为水源要注意保护；中游是承纳城市废污水的河段，可适当开发航运、养殖；下游水质较差，尤其是无污水处理厂的城市，不宜作供水水源，选作水源时，必将因水源污染而加大对水厂或取水点的投资。开发水产养殖必须重视城市污水对养殖的影响。如果污染严重，加上市政建设落后，则作为风景便会失去感官意义而达不到应有的效果，因此，首先要作景观生态治理。只有对河流进行合理开发利用，方能够持续保持河流的生命力，为人类生产生活提供良好的资源和环境。

三、河流生态系统

（一）河流生态系统及其特点

河流生态系统是指河流水体的生态系统，属流水生态系统的一种，是陆地和海洋联系的纽带，在生物圈的物质循环中起着主要作用。河流生态系统包括陆地河岸生态系统、水生态系统、相关湿地及沼泽生态系统在内的一系列子系统，是一个复合生态系统，并具有栖息地功能、过滤作用、屏蔽作用、通道作用、源汇功能等多种功能。河流生态系统水的持续流动性，使其中溶解氧比较充足，层次分化不明显。

河流生态系统主要具有以下特点：

第一，具纵向成带现象，但物种的纵向替换并不均匀的连续变化，特殊种群可以在整个河流中再现。

第二，生物大多具有适应急流生境的特殊形态结构。表现在浮游生物较少，底栖生物多具有体形扁平、流线型等形态或吸盘结构，适应性广的鱼类和微生物丰富。

第三，与其他生态系统相互制约关系复杂。一方面表现为气候、植被以及人为干扰强度等对河流生态系统都有较大影响；另一方面表现为河流生态系统明显影响沿海（尤其河口、海湾）生态系统的形成与演化。

第四，自净能力强，受干扰后恢复速度较快。

（二）城市河流生态系统的特征及存在的问题

城市河流生态系统具有自然属性和社会属性两方面的特征。在营养结构方面，自然属性的生产者、消费者和分解者主要是水体中高等和低等的动植物及微生物，在无人为干扰的环境中，可实现正常的营养循环和物质守衡。但由于人类的参与，城市河流生态系统增加了社会属性的生产者，包括排入的城市污水、暴雨雨水及固体废弃物堆放等产生的有机营养物，增加的消费者主要有城市居民生活用水、工业生产用水及城市市政综合用水等。进入河流生态系统的大量营养物质不能完全靠水体中的自然分解者进行分解，因此需要人类加强废污水及固体废物的治理，减轻社会生产者给城市河流生态系统带来的压力。

城市河流生态系统受人类影响较大，当其自然属性的分解者不能负担系统中全部能量时，系统将出现大量问题，继而威胁城市生态系统的安全与可持续发展。

第三节　湖泊生态系统及其环境功能

一、湖泊生态系统

陆地上相对封闭的洼地中汇积的水体，这种相对封闭的洼地称为湖盆。湖泊是湖盆与运动的水体相互作用的综合体。由于湖中物质和能量的交换，产生一系列物理、化学和生物过程，从而构成独特的湖泊生态系统。

湖泊生态系统指湖泊水体的生态系统，属静水生态系统的一种，它是其内部生物群落与其外部生存环境长期互相作用下形成的一种动态平衡系统。湖泊有生成、发展和消亡的自然过程。在纯自然情况下，湖泊生态系统的演化过程是漫长的。但是，由于人类活动的不断加剧，大大地加速了湖泊的演化过程，使其生命周期迅速缩短。湖泊生态系统的水流动性小或不流动，底部沉积物较多，水温、溶解氧、二氧化碳、营养盐类等分层现象明显；湖泊生物群落比较丰富多样，分层与分带明显。水生植物有挺水型、浮叶型、沉水型植物；植物上生活有各种水生昆虫及螺类等；浅水层中生活有各种浮游生物及鱼类等；深水层有大量异养动物和嫌气性细菌；水体的各部分广泛分布着各种微生物。各类水生生物群落之间以及其与水环境之间维持着特定的物质循环和能量流动，构成一个完整的生态单元。随着由湖到陆的演变，湖泊生态系统将经历贫营养阶段、富营养阶段、水中草本阶段、低地沼泽阶段直到森林顶级群落，最终演变为陆地生态系统，不当的人类活动（如围湖造田）将加速这种演变的进程。

过度利用水资源会导致湖泊咸化、萎缩和干涸，例如青海湖、艾丁湖、玛纳斯湖、罗布泊；盲目大规模地围垦导致湖泊水面的缩小乃至消亡，例如江汉湖群、安徽城西湖、太湖周围的小湖；向湖泊中大量排放污水、污物，导致湖泊富营养化，从而大大缩短了湖泊的生命周期，例如滇池及巢湖。

湖泊生态的脆弱性，加上人类不合理地利用湖泊资源，使我国绝大多数湖泊的良性生态系统遭受到不同程度的破坏，乃至整个湖泊的消亡。其主要表现如下：盲目围垦，导致湖泊面积缩小，甚至消亡；过度用水，导致湖泊水面萎缩、水质变差；水质污染严重和富营养化过程加速；水利工程和过度捕捞使水产资源枯竭。

湖泊不仅具有宝贵的自然资源，而且具有独特的功能。一旦湖泊消亡，或者湖泊生态系统恶化，将会给人类的生活与生产造成巨大的影响。

二、湖泊生态系统的生态环境功能

湖泊的传统功能一般有如下几种：蓄积水量功能、调节气候功能、饮用水源功能、工农业生产功能、养殖功能、水运功能等，这些传统功能除了养殖、水运功能要适度控制以外，其他功能仍然可以继续发挥作用。

第一，湖泊作为一种重要的自然资源，具有蓄洪、供水、养殖、航运、旅游、维护生态多样性等多种功能，在整个经济社会持续发展中起到重要作用。

第二，湖泊对城市气候有很强的调节作用。根据环保专家的说法1hm2水面对环境、气候的调节功能相当于1hm2森林，从这个意义上讲，湖泊就是城市里的森林，因此填湖也就等于砍掉城市里的树！这个说法并不过分，过度填湖将会带来城市雨量减少，还会加剧城市的热岛效应。另外，湖泊功能已由目前的调蓄、养殖和景观娱乐，逐步调整为景观娱乐、调蓄功能。同时，按照建设生态型湖泊与人水和谐的景观要求，为市民提供充分的亲水空间。

第三，湖泊的作用是不可替代的。一是维护流域自然属性和生态系统的稳定性，发挥生态功能，特别是生物降解功能；二是保持较多类型的湿地，如有涨落区、浅滩、滩涂的湿地是丰富生物多样性的首要条件；三是提高湖泊防洪蓄洪能力，能为蓄洪、排洪提供较大的空间，大大降低洪水的危害；四是给洄游或半洄游性鱼类提供索饵场、繁殖场、育肥场。

总之，湖泊是重要的国土资源，具有调节河川径流、防洪减灾、提供生产和生活用水、沟通航运、繁衍水生动植物以及改善湖区生态环境等多种功能，对国民经济的发展、人民生活水平的提高和景观环境的美化发挥着巨大的作用。但是长期以来，人们在开发利用湖泊资源时，忽视了对湖泊资源的有效保护与管理，过度开发，不注重环境保护，我国众多湖泊出现了面积萎缩、水质污染和富营养化、洪涝灾害频繁且经济损失越来越大等一系列问题，严重制约了湖泊功能的发挥，湖泊功能效益不断下降，成为影响其可持续发展的"瓶颈"。应及时制定出台湖泊保护的相关法律，依靠法律手段加强对湖泊的保护，科学合理地开发利用湖泊资源，维护湖泊生态环境，有效保障湖泊生态系统的生态环境功能以及其他各项功能。

第四节　湿地生态系统及其环境功能

一、湿地的概念、分类及功能

（一）湿地的概念

湿地是指天然或人工、长久或暂时之沼泽地、湿原、泥炭地或者水域地带，带有静止或流动、咸水或淡水、半咸水或咸水水体者，包括低潮时水深不超过6m的水域。因此，湿地不仅是我们传统认识上的沼泽、泥炭地、滩涂等，还包括河流、湖泊、水库、稻田以及退潮时水深不超过6m的海水区。

湿地是人类最重要的环境资本之一，也是自然界富有生物多样性和较高生产力的生态系统。它不但具有丰富的资源，还有巨大的环境调节功能和生态效益。各类湿地在提供水资源、调节气候、涵养水源、均化洪水、促淤造陆、降解污染物、保护生物多样性和为人类提供生产生活资源方面发挥了重要作用。

（二）湿地的类型

1. 沼泽湿地

中国的沼泽约有 1 197 万 hm2，主要分布于东北的三江平原、大小兴安岭、若尔盖高原及海滨、湖滨及河流沿岸等，山区多木本沼泽，平原为草本沼泽。三江平原位于黑龙江省东北部，是由黑龙江、松花江和乌苏里江冲积形成的低平原，是我国面积最大的淡水沼泽分布区，1990 年尚存沼泽约 113 万 hm2。三江平原无泥炭积累的潜育沼泽居多，泥炭沼泽较少。沼泽普遍有明显的草根层，呈海绵状，孔隙度大，保持水分能力强。本区资源利用以农业开垦、商品粮产出为主。大、小兴安岭沼泽分布广而集中，大兴安岭北段沼泽率为 9%，小兴安岭沼泽率为 6%，该区沼泽类型复杂，泥炭沼泽发育，以森林沼泽化、草甸沼泽化为主，是我国泥炭资源丰富的地区之一。若尔盖高原位于青藏高原东北边缘，是我国面积最大、分布集中的泥炭沼泽区。特别是黑河中、下游闭流和伏流宽谷，沼泽布满整个谷底，泥炭层深厚，沼泽率达 20% ~ 30%。本区以富营养草本泥炭沼泽为主，复合沼泽体发育。若尔盖高原是我国重要的草场。海滨、湖滨及河流沿岸主要为芦苇沼泽分布区。滨海地区的芦苇沼泽，主要分布在长江以北至鸭绿江口的淤泥质海岸，集中分布在河流入海的冲积三角洲地区。我国较大的湖泊周围一般都有宽窄不等的芦苇沼泽分布，另外，无论是外流河还是内陆河，在中下游河段往往有芦苇沼泽分布。

2. 湖泊湿地

中国的湖泊具有多种多样的类型并显示出不同的区域特点。

（1）东部平原地区湖泊

主要指分布于长江及淮河中下游、黄河及海河下游和大运河沿岸的大小湖泊。约占全国湖泊总面积的 23.3%。著名的 5 大淡水湖 —— 鄱阳湖、洞庭湖、太湖、洪泽湖和巢湖即位于本区。该区湖泊水情变化显著，生物生产力较高，人类活动影响强烈。资源利用以调蓄滞洪、供水、水产业、围垦种植与航运为主。

（2）蒙新高原地区湖泊

约占全国湖泊总面积的 21.5%。本区气候干旱，湖泊蒸发超过湖水补给量，多为咸水湖和盐湖。资源利用以盐湖矿产为主。

（3）云贵高原地区湖泊

约占全国湖泊总面积的 1.3%，全是淡水湖。该区湖泊换水周期长，生态系统较脆弱。资源利用以灌溉、供水、航运、水产养殖、水电能源和旅游景观为主。

（4）青藏高原地区湖泊

约占全国湖泊总面积的 49.5%。本区为黄河、长江水系和雅鲁藏布江的河源区，湖泊补水以冰雪融水为主，湖水入不敷出，干化现象显著，近期多处于萎缩状态。该区以咸水湖和盐湖为主，资源利用以湖泊的盐及碱等矿产开发为主。

（5）东北平原地区与山区湖泊

面积 1km² 以上的湖泊 140 个，总面积为 3 955.3km²，约占全国湖泊总面积的 4.4%。本区湖泊汛期（6 ~ 9 月）入湖水量为全年水量的 70% ~ 80%，水位高涨；

冬季水位低枯,封冻期长。资源利用以灌溉、水产为主,并兼有航运发电和观光旅游之用。

3. 河流湿地

中国流域面积在 100km2 以上的河流有 50 000 多条,流域面积在 1 000km2 以上的河流约 1 500 条。因受地形、气候影响,河流在地域上的分布很不均匀。绝大多数河流分布在东部气候湿润多雨的季风区,西北内陆气候干旱少雨,河流较少,并有大面积的无流区。从大兴安岭西麓起,沿东北一西南向,经阴山、贺兰山、祁连山、巴颜喀拉山、念青唐古拉山、冈底斯山,直到中国西端的国境,为中国外流河与内陆河的分界线。分界线以东以南,都是外流河,面积约占据全国总面积的65.2%,其中流入太平洋的河流面积占全国总面积的58.2%,流入印度洋的占6.4%,流入北冰洋的占0.6%。分界线以西以北,除额尔齐斯河流入北冰洋外,均属内陆河,面积占全国总面积的34.8%。在外流河中,发源于青藏高原的河流,都是源远流长、水量很大、蕴藏巨大水力资源的大江大河,主要有长江、黄河、澜沧江、怒江、雅鲁藏布江等;发源于内蒙古高原、黄土高原、豫西山地、云贵高原的河流,主要有黑龙江、辽河、滦海河、淮河、珠江、元江等;发源于东部沿海山地的河流,主要有图们江、鸭绿江、钱塘江、闽江、赣江等,这一些河流逼近海岸,流程短、落差大,水量和水力资源比较丰富。我国的内陆河划分为新疆内陆诸河、青海内陆诸河、河西内陆诸河、羌塘内陆诸河和内蒙古内陆诸河 5 大区域。内陆河的共同特点是径流产生于山区,消失于山前平原或流入内陆湖泊。在内陆河区内有大片的无流区,不产流的面积共约 160 万 km% 中国的跨国境线河流有以下分布:额尔古纳河、黑龙江干流、乌苏里江流经中俄边境,图们江、鸭绿江流经中朝边境,黑龙江下游经俄罗斯流入鄂霍次克海,额尔齐斯河汇入俄境内的鄂毕河,伊犁河下游流入哈萨克斯坦境内的巴尔喀什湖,绥芬河下游流入俄境内经海参威入海,西南地区的元江、李仙江和盘龙江等为越南红河的上源,澜沧江出境后称作湄公河,怒江流入缅甸后称萨尔温江,雅鲁藏布江流入印度后称布拉马普特拉河;藏西的朗钦藏布、森格藏布和新疆的奇普恰普河都是印度河的上源,流经印度、巴基斯坦入印度洋。还有上游不在中国境内的如克鲁伦河自蒙古境内流入中国的呼伦湖等。

4. 浅海、滩涂湿地

中国滨海湿地主要分布于沿海的 11 个省(区)和港、澳、台地区。海域沿岸有 1 500 多条大中河流入海,形成浅海滩涂生态系统、河口湾生态系统、海岸湿地生态系统、红树林生态系统、珊瑚礁生态系统、海岛生态系统等 6 大类、30 多个类型。滨海湿地以杭州湾为界,分成杭州湾以北和杭州湾以南的两个部分。杭州湾以北的滨海湿地除山东半岛、辽东半岛的部分地区为岩石性海滩外,其他多为沙质和淤泥质海滩,由环渤海滨海和江苏滨海湿地组成。黄河三角洲和辽河三角洲是环渤海的重要滨海湿地区域,其中辽河三角洲有集中分布的世界第二大苇田——盘锦苇田,面积约 7 万 hm^2。环渤海滨海尚有莱州湾湿地、马棚口湿地、北大港湿地和北塘湿地,环渤海湿地总面积约 600 万 hm^2。江苏滨海湿地主要由长江三角洲和黄河三角洲的一部分构成，仅海滩面积就达 55 万 hm²，主要有盐城地区湿地、南通地区湿地和连云港地区湿地。杭州湾以南的滨海湿地以岩石性海滩为主，其主要河口及海湾有钱塘江口—杭州湾、晋江口—泉州湾、珠江口河口湾和北部湾等。在海湾、河口的淤泥质海滩上分布有红树林，在海南至福建北部沿海滩涂及台湾岛西海岸都有天然红树林分布区。热带珊瑚礁主要分布在西沙和南沙群岛及台湾、海南沿海，其北缘可达北回归线附近。当前对浅海滩涂湿地开发利用的主要方式有滩涂湿地围垦、海水养殖、盐业生产和油气资源开发等。

5. 人工湿地

中国的稻田广布亚热带与热带地区，淮河以南广大地区的稻田约占全国稻田总面积的 90%。近年来北方稻区不断发展，稻田面积有所扩大。此外，人工湿地还包括渠道、塘堰及精养鱼池等。

（三）湿地生态系统的功能

1. 湿地是水禽的繁育中心和迁移的必经之地

湿地作为水生动物和鸟类的栖息地，为它们提供了良好的生活环境，其中有很多都是国家级保护动物。

2. 调节气候，净化空气和污水

由于湿地水面蒸发和植物蒸腾作用强烈，能够增加区域湿度，防止气候趋于干燥，从而调节气候。湿地植物通过光合作用，吸收了二氧化碳并释放氧气，使空气清新。另外，湿地也能过滤污染物，净化水质。

3. 调节水位，削减洪峰和均化洪水过程

由于湿地是低洼地带，因此能蓄水，起到调节水位、削减洪峰和均化洪水过程的作用。

4. 湿地提供多种植物资源，促进经济发展

湿地生长有不同于陆地旱生植物的挺水型、浮叶型、沉水型等丰富多彩的植物资源，它们的合理利用对许多行业具有积极作用。如芦苇造纸、莲藕的食用，也为开展旅游提供了条件。湿地的水资源可用于灌溉，水草可用于放牧或作为牲畜饲料。

5. 湿地具有教学和科研价值

湿地作为特殊生态系统，对于人们的教育和科研也很有意义。

二、湿地效益

（一）湿地的经济效益

1. 提供水资源

水是人类不可缺少的生态要素，湿地是人类发展工农业生产和城市生活用水的主要来源。我国众多的沼泽、河流、湖泊和水库在输水、贮水和供水方面发挥着巨

大效益。

2. 提供矿物资源

湿地中有各种矿砂和盐类资源。中国的青藏、蒙新地区的碱水湖和盐湖，分布相对集中，盐的种类齐全，储量极大。盐湖中，不仅赋存大量的食盐、芒硝、天然碱、石膏等普通盐类，而且还富集着硼、锂等多种稀有元素。中国一些重要油田，大都分布在湿地区域，湿地的地下油气资源开发利用，在国民经济中意义重大。

3. 能源和水运

湿地能够提供多种能源，水电在中国电力供应中占有重要地位，水能蕴藏量占世界第一位，达 6.8 亿 kW，有着巨大的开发潜力。我国沿海多河口港湾，蕴藏着巨大的潮汐能。从湿地中直接采挖泥炭用于燃烧，以湿地中的林草作为薪材，湿地成为周边农村中重要的能源来源。湿地有着重要的水运价值，沿海和沿江地区经济的快速发展，很大程度上是受惠于此。

（二）湿地的生态效益

1. 维持生物多样性

湿地的生物多样性占有非常重要的地位。依赖湿地生存、繁衍的野生动植物极为丰富，其中有许多是珍稀特有的物种，是生物多样性丰富的重要地区和濒危鸟类、迁徙候鸟以及其他野生动物的栖息繁殖地。在 40 多个国家一级保护的鸟类中，约有1/2 生活在湿地中。中国是湿地生物多样性较为丰富的国家之一，亚洲有 57 种处于濒危状态的鸟，在中国湿地已发现有 31 种；全世界有鹤类 15 种，中国湿地鹤类占 9 种。中国许多湿地是具有国际意义的珍稀水禽、鱼类的栖息地，天然的湿地环境为鸟类、鱼类提供丰富的食物和良好的生存繁衍空间，对物种保存和保护物种多样性发挥着重要作用。湿地是重要的遗传基因库，对维持野生物种种群的存续、筛选和改良具有商品意义的物种，均具有重要意义。中国利用野生稻杂交培养的水稻新品种，使其具备高产、优质、抗病等特性，在提高粮食生产方面产生巨大效益。

2. 调蓄洪水，防止自然灾害

湿地在控制洪水、调节水流方面功能十分显著。湿地在蓄水、调节河川径流、补给地下水和维持区域水平衡中发挥着重要作用，是蓄水防洪的天然"海绵"。我国降水的季节分配和年度分配不均匀，通过天然和人工湿地的调节，贮存来自降雨、河流过多的水量，从而避免发生洪水灾害，保证工农业生产有稳定的水源供给。长江中下游的洞庭湖、鄱阳湖、太湖等许多湖泊曾经发挥着贮水功能，防止了无数次洪涝灾害；许多水库在防洪、抗旱方面发挥了巨大的作用，沿海许多湿地抵御波浪和海潮的冲击，防止了风浪对海岸的侵蚀。

3. 降解污染物

工农业生产和人类其他活动以及径流等自然过程带来的农药、工业污染物、有毒物质进入湿地，湿地的生物和化学过程可使有毒物质降解和转化，使当地和下游区域受益。

三、湿地生态系统的保护

湿地是水陆相互作用而形成的自然综合体，处于陆地生态系统和水生生态系统之间的过渡带，与森林、海洋一起并列为全球三大生态系统，被誉为地球之肾，是自然界最富生物多样性的生态景观和人类最重要的生存环境之一。但随着人口急剧增加、湿地的不合理开发利用，湿地退化、环境功能下降、生物多样性下降甚至丧失、环境污染加剧、泥沙淤积等环境问题日益突出，让湿地及其效益处于严重的威胁之中。因此，保护与整治受损湿地已成为当务之急。

（一）建立湿地保护示范基地，加强自然保护区的建设

以生态学理论为指导，遵循自然与社会协调发展，人与自然共存、和谐持续发展的原则，选择典型的湿地类型建立生物多样性保护与持续利用示范基地。贯彻中国自然保护方针，坚持"永续利用与持续发展"的原则，走保护与合理开发利用相结合的道路；维护湿地生物多样性及湿地生态系统结构和功能的完整性，最大限度地发挥湿地生态系统的综合效益。加强法制建设，不断完善地方性法规，杜绝保护区内的偷猎现象，保障珍稀水禽的栖息生境安全。

（二）植树造林，改善区域生态环境

营造防护林带，可改善区域小气候，阻止沙化外延，增加了沼泽湿地的生物多样性，增强沼泽湿地生态系统的稳定性。因此，在保护的基础上应大力营造生态保护林和水源涵养林，防止河流上游地区的水土流失，减少湿地泥沙淤积；对水利工程设施进行生态影响评价并建立天然湿地补水的保障机制，将湿地水文变化控制在其阈值内。

（三）维持湿地环境功能，遏制湿地退化

控制湿地开发规模，遏制掠夺性开发，寻求湿地与周边非湿地地区之间互利互惠、克服破坏性干扰、协调发展的途径，保障湿地资源的永续利用和人类的代际公平原则。兴建分洪蓄水工程，排洪与蓄水相结合，保障干旱区湿地的干季水源供应，维持湿地环境功能。积极防治对湿地的污染，协调好开发利用与湿地环境之间的关系，注意人工湿地的负面影响。加强湿地管理，对可再生资源的开发利用要以不破坏其再生机制为前提，维持湿地生态过程，遏制区内湿地生态系统的退化。

（四）建立湿地数据库、湿地信息系统和决策支持系统

利用 3S 技术手段，建立湿地数据库，并进行属性编码，在地理信息系统平台下通过集成，形成湿地信息系统和决策支持系统。同时，属性数据库中还可以输入大量有关污染源的信息，以帮助进行空间分析，从而有效控制和监测点源与面源污染。同时加强科研和生态监测，利用 GIS 强大的空间分析功能，对湿地进行时空分析；建立预测模型和指标模型，通过预定模型实施信息的运转，逐步进行修正和完善，正确指导湿地资源的持续开发利用，促进社会经济和环境的协调发展。

（五）提高公众湿地保护意识，实现公众参与

通过宣传媒体和教育提高公众对湿地生态效益的认识，强化公众的湿地保护意识；开展多种途径的资金筹措，推广湿地生态补偿政策，进而加强湿地调查与基础研究。在环保部门指引下，让公众积极参与其中，积极地监督湿地的环境状况，自觉保护湿地环境，维护湿地生态系统平衡，达到了一种"全民环保"的境界。

第五节　城市水生态系统规划与建设

一、城市水生态系统规划

（一）我国城市水生态系统规划的现状

由于经济的持续快速发展，用水量和污水排放量急剧增加，水资源短缺和水污染严重为特征的水危机，已经成为我国社会和经济发展中最突出的制约因素。造成以上问题的原因有很多，例如，城市人口增长、工业发展和用水量标准提高造成用水量增加，工业生产工艺落后造成产排污量增加等。但无法回避的一个重要原因是城市水生态系统规划在观念、方法等方面的问题，难以有效地指导城市水生态系统工程的具体实施。

在城市总体规划中，虽然也有给水工程、排水工程及水资源保护等专业规划，但许多是流于形式，给水、排水、再生水以及雨水各子系统完全独立，在规划设计时并不用考虑与其他子系统的关系和协调，也不考虑其他子系统对自身的影响，各专业规划之间缺乏有机的联系。一方面，许多城市的水系统基础设施整体上严重滞后于城市的发展，而局部又过于超前，造成大量资金的积压，资源得不到合理配置和有效利用。如供水设施能力过于超前，设施利用率明显下降，不仅浪费资源，而且限制了再生水的利用；污水处理厂过于集中在城市下游，增加了再生水利用的难度；排水及污水处理设施建设严重滞后，并厂网建设不配套，城市排水不畅，污水处理设施得不到有效利用等。另一方面，一些城市在水资源的开发利用和保护上，宁愿投巨资开发新水源，甚至不惜代价实施跨流域远距离调水，也不愿将精力和资金投在污水处理及再生水利用上，不仅造成了新水源工程的闲置浪费，还在一定程度上助长了多用水、多排水的作为，既浪费了水资源，又加剧了水环境的恶化。一些城市出现重供水轻排水、重水量轻水质、重水厂轻管网、重地上轻地下等急功近利的倾向，在很大程度上也与缺乏系统规划的指导和约束有关。从而导致现有水系统的能源和资金消耗过大，运行效率不高，已经严重威胁到城市水生态系统，乃至城市系统可持续发展。

（二）城市水生态系统规划的基本思路

1. 以建设生态城市为目标，正确认识城市水生态系统中各组成部分的统一性，以水的综合利用作为规划的基点，统筹规划城市水系统。

自然界的水是循环的，在用水之后，必须对水进行再生处理，使水质达到自然界自净能力所能承受的程度，否则累积的大量污染物将会导致水资源危机和水污染现象，从而破坏水的良性循环，不利于城市的可持续发展。从城市生态学的角度看，城市水系统是以水为作用主体，实现城市物流和能流的交换，保持城市生态系统的平衡。从水的循环特征看，城市水系统是水的自然循环和社会循环的耦合系统，天然状态下的水循环系统在一定时期和一定区域内是动态平衡的，当天然水体被城市开发利用进入社会循环时，便组成了一个"从水源取清水"到"向水源排污水"的城市水循环系统，于是原来的平衡被打破。这个系统每循环一次，水量便可能消耗20%～30%，水质也会随之恶化，甚至变为污水。若将污水排入环境，又会进一步污染水源，从而陷入水量越用越少及水质越用越差的恶性循环之中。

城市水系统规划是对一定时期内城市的水源、供水、用水、排水等子系统及其各项要素的统筹安排、综合布置和实施管理。规划的主要目的是协调各子系统的关系，优化水资源的配置，促进水系统的良性循环和城市健康持续的发展。规划的主要任务是做好水资源的供需平衡分析，制定水系统及其设施的建设、运行和管理方案，真正使得城市水系统中的各个子系统集成为系统，体现所谓的综合规划管理。西方发达工业国家从20世纪初开始研究城市水系统规划，20世纪60年代的状况基本与我国目前的状况一致，各个子系统之间完全独立，造成水污染加剧。主要应对严重污染现状，70年代由被动的单项治理转向主动的综合治理，将取水、排水结合起来；80年代以后进入综合防治阶段，将经济发展和水环境保护相协调，加强水环境管理，进行区域水系统综合规划，这一阶段的特点是把水环境视为资源，从维持生态平衡出发，实行城市水系统综合规划，利用市场经济规律并强化政府干预手段来达到保护环境的目的，实现水系统的良性循环。

因此，在城市水生态系统规划中，要树立一个整体概念，从全局出发，以可持续发展为着眼点，综合考虑水资源、用水、排水等组成部分的协调性，为了建设生态城市打好基础，实现人与自然的协调发展。

3. 从区域、流域范围合理选择水源，合理布局水系统的各项设施，保证各类用水的协调配置

同时，与城市总体规划相协调，促进区域的整体协调发展。

城市水生态系统既是生态城市系统的一个重要组成部分，又是区域水资源系统的一个子系统。因此，城市水生态系统规划要与城市规划和区域水资源综合规划相协调。水资源开发和水污染控制的实践证明，从大范围全系统来考虑城市水生态系统问题，合理优化配置工程设施，能使区域综合效益最优化。如美国田纳西河流域在统一规划的基础上，经过建设达到了城市防洪、水源利用、水能、水运协调发展

的目标。如果只是局部地考虑本城市的需要，"各人自扫门前雪"，则最终只能自食其果。因此，从区域或流域层次上进行城市水系统规划，综合考虑水资源条件、水环境容量、城市水系统设施布局、防洪减灾、污染治理和排放等问题，有着重要意义。

从组成城市的要素特征看，城市实际上是一个由水、电、路、供热、燃气、通信、消费等许许多多系统构成的大网络系统。在这个大网络中，水是市政公用设施的重要组成部分，对城市的经济发展、社会稳定和环境改善起着至关重要的作用。但他不是孤立存在的，而是与其他许多网络相互交织、相互促进和相互制约的，如水网服务于消费网，却依赖于电网，也常常受制于路网。相关的网络间需要协调，否则，便可能存在安全隐患，或出现"管线打架"现象，进而导致市政工程建设的重复、返工、浪费等后果。显而易见，城市水网是城市大网络系统中不可分割的有机组成部分，应将其纳入城市大网络系统，统一规划、统一建设及统一管理。

我们既要强调城市水生态系统的整体规划和设计，又要有效协调与城市其他规划建设的关系。例如，近十年来，越来越多的案例将土地利用计划与雨水利用、径流污染控制相结合，将城市的土地利用进行分区，在城市的绿化带、植被缓冲带规划中考虑对城市水文的影响；在城市地面硬化中增加渗透铺装；在城市景观设计当中，尽可能保持原地形地貌，使用低湿绿地、渗透管渠等渗透设施。另一方面，城市水系统设计的生态化，要求其必须采取因地制宜的原则，与具体的自然系统相结合，与特有的城市结构相结合，从而带来了城市水系统的多样化。多样化的城市水系统不仅可以更好地发挥城市水系统的各种功能（包括娱乐和景观功能），也可以更好地与自然水体相连接，成为自然水体的一部分，而不是将城市景观水体和整个城市的生态系统隔断，从而解决城市水系统目前与其他基础设施之间的冲突问题。

3. 提高城市水生态系统规划的应变性，适应城市可持续发展的要求

城市化的飞速发展，使得城市水生态系统规划实施的环境变得不稳定，往往是规划实施完成就达到了规划期末的要求，无法满足继续增长的发展需要，进入了返工、规划、再返工、再规划的怪圈当中。这就要求城市规划人员树立前瞻、动态的规划思路，进行分阶段规划，每一阶段的规划应体现相应的合理性与完整性，使规划富有弹性，适应城市发展的需要。

在传统城市水生态系统的防洪和排水设施规划设计中，强调采用分流制排水体制，将雨水和污水尽快排出城市，忽视了对城市径流的面源污染控制和雨水资源的利用。但是，大量案例表明，现有的城市雨污分流排水体制并不能经济有效地解决暴雨污染负荷问题。随着生态城市建设目标的提出，加上城市径流污染问题的日益突出，要求我们不能一味墨守陈规，而必须根据当地的降雨、水文和地质状况，经过详细的经济和技术评估后确定排水体制。特别是在老城区排水管网改造中，由于涉及的方面多，问题复杂，社会矛盾大，投资估算困难，风险高，应该对各种因素进行长期综合评估，制定因地制宜的合理的改造方案。同样的策略也应当应用在混合管网（由于混接、乱接与错接，雨水管接纳污水、污水管网接纳雨水）的改造问题。

4. 重视治污和再生水回用技术的应用，建立城市水生态系统良性循环机制，实现城市水资源可持续利用，为建设生态城市打好基础

城市化进程的加快，加剧了城市的水资源危机和水环境危机，城市污水的再生利用是开源节流、减轻水体污染程度、改善生态环境、解决城市缺水问题的有效途径之一。从未来生态城市建设发展趋势看，推行清洁生产，应该强化源头和过程控制，应是我们的指导方向。目前，我国尚未建立城市污水再生利用规划指标体系。在城市建设总体规划中，虽然进行了城市的水系统规划，但在水资源的综合利用方面缺乏统一的规划，尤其是城市污水再生利用规划，这势必会造成重复建设和决策失误。因此，城市污水再生利用应纳入城市总体规划以及城市水资源合理分配与开发利用计划，在综合平衡、科学论证的基础上，针对城市实际情况进行总体规划，确定其应有的位置和作用。在再生水水质、使用用途、处理程度、处理流程、输水方式的选择上，要综合平衡、远近结合，既要满足功能要求和用水水质需求，又要因地制宜、经济合理，过高的目标与要求，会可能适得其反。

城市污水的收集与处理是城市污水再生利用的重要前提条件，目前我国的城市污水管网规划建设严重滞后于城市发展，二级生物处理率不到15%。因此，强化城市污水管网与污水处理规划建设是推动城市污水再生利用的关键。但是我们对污水再生利用的认识不够，在缺水时优先考虑的是调水，而且绝大多数城市污水处理厂的规划、设计与建设目标是达标排放，往往没有考虑污水的大规模再生利用。因此，今后城市污水处理厂的建设，既要满足区域水污染控制要求与相应的排放标准，也要考虑城市污水的再生利用需求，真正达到清洁生产无害化。

（三）城市水生态系统规划的内容和步骤

1. 城市水生态的调查

根据规划目标与任务，收集城市及所处区域的自然资源与环境、人口、经济、产业结构等方面的资料与数据。资料与数据的收集不但要重视现状、历史资料及遥感资料，而且要重视实地考察取得的第一手资料。

城市水生态调查的主要目的是调查收集规划区域的自然、社会、人口与经济的资源与数据，为充分了解所规划城市的生态过程、生态潜力与制约因素提供科学依据。

在进行城市水生态规划时，首先必须掌握规划城市或规划范围内的自然、社会、经济特征及其相互关系。尽管规划的目标千差万别，但实现规划目标所依赖的城市及区域自然环境与资源的基础往往是共同的，通常包括自然环境与自然过程、人工环境、经济结构、社会结构等；所需资料包括历史资料、实地调查、社会调查与遥感技术应用等4类。

通过实地调查获取所需资料，是城市水生态规划收集资料的一种直接方法。尤其是在小城市大比例尺的规划中，实地调查更为重要。

在大城市水生态规划中，不可能对所涉及的范围就所有有关的因素进行全面的实地考察。因此，收集历史资料在规划过程中占有非常重要的地位。在城市水生态

规划中，必须十分重视城市人类活动与自然环境的长期相互影响和相互作用，如资源衰竭、土地退化、水体与大气污染、自然生态系统破坏等生态问题均与过去的人类活动有关，而且往往是不适当的人为活动的直接或者间接后果。为此，对历史资料的调研尤为重要。

城市水生态规划强调公众参与。通过社会调查，以了解城市各阶层居民对城市发展的要求以及所关心的共同问题或矛盾的焦点，以便在规划过程中体现公众的意愿。同时，还可以通过社会调查、专家咨询，把对规划城市十分了解的当地专家的经验与知识应用于规划之中。

2. 城市水生态的评价

城市水生态评价的主要目的在于运用城市复合生态系统，从景观生态学的理论与方法，对城市及其周围的资源与环境的性能、生态过程特征以及生态环境的敏感性与稳定性进行综合分析，从而认识和了解城市环境资源的生态潜力。

（1）城市生态过程分析

城市生态过程的特征是由城市生态系统以及城市宏观结构与功能所规定的，其自然生态过程实质上是生态系统与景观生态功能的宏观表现，如自然资源及能流特征、景观生态格局及动态，都是以组成城市景观的生态系统功能为基础的。同时，由于城市的工农业、交通、商贸等经济活动的影响，城市的生态过程又赋予了人工特征。显然，在城市生态规划当中，受极其密集的人类活动影响的生态过程及其与自然生态过程的关系是应当关注的重点。在可持续城市的生态规划中，往往需要对城市能流物流平衡、水平衡、土地承载力以及景观空间格局等与城市环境保护密切相关的生态过程进行综合分析。

城市复合生态系统的能量平衡与物质循环是城市生态系统及景观生态能量平衡的宏观表现。由于受密集的经济活动所影响，城市能流过程带有强烈的人为特征。一是城市生态系统营养结构简化。自然能流的结构和通量改变，而且生产者、消费者与分解还原者分离，难以完成物质的循环再生和能量的有效利用。二是城市生态系统及景观生态格局改变。许多城市单元、社区及交通"廊道"的增加，成为城市物流的控制器，使物流过程人工化。三是辅助物质与能量投入大量增加以及人与外部交换更加开放。以自然过程为基础的郊区农业更加依赖于化学肥料的大量投入，工业则完全依赖于城市外的原料的输入。四是城市地面的同化及人为活动的不断强化，使自然物流过程失去平衡，导致地表径流进入污水系统以及土地退化加剧，而人工物流过程也不完全，导致有害废弃物的大量产生和不断积累，大气污染、水体污染等城市生态环境问题日益加剧，通过城市物流、能流的分析，可以深入认识城市的生态过程。

（2）城市生态潜力分析

城市生态潜力是指在城市内部单位面积土地上可能达到的第一性生产水平。它是能综合反映城市生态系统光、温、水、土资源配合效果的一个定量指标。在特定的城市或区域，光照、温度、土壤在相当长的时期内是相对稳定的，这些资源组合所允许的最大生产力通常是这个城市绿色生态系统的生产力的上限。通过分析与比较城市及所处区域的生态潜力之现状、土地承载能力，可找出制约城市可持续发展的主要环境因素。

（3）城市生态格局分析

城市是以自然生态系统为基础，从人类活动中产生的，称之为城市人类景观生态格局，是复合生态系统的空间结构。城市自然和人工景观的空间分布方式及特征，与城市生产、生活活动密切相关，是人与城市自然环境长期作用的结果。无论是残存的自然生态系统，还是人工化的城市景观要素，均反映在该城市所处地域的土地利用格局上。在这种意义上，城市生态规划就是运用城市生态学原理及人工与自然的关系，对城市土地利用格局进行调控。因此城市复合生态系统的景观结构与功能分析对城市生态规划有着重要的实际意义。

（4）城市水生态敏感性分析

在城市复合生态系统中，不同生态系统或景观要素，人类活动的干扰表现是不同的。有的生态系统对干扰具有较强的抵抗力；有的则恢复能力强，即尽管受到干扰后，在结构和功能方面会产生偏离，但很快就会恢复系统的结构和功能；然而，有的系统却相当脆弱，即容易受到损害或破坏，也难以恢复。城市水生态敏感性分析的目的就是分析、评价城市内部各系统对城市密集的人类活动的反应。根据城市建设与发展可能对城市水生态系统的影响，生态敏感性分析通常包括城市地下水资源评价、敏感集水区和下沉区的确定、具有特殊价值的生态系统及人文景观以及自然灾害的风险评价等。

3. 城市水生态的决策分析

城市水生态决策分析的最终目标是提供城市可持续发展的方案与途径，它主要根据城市建设和发展的要求与城市复合生态系统的资源、环境及社会经济条件，分析和选择经济学与生态学合理的城市发展模式及措施。城市水生态决策分析的内容主要包括：根据城市建设与发展的目标分析、资源要求，通过与城市现状资源的匹配分析，即生态适宜性分析，确定初步的方案与措施，最后运用城市生态学、经济学的知识与方法对初步的方案进行分析、评价以及筛选等。

（1）城市水生态适宜性分析

城市水生态适宜性分析是城市生态规划的核心，其目标是根据城市环境性能及所处区域的自然资源条件，根据城市发展的要求与资源利用要求，划分水资源与环境的适宜性等级。正因为适宜性分析在水生态规划中的重要性，生态规划的理论与实践工作者均对适宜性分析方法进行了大量探索，创立许多方法，如整体法、数学组合法、因子分析法及逻辑组合法等。

（2）城市水生态规划方案的评价与选择

由城市水生态适宜性分析所确定的方案与措施，主要是建立在城市环境特征及所处区域资源条件基础上的。然而，城市规划的最终目标是促进城市的可持续发展，特别是改善城市的生态环境条件以及增强城市的可持续发展能力。因此，对初步方案的评价主要包括三方面：

①规划方案与规划目标。在方案评价中，首先分析各个规划方案所提供的发展潜力能否满足规划目标的要求。当全部不能满足要求时，通常调整规划方案或规划目标，并做出进一步的分析，即分析规划目标是否合理，以及规划方案是否充分发挥了城市资源环境与社会经济发展的潜力。

②成本—效益分析。每一项规划方案与措施的实施都需要有资源及资本的投入，同时，各方案实施的结果也将带来经济、社会或环境效益。各方案所要求的投入及产出的效益是有差异的。因此，要对各方案进行成本—效益分析与比较，进行经济上的可行性评价，以便筛选那些投入低、效益好的方案与措施。

③对城市发展潜力的影响。城市建设与发展的结果必然要对城市生态环境产生影响，有的方案与措施可能带来有利的影响，从而可以改善城市生态环境条件；有的方案或措施可能会损害城市生态环境条件。发展方案与措施的环境影响评价，主要包括对自然资源潜力的利用、对城市环境质量的影响、对城市景观格局的影响、自然生态系统的不可逆分析，以及对城市可持续发展能力的综合效应等几方面。各方案对城市持续发展能力的影响涉及城市生态、经济和自然环境等多方面。

二、城市水生态建设

（一）城市水生态建设概述

水生态建设是指有利于防止水生态破坏、维护水生态平衡、促进水生态良性循环的建设。目的是创建安全、健康、舒适和具有生态功能的人工生态环境。

国际上普遍认为，现代城市要建立一套统一管理的道路网、电力网、绿网、水网和信息网 5 大网络，使物流、电流、生物流、水流和信息流通畅，这是现代城市产生高经济效益和可持续发展的基础，其中城市水网建设是至关重要的一环。目前城市水生态系统存在着水体污染与水环境恶化、排水系统和污水处理设施滞后、水面面积不足、水文化水景观开发还没有得到应有的重视等诸多问题，可以说水网是现代城市 5 大网络中最为脆弱的一环。

（二）城市水生态建设的原则、目标和内容

在城市水生态系统现状调查评价基础上，根据城市功能定位、总体规划、社会经济发展对水生态建设质量的需求、水资源条件的现实可能性等，提出了分阶段水生态建设的目标和实施方案以及各项保障措施。

1. 城市水生态建设的原则

（1）以人为本、人水协调的原则

城市水生态建设行动要贯穿以人为本的原则，服从、服务于全面建设小康社会的大局，逐步建立起人水协调的城市水生态系统。通过水景观、水生态、水文化的建设，使城市成为居住舒适、环境美观、水清岸绿、和谐自然的生存和发展空间，生物多样性得到改善。

（2）遵循自然规律和经济规律并重的原则

城市水生态建设行动要尊重生态规律和水资源规律，紧密结合当地水生态系统特点，以恢复、保护为主，以改造、建设为辅，使城市水系成为城市与外部自然界上下沟通的"绿色通道"和"生态走廊"。高度重视水资源条件的现实和可能，尤其是北方城市，要考虑水生态建设对水资源的需求和当地的水资源承载能力，慎重并适宜地进行水生态系统的规划和建设。

城市水生态系统建设既是关系到城市居民生活质量的公益性事业，同时又是促进经济发展、改善投资环境的基础保障。要区分不同性质的建设活动，根据国家有关产业政策，尊重市场经济规律，建立起既有公益性又有市场化的多方投资、广泛参与的城市水生态系统建设模式。

（3）统筹规划、统筹治理的原则

城市水生态建设是一项系统性工程，不但涉及跨行业的统筹兼顾问题，如防洪安全、排水规划、污染控制、河道整治等，而且涉及城市上下游地区之间的关系、社会经济发展战略布局和人居环境保护等，需要综合考虑。因此，要统筹兼顾、综合规划。例如，水利工程调度要由传统的城市防洪功能向兼顾保护城市水生态系统功能方面转变，城市河道景观工程建设兼顾河流水生态系统健康和连续性以及防洪安全等。避免顾此失彼、一面建设一面破坏的情况发生。

（4）因地制宜、突出重点的原则

各城市所处的自然环境不同，城市水生态建设行动要与当地宏观背景生态相协调。密切结合当地的生态环境特点、气候特点和水资源条件，避免盲目建设。各城市的经济发展水平不同，城市功能定位也各有侧重，这些对城市水生态建设的途径、方式、目标等产生影响，应抓住重点，突出特色，不可以一刀切。

（5）分步实施、滚动发展的原则

我国城市发展很不平衡，城市社会经济发展水平还不高，而城市水生态系统受到的破坏却很严重，建设和恢复城市水生态系统的任务可谓任重道远。因此，城市水生态建设是一项长期而艰巨的任务。根据现实和可能，近期应重点放在影响大、投入少、见效快的部分。对于其他方面，本着分步实施、滚动发展的原则，分期分批列入计划。

（6）生态建设与城市建设相协调的原则

近几十年，在城市化快速发展的进程中，各地普遍存在着城市规划和建设对社会经济发展考虑较多，而忽视了城市生态，造成对城市水生态系统破坏的现象。因此，城市水生态建设行动既要考虑城市建设的要求，同时也要对城市建设提出相应的建议和意见。这样，才能逐步实现人水和谐的目标。水系是城市的"生态脉络"，应将水系生态建设纳入城市总体建设规划。

（7）政府引导、广泛参与的原则

城市水生态建设行动是一项功在当代、利在千秋的事业，不仅对城市长远发展具有重要的战略意义，更关系到城市居民的生活质量和长远发展。政府在其中要积极引导，以促进城市水生态建设发展的作用；同时还要积极吸引民间资本、海外资本投入城市水生态建设，鼓励社会各界关心并参和城市水生态建设行动。

2．城市水生态建设的目标

城市水系统建设的总体目标是：根据城市水生态系统存在的主要问题，结合城市发展定位与总体规划，对城市水生态系统涉及的防洪、污水收集处理、水系整治、堤岸改造、旅游娱乐、水质保护、沿岸绿化等统筹规划，提出城市水生态建设行动目标。要求计划目标要科学合理、切合实际，具有可操作性，具体目标包括以下内容。

（1）水质目标

通过行动计划的实施，遏制城市水污染恶化趋势，近期水质基本达到城市水功能区划的要求；中期水平年水质得到全面改善，实现水清的目标，为恢复和重建水生态系统，为近水区经济带、生态带、景观带的建设奠定水质基础。

（2）河道整治目标

通过行动计划的实施，使城市分散、孤立的水系联成流动、循环的水网系统，满足亲水要求，达到水系的连续、整体和通畅的目标。通过堤防建设，提高城市防洪安全水平和景观舒适度，为沿河经济带的建设与腾飞提供了水景观支撑。

（3）生态目标

保护现有湖泊湿地，改善城市生物多样性，满足城市居民接近自然的要求。在水质改善的基础上，通过植被体系建设，使沿河植被和水中生物得到初步恢复，做到水清、岸绿，初步实现城市水系生态化。对于具有水文化特色的水系，要结合名胜古迹、旅游景观、水上运动和娱乐等项目，为其提供水环境保障。

3．城市水生态建设的内容

城市水生态建设的内容主要包括：水体的保护与水生态系统的恢复，包括河、湖、渠、地下水的水量、水质、水生生物等指标；污染控制和治理，包括入河污染源、内源污染、漂浮物等污染物；周边立体植被建设，包括浅水植物、岸边绿化带、乔灌草立体结构、岸边景观等。

城市水生态建设要以水体为核心，以功能全面达标和生物多样性恢复为目标，以污染控制为重点，以河道治理和生态建设为重要手段，以城市水资源规划和生态需水为依据，通过水量调度、防洪工程、河湖整治、河道生态修复、截污治污、沿岸绿化、湿地保护和制度建设等，建立起水安全、水环境、水景观、水文化、水经济、水生态相互协调、有机组合的城市水生态系统，达到了城市水生态建设行动计划的最终目标。

（三）城市水生态管理

城市水生态建设与生态保护需要健全法制，强化生态管理。即：

第一，完善立法、严格执法。最好能尽快制定自然保护基本法，在国家尚未制定以前，各区域（如省域）应制定和完善生态保护、生态建设的地方法规，并严格执行。

第二，加强宣传教育，提高全民族的生态意识。一是要懂得生态环境保护和自然资源的合理开发利用，不仅涉及国民经济和社会发展，而且关系到国家的安全与生存；二是要认识到资源属国家所有，资源是有价值的，不能无偿使用；三是要认识到人是大自然的组成部分，遵循人和环境和谐规律，善待自然。

第三，实施区域开发建设环境影响评价制度。根据生态规律的负载有额律和协调稳定律，以及协调发展论和可持续发展的理论，区域开发建设及自然资源的开发利用、开发强度不能超出资源环境的承载力，如果只顾眼前利益和需求，过度开发利用自然资源，必将造成生态破坏。所以，要实施区域开发建设环境影响评价制度，生态建设一定要以生态理论为指导，加强区域开发建设环境影响评价工作，并在生态评价指标的筛选和生态影响评价方面着力加强。

第四，对资源开发利用实行全过程控制。环境管理由尾部控制过渡到源头控制，由末端环境管理转变为全过程环境管理，主要理解为对环境污染（特别是工业污染）进行全过程控制。因此，环境管理必须转变观念，全过程生态环境管理是要对所有经济开发建设过程进行全过程控制。特别要采取有效措施，对森林、草地、水资源、土地资源等自然资源的开发利用进行全过程监控，防止了产生新的生态破坏。

第五，切实加强生态监测。在《国务院关于进一步加强环境保护工作的决定》中，要求进行生态监测，建立监测的指标体系。因此，在制定城市生态规划时，应以国家的有关法规政策为依据，从本领域的生态特征和环境监测的实际技术水平出发，通过调查评价、专家咨询，建立了生态监测指标体系，开展生态监测，为全国生态监测的规范化、制度化奠定基础。

第六，运用经济手段保护生态环境。随着经济体制改革的深入，市场机制在中国经济生活中的调节作用越来越强。因此，应该更多地运用经济手段强化生态管理，达到保护生态环境的目的。例如，按资源有偿使用的原则，征收资源开发利用补偿费、生态补偿费，并且试行把自然资源和环境纳入国民经济核算体系，积极创造条件试行环境成本核算，促使开发建设单位努力降低开发过程中对生态环境的破坏程度。

第三章　城市生态水利工程规划

第一节　城市生态水系规划的内容

一、城市水系规划的内容

城市水系规划的内容包括保护规划、利用规划和涉水工程协调规划，具体内容应包括：确定水系规划目标、明确城市适宜的水面面积与水面组合形式、构建合理的水系总体布局，确定水系内的河湖生态水量和控制保障措施、制定城市水质保护目标和水质改善措施，制订水系整治工程建设方案、水系景观建设方案，划定水系管理范围与管理措施，估算水系建设投资等。

（一）保护规划

建立城市水系保护的目标体系，提出水域、水质、水生生态和滨水景观保护的规划措施和要求，核心是建立水体环境质量保护和水系空间保护的综合体系，明确水面面积保护目标、水体水质保护目标，建立污染控制体系，划定水域控制线、滨水绿化带控制线和滨水区保护控制线（蓝线、绿线与灰线，简称三线），提出了相应的控制管理规定。

（二）利用规划

完善城市水系布局，科学确定水体功能，合理分配水系岸线，提出滨水区规划布局要求，核心是要建立起完善的水系功能体系，通过科学安排水体功能、合理分配岸线和布局滨水功能区，形成与城市总体发展规划有机结合并且相辅相成的空间功能体系。

（三）涉水工程协调规划

协调各项涉水工程之间以及涉水工程与水系的关系，优化各类设施布局，核心是协调涉水工程设施与水系的关系、涉水工程设施之间的关系，各项工程设施的布局要充分考虑水系的平面与竖向关系，特别是竖向关系，避免相互之间的矛盾甚至规划无法落地的问题。

二、城市水系规划的原则

在城市水系规划阶段，要树立尊重自然、顺应自然和保护自然的生态文明理念，要从城市水系整体的角度将水系规划与用地规划结合起来进行考虑，综合考虑水安全、水生生态、水景观、水文化等不同的需求，避免各个自为政，或走"先破坏、后治理"的老路。在编制水系规划时，应坚持以下原则：

（一）安全性原则

河流对于人类而言，没有了安全，其他的一切都无从谈起。在水系规划中，安全性是规划应坚持的第一原则，要充分发挥水系在城市给水、排水和防洪排涝中的作用，确保城市饮用水安全和防洪排涝安全。安全性的原则主要强调水系在保障城市公共安全方面的作用。如城市河道的防洪排涝要满足一定的标准，滨水区的设计要考虑亲水安全，水源地要充分地考虑水质保护措施等。

（二）生态性原则

维护水系生态资源，保护生物多样性，改善生态环境。水系的生态性原则主要强调水系在改善城市生态环境方面的作用，要求在水系规划中考虑水系在城市生态系统中的重要作用，避免对水生生态系统的破坏，对已经破坏的，在水系改造中应采取生态措施加以修复，要尊重水系的自然属性，考虑其他物种的生存空间，按照水域的自然形态进行保护或整治，这一原则体现了人水和谐的水生生态文明理念。

（三）公共性原则

人水和谐是一种既强调保护和恢复河流生态系统，也承认了人类对水资源的适度开发利用的"友好共生"理念，那些认为"生态河流"就是要将河流恢复到一种不被人类活动干扰的原生态状态，反对河流的任何开发活动的观念已经被大家认识到是片面和不科学的。特别是城市水系，由于其位于城市这一人类聚集区的特性，更成为城市不可多得的宝贵的公共资源。城市水系规划应确保水系空间的公共属性，提高水系空间的可达性和共享性。公共性原则主要强调水系资源的公共属性，一方面体现在权属的公共性上，滨水区应成为每一个城市居民都有权享受的公共资源，为保证水系及滨水空间为广大市民所共享，不少国家的城市对此制定了严格的法规，在我国，三线的划定，特别是蓝线、绿线的控制，是水系保护的需要，也为水系的公共性提供了保证；公共性的另一方面表现在功能的公共性上，在滨水地区布局的公共设施有利于促进水系空间向公众开放，并有利于形成核心凝聚力来带动城市的发展。如绍兴环城水系、济南护城河沿岸的景观河公共设施建设都带动了当地旅游业的发展，并已经成为城市名片。

（四）系统性原则

城市水系规划系统性强调将水体、水体岸线、滨水区三个层次作为一个整体进行空间、功能的协调，合理布局各类工程设施，形成完善的水系空间系统。第一层次是水体，是水生生态保护和生态修复的重点。第二层次是水体岸线，是水陆的交界面，是体现水系资源特征的特殊载体。第三层次是滨临水体的陆域地区即滨水区，是进行城市各类功能布局、开发建设以及生态保护的重点地区。水系规划必须兼顾这三个层次的生态保护、功能布局和建设控制。水体岸线和滨水区的功能布局需形成良性互动的格局，避免相互矛盾，确保水系与城市空间结构关系的完整性。同时，系统性原则还体现在城市水系与流域、区域关系的协调，与城市总体规划发展目标、布局的协调，与城市防洪排涝、给水排水、水环境保护、航运、交通、旅游景观以及和其他专业规划的协调上。

水系规划是一项系统工程，正如钱学森院士所说，"无论哪一门学科，都离不开对系统的研究"。在传统的水系和河道建设中，各主管部门缺乏协调，单独行事，水利部门硬化河道、裁弯取直，考虑排洪通畅；市政部门利用河道作为排污渠道；园林部门在河道某一防洪高程以上进行绿化。人们的活动被局限在堤顶或河岸顶的笔直路上；一些政府看到了河道的商业价值，开始侵占河道造地，进行房地产开发。河流慢慢丧失了原有的自然景观，洪涝频发、水污染加剧、生物多样性丧失、河道景观"千河一面"。科学发展观强调经济建设必须保持环境的生态性和可持续发展。城市水系规划应从系统的角度综合考虑城市水安全、水生生态、水景观、水经济、水管理、水文化和水环境治理的多学科内容，在整合不同学科团队规划建议和意见的基础上进行统一和整体的规划。

（四）特色化原则

城市水系规划应体现地方特色，强化水系在塑造城市景观、传承历史文化方面的作用，形成有地方特色的滨水空间景观，展现独特的城市魅力，避免生搬硬套、人云亦云。特色化原则强调的是因地制宜，可以识别性。

第二节　水系保护规划

一、城市水域面积保护

城市水面规划应根据城市的自然环境、地理位置、水资源条件、社会经济发展水平、历史水面比例、城市等级、人们生活习惯和城市发展目标等方面的实际情况，并考虑国际先进经验和国内研究成果，确定符合城市现状发展水平和发展需求的适宜水面面积和水面组合形式，提出城市范围内河流、湖泊、水库、湿地及其他水面的保持、恢复、扩展或新建的要求。

（一）城市水面的功能

城市水面对社会经济及生态系统有着重要的作用，具体有以下功能。

1. 防洪排涝

在城市中，暴雨径流首先由地面向排水系统汇集，再排放到城市河湖中，如果城市水面面积较大，相应的调节能力就越大，可起到调蓄部分洪水的作用，并调节洪水流量过程，降低洪峰峰值流量，为了洪水下泄提供一定的安全时间，缓解河道排洪压力。

2. 提高环境容量

水体具有一定的纳污能力和净污能力，在城市水生生态系统中，水域的大小决定水环境容量，水面面积越大，水体越多，水环境容量就越大，在同样排放污染物的条件下，水环境质量就越好，开阔的湖、塘可以沉淀水体中部分颗粒物质以及吸附于其上的难降解污染物质。

3. 健康保健

空气中的负离子可以促进人体合成和储存维生素，被誉为"空气维生素"。负离子还具有降尘、灭菌、防病、治病等功能，一般来说，空气中的负离子浓度在1 000 个 /m3 以上就有保健作用，在 8 000 个 /m³ 以上就可以治病。水的高速运动会产生负离子，城市水面中的喷泉、溪流、跌水等，提高空气中负离子的产生量，对促进市民健康起到了积极的作用。

4. 景观功能

水体变化的水面，多样的形态，水中、水边的动植物，随时间而变换的景物，在喧嚣的城市里给人们提供了或清新、或灵秀、或广阔、或安静的愉悦感受，形成

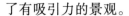

了有吸引力的景观。

5. 文化功能

在人类活动的作用下，城市水面不仅是单纯的物质景观，更是城市中的文化景观，人们除维持生命需水外，还有观水、近水、亲水、傍水而居的天性，对水的亲近与关注使水与社会文化结下了不解之缘。以水咏志的诗句更赋予了水生命的特征，有关水与漂泊、水与归家、水与失意、水与心境的诗句则带给人们无穷的联想和启示，这使水获得一种文化属性。比如有些城市在历史中留下的护城河，人们只要看到它就会想起远古的战争、攻城与防守等，这些水面承载了特定的历史和文化。

6. 生态功能

水面是城市中最活跃、最有生命力的部分，它在水生生态系统和陆地生态系统的交界处，具有两栖性的特点，并受到两种生态系统的共同影响，呈现出生态的多样性。它不仅承载着水体循环、水土保持、蓄水调洪、水源涵养、维持大气成分稳定的功能，而且能调节湿度、温度，净化空气，改善小气候，有效调节城市生态环境，增加了自然环境容量，促进了城市健康发展。

7. 经济功能

在现代城市规划中，水面有着重要的作用，有时候甚至影响城市规划布局和社会经济发展的趋势。一个地区水面的建设或治理往往会带动周边的地产升值，促进片区的经济发展。城市水体的总量和水面的组合形式影响着城市的产业结构和布局。水与经济越来越密不可分。

（二）城市水面规划的原则

水面是城市重要的资源。适宜的水面面积有利于改善城市的生存环境，提高城市品位，创造良好的投资环境，加快城市的可持续发展。在城市水面规划时，应该遵循以下原则：

第一，严格保护和适当恢复的原则。应严格保护规划区内现有的河湖水面，规划水面不得低于城市现状水面面积，禁止填河围湖工程侵占水面，对于历史上侵占的水面，在条件允许的情况下，可以采取措施恢复原有状况。

第二，统筹考虑和合理布置的原则。应统筹考虑确定城市适宜的水面面积率和城市水面形式，根据城市自然特点和水系功能要求，合理布置河道、湖库、湿地、洼陷结构等。

第三，因地制宜和量力而行的原则。应根据城市地理位置、历史水面状况、水资源条件、城市发展水平等方面的因素，因地制宜，量力而行，不应生搬硬套，盲目扩建。

第四，与经济社会发展相协调的原则。

第五，有利于景观生态建设的原则。

二、水域保护规划

（一）蓝线保护

蓝线是水域的控制线，明确水域的控制范围，在水系规划中划定蓝线时，应该符合以下规定：有堤防的水体，宜以堤顶临水一侧的边线为基准划定，无堤防的水体，宜按防洪排涝设计标准所对应的洪（高）水位划定，对水位变化较大，而形成较宽涨落带的水体，可按多年平均洪（高）水位划定，对规划新建水体，其水域控制线应按规划的水域范围线划定。

《城市蓝线管理办法》中明确规定：国务院建设主管部门负责全国城市蓝线管理工作。县级以上地方人民政府建设主管部门（城乡规划主管部门）负责本行政区域内的城市蓝线管理工作。编制各类城市规划，应当划定城市蓝线。城市蓝线由直辖市、市、县人民政府在组织编制各类城市规划时划定。城市蓝线应当与城市规划一并报批。划定城市蓝线，应当遵循以下原则：

1. 统筹考虑城市水系的整体性、协调性、安全性及功能性，改善城市生态和人居环境，保障城市水系安全

2. 与同阶段城市规划的深度保持一致

3. 控制范围界定清晰

4. 符合法律、法规的规定和国家有关技术标准、规范的要求

在城市蓝线内禁止进行下列活动：

1. 违反城市蓝线保护和控制要求的建设活动

2. 擅自填埋、占用城市蓝线内水域

3. 影响水系安全的爆破、采石、取土

4. 擅自建设各类排污设施

5. 其他对城市水系保护构成破坏的活动

（二）水生生态保护

河流形态具有变动性，但又具有持续性和规则性，冲蚀的地方会产生洼地，淤积的地方会产生沙洲，物理性质的河流形态结合生物性质的生命，就是河流生态系统，也就是生物、水、土壤随时间与空间而变化的关系。水域的地理、气候、地质、地形、生物适应力因时因地而异，从而造就出丰富的水域生态特色。

健康的水生生态系统通过物理与生物之间，及生物与生物之间的相互作用，具有自我组织和自净作用，并为水生生物、昆虫、两栖类提供生长、繁殖、栖息的健康环境。

水生生态保护规划应划定水生生态保护范围，提出维护水生生态系统稳定及生物多样性的措施。水生生态保护区域的设立主要是保护珍稀及濒危野生水生动植物和维护城市湿地系统生态平衡、保护湿地功能和湿地生物多样性，这些区域一部分已经被批准为自然保护区或已被规划为城市湿地公园，对于那些尚未批准为相应的保护区但确有必要保护的水生生态系统，应在规划中明确水生生态保护范围。

自然特征明显的水体涨落带是水生生态系统与城市生态系统的交错地带，对水生生态系统的稳定和降解城市污染物，以及促进水生生物多样性都具有重要的作用，但在城市建设过程中，为体现亲水性和便于确定水域范围，该区域自然特征又很容易被破坏，因此未列入水生生态保护范围的水体涨落带，应保持其自然生态特征。

水生生态保护应维护水生生态保护区域的自然特征，不得在水生生态保护的核心范围内布置人工设施，不得在非核心范围内布置与水生生态保护和合理利用无关的设施。

（三）水质保护

水系功能的健康可持续运行，水量与水质是两个重要条件。由于水体污染、水质下降导致的水质性缺水越来越受到广泛关注，因此水系规划必须把水质保护作为一项重点内容。传统的污水治理规划更多的是对规划区域的污水的收集与集中处理，并未建立起针对不同水体功能、水质目标、水污染治理之间的关系。水系规划中的水质保护内容应根据水体功能，制定不同水体的水质保护目标以及保护措施。

三、滨水空间控制

滨水空间是水系空间向城市建设陆地空间过渡的区域，其主要作用表现在：一是作为开展滨水公众活动的场所来体现其公共性和共享性，二是作为城市面源污染拦截场所和滨水生物通道来体现其生态性，三是通过绿化景观、建筑景观与水景观的交相辉映来展现和提升城市水环境景观质量。因此，完整的城市滨水空间既包括滨水绿化区，也包括必要的滨水建筑区，为有利于明确这两个范围，分别用滨水绿化控制线和滨水建筑控制线进行界定，也就是我们常说的绿线和灰线。

（一）滨水绿化区

对滨水绿化区的宽度进行明确规定比较困难，需要结合具体的地形地势条件、水体及滨水区功能、现状用地条件等多个因素综合确定。具体划定时，可以参照以下的一些研究成果和有关规定。

参照《公园设计规范》关于容量计算的有关规定，人均公园占有面积建议不少于 $30 \sim 60 m^2$，人均陆域占有面积不宜少于 $30 m^2$，并且不得少于 $15\ m^2$。因此，当陆域和水域面积之比为 1：2 时，水域能够被最多的游人合理利用。该规范还要求作为带状公园的宽度不应小于 8 m。

沟渠两侧绿化带控制宽度应满足沟渠日常维护管理及人员安全通行的要求，单边宽度不宜小于 4 m。

对于历史文化街区（如周庄、丽江古城）等，由于保护和发扬历史文化的要求，应结合历史形成的现有滨水格局特征进行相应控制。

结合滨水绿化控制线，布局道路可有利于实现滨水区域的可达性和形成地理标识。

有堤防的水体滨水绿线为堤防背水一侧堤角或其防护林带边线。

无堤防的江河滨水绿线与蓝线的距离须满足：水源地不小于 300 m，生态保护区不小于江河蓝线之间宽度的 50%，滨江公园不小于 50 m 并不宜超过 250 m，作业区根据作业需要确定。

无堤防的湖泊绿线与蓝线的距离须满足：水源地不小于 300 m；生态保护区和风景区绿线与蓝线之间的面积不小于湖泊面积，并不得小于 50 m；城市公园绿线与蓝线之间的面积不小于湖泊面积的 50%，并不得小于 30 m 和不宜超过 250 m；城市广场不得小于 10 m 并不宜超过 150 m；作业区根据作业需要确定。

由上述数据可以看出，当河岸植被宽度大于 30 m 时，能有效地降低温度、增加河流生物食物供应、有效过滤污染物。当河岸植被宽度大于 80 m 时，能较好地控制沉积物及土壤元素流失。美国各级政府和组织规定的河岸缓冲带宽度值变化较大，从 20 m 到 200 m 不等。

实际中，确定一个河流廊道宽度应遵循以下 3 个步骤：

（1）弄清所研究河流廊道的关键生态过程及功能

（2）基于廊道的空间结构，将河流从源头到出口划分为不同的类型

（3）将最敏感的生态过程与空间结构相联系，确定每种河流类型所需的廊道宽度

（二）灰线控制

在绿线以外的城市建设区控制一定范围的区域，对于该区域的建设提出规划建设控制条件，以符合滨水城市的景观特色要求；该区域的外围控制线即为灰线。灰线的制定主要是从滨水区开发利用的角度来对城市建设进行控制和指导，通过灰线区域的土地利用规划和城市设计，塑造独具特色的滨水城市景观。

灰线一般不宜突破城市主干道；滨河滨湖道路作为城市主干道的，其灰线范围为该主干道离河一侧一个街区；灰线距滨水绿线的距离不小于一个街区，但不宜超过 500 m。港渠两侧是否控制灰线可根据实际需要确定，滨渠绿线之间的距离小于 50 m 的可不控制灰线。

第三节　河流形态及生境规划

一、河流形态规划

城市生态河流规划设计中，可根据天然河流的空间形态分类，综合考虑当地自然环境条件与城市总体规划目标的平衡契合，寻求最优设计。天然的河流有凹岸、凸岸，有浅滩和沙洲，它们既为各种生物创造了适宜的生境，又可以降低河水流速、蓄滞洪水，削弱洪水的破坏力。

河流平面形态设计要满足城市防洪的基本要求，体现河流的自然形态、保护河流的自然要素。设计中，尊重天然河道的形态，师法自然，可根据区域地形特点设计为自然型蜿蜒曲折的形态，创造多样化水流环境，营造城市中的绿色生态环境。

多样化的水深条件有利于形成多样化的水流条件，是维持河流生物群落多样性的基础，蜿蜒曲折的河道形式可加强岸边土壤、植被、水的密切接触，保证了其中物质和能量的循环及转化。

河流横断面设计以自然型河道断面为主，以过洪基本断面为基础，改造为自然断面形态，避免生硬的梯形、矩形断面。河岸两侧布置人行步道和种植带。河边可种植树木，为水面提供树荫，重建常水位生态环境。在合适位置交替布置深潭、浅滩，既可满足过洪要求，又可满足景观效果。

河流纵向上有陡有缓，尽量少设高大的拦河建筑，必须设置之时，要考虑为鱼类洄游设置通道，在跌水的地方尽量改造为陡坡。河道纵向断面塑造有陡有缓的河流底坡，尽量放缓边坡，为两栖类生物上岸创造条件。采用生态护岸，为生物创造生长、繁殖空间。河岸上尽量保持 20 m 以上的绿化廊道，为生物迁徙提供走廊。

二、生境规划

生境是指生物生存的空间和其中全部生态因子的总和，河流生境也被称为河流栖息地，广义上包含河流生物所必需的多种尺度下的物理、化学和生物特征的总和，狭义上包括河床、河岸、滨水带在内的河流的物理结构，包括的基本物质有阳光、空气、水体、土壤、动物、植物、微生物等。

城市河流是城市生态环境的重要组成部分，有水才有生命，有水才有生机。传统水利上讲，河流的主要功能是防洪排涝，随着经济的发展和生活水平的提高，人们意识到河流还有其生态、景观、文化和经济价值，河道的功能是多样化的。健康的河流应该有多种水生生物和动植物，能承载一定的环境容量，有自净功能，其形态上蜿蜒曲折，水面有宽有窄，水流有急有缓，而且保持流动。河流良好的水体环境还需要依靠优良的水质作为保障。

传统水利上，多偏重防洪功能，将河流与周边环境割裂开来，为了减小糙率，衬砌了河道。生态水利设计则重新沟通河流、植物、微生物与土壤的关联，河坡上种植树木和植物可以充分地涵养水分，它也增强了河流的自净功能。河坡的生态化改造，对水土保持和洪涝灾害的预防有利。一旦有洪水发生，河坡上的植物和土壤能够最大量地蓄积洪水，避免水资源的流失，同时也减少了下游洪水的威胁。生态河坡的改造，沟通了水、陆，为动植物的生存和繁衍提供了更恰当的栖息地，并为野生动物穿越城市提供了生物走廊。在不影响防洪的前提下，在河边建一些微地形，可改变河水的流态，使得水流有急有缓，更加接近天然河流的特性；也为水生生物提供庇护场所，是鱼儿产卵的绝佳之地。这些微地形对于增加水中日溶解氧的含量很有帮助，溶解氧的增加对避免水体富营养化有极其大贡献。

设计中可采用的多样化生境要素如下：

蜿蜒的岸线 —— 蜿蜒的河岸形成急、缓不同流速区。缓流区适合贝、螺类的生长，急流区为某些鱼类提供上溯条件。

浅滩、深潭—浅滩和深潭是构成河流的基本要素。在浅滩和深潭中，分别生活着不同的水生生物，所以浅滩和深潭是形成多样水域环境不可缺少的重要条件。浅滩中由于水流湍急，河床中的细沙被水流冲走，砾石间空隙很大，成为水生昆虫及附着藻类等多种生物的栖息地，而这又吸引了以此为食物的鱼类。同时，浅滩还是一些虾、鱼的产卵地。深潭水流缓慢，泥沙容易淤积，不利于藻类生长，是鱼类休息、幼鱼成长及隐匿的避难所。在冬季，深潭还是最好的越冬地点。大量研究表明，河流浅滩和深潭的位置是相对的，随河流主河槽的摆动而发生相应的变化。

瀑布、跌水 —— 为水体中补充氧气，并且可提高河流局部区域空气湿度。但是高差较大的跌水会阻断鱼类洄游的路径，需要考虑为其提供洄游设施，布置鱼道等。

河心洲 —— 自然的河流在激流的出口处会由于泥沙淤积，形成河心洲。河心洲是多种生物栖息生存的安全场所（人类不易到达）。

洞水区、洼地 —— 洞水区和洼地处泥沙淤积、植物繁茂，同样形成与干流不同的水环境，成为喜欢静水和缓慢水流生物的栖息地。

丁坝、巨石 —— 丁坝和巨石改变水流的方向，引导落淤，可以形成河滩洼地和静水区等多样的河道环境。

滩地 —— 滩地是水、岸的过渡带，具备水、土、空气三大要素，是多种生物栖息的场所，更是两栖类动物的通道。

河畔林 —— 河畔林在水面上形成树荫，使河水温度发生微妙的变化，为鱼类等水生生物提供重要的栖息场所。同时，河畔林树叶上还生活着各种昆虫，昆虫偶尔落入水中，是鱼类的重要食物。秋天，枯叶飘落河上，沉积在河底，又成为了水生昆虫的筑巢材料和食粮，伸展在水面上的树枝还是食鱼鸟类的落脚点。

水生植物 —— 水生植物为多种动物提供栖息场地和食物，有些还可起到净化水质的作用。常见的净水植物种类有芦苇、香蒲、水葱、灯芯草、菖蒲、莎草、荆三棱等。

生态堤防护岸 —— 萤火虫通常栖息在植被繁茂、水流清澈的小溪浅滩中，如果河水被污染或者河岸被混凝土固定，萤火虫就无法生存。当然萤火虫生息的地方，也适合青蛙、蜻蜓等小动物的生息。生态堤防护岸有足够的缝隙空间，覆土后可以生长茂密的植被，萤火虫、鱼类会把卵产在这里。

河流生态治理在形态上的设计应本着实事求是、切实可行原则。在城市周边河流未治理河段，尽量塑造自然型河流，保证形态和生境的多样性。城市内部往往受到区域限制，河流形态布置受限，尽量地以生态修复为主。

第四节　水系利用规划

一、水体利用

城市水体对城市运行所提供的功能是多重的，城市水源、航运、滨水生产、排水调蓄、水生生物栖息、生态调节和保育、行洪蓄洪、景观游憩等都是水系可以承担的功能。这些功能应在水系规划中得到妥当的安排及布局，不可偏重某一方面，而疏漏了另一方面的发展和布局。应结合水资源条件和城市总体规划布局，按照可持续发展要求，在分析各种功能需求基础上，合理确定水体利用功能。

（一）确定水体功能的原则

在水体的诸多功能当中，首先应确定的是城市水源地和行洪通道，城市水源地和行洪通道是保证城市安全的基本前提，对城市水源水体，应当尽量减少其他水体功能的布局，避免对水源水质造成不必要的干扰。

水生生态保护区，尤其是有珍稀水生生物栖息的水域，是整个城市生态环境中最敏感和最脆弱的部分，其原生态环境应受到严格的保护，应严格控制该部分水体承担其他功能，确需安排游憩等其他功能的，应做专门的环境影响评价，确保这类水的生态环境不被破坏。

位于城市中心区范围的水体往往是城市中难得的开敞空间，具有较高的景观价值，赋予其景观功能和游憩功能有利于形成丰富的城市景观。

确定水体的利用功能应符合下列原则：

第一，符合水功能区划要求；

第二，兼有多种利用功能的水体应确定其主要功能，其他功能的确定应该满足主要功能的需求；

第三，应具有延续性，改变或取消水体的现状功能应经过充分的论证；

第四，水体利用必须优先保证城市生活饮用水水源的需要，并不得影响城市防洪安全；

第五，水生生态保护范围内的水体，不得对其安排对水生生态保护有不利影响的其他功能；

第六，位于城市中心区范围内的水体，应保证其必要的景观功能，并尽可能安排游憩功能。

同一水体可能需要安排多种功能，当这些功能之间发生冲突之时，需要对这些功能进行调整或取舍，应通过技术、经济和环境的综合分析进行协调，一般情况下可以先进行分区协调，尽量满足各种功能布局需要；当分区协调不能实现时，需要对各种功能需求进行进一步分析，按照水质、水深到水量的判别顺序逐步进行筛选，并符合下列规定：

第一，可以划分不同功能水域的水体，应通过划分为不同功能水域实现多种功能需求；

第二，可通过其他途径提供需求的功能应退让无其他途径提供需求的功能；

第三，水质要求低的功能应退让水质要求高的功能；

第四，水深要求低的功能应退让水深要求高的功能。

（二）水体水位控制

一般情况下水位处于不断的变化之中，水位涨落对城市周边的建设，特别是对周边城市建设用地基本标高的确定有重要的影响，因此水位的控制是有效和合理利用水体的重

要环节。江、河等流域性水体，以及连江湖泊、海湾，应将水文站常年监测的水位变化情况，统计的水体历史最高水位、历史最低水位及多年平均水位，以及防洪排涝规划要求的警戒水位、保证水位或其他控制水位，作为编制水系规划和确定周边建设用地高程的重要依据。同时，应符合下列规定：

第一，已编制防洪、排水、航运等工程规划的城市，应按照工程规划的成果明确相应水体控制水位。

第二，工程规划尚未明确控制水位的水体或规划功能需要调整的水体，应根据其规划功能的需要确定控制水位。必要时，可以通过技术经济比较对不同功能的水位和水深需求进行协调。

常水位控制：有些城市水系规划喜欢把常水位确定得比较高，以减小水面和堤顶或地面的高差，以利于亲水或呈现更好的景观效果。水系规划中确定常水位时需要注意，常水位并非越高越好，需要结合现状地形条件、周边规划高程、防洪要求等综合确定，特别是需要修建堤防的河流，常水位一般不宜高于洪水位，以免人为造成安全隐患；一般水系规划中应要求雨污分流，但对于一些老城区，无法实现雨污分流，对某些水体有纳污要求时，常水位的确定还要考虑污水排放的要求。为保证常水位的稳定，一般需要规划壅水建筑物，建筑物的形式一般以溢流式为主，在有防洪要求的河道，应选择启闭快速、灵活的闸门形式，以保证防洪安全。

调蓄水位：在水位确定中，当水体有调蓄要求时，调蓄水体的水位控制至关重要，通常应在其常水位的基础上进行合理确定，但也必须同时充分地考虑周边已建设用地的基本标高情况。一般情况下，调蓄水体与城市排水管网相通，如要起到调蓄的作用，必须使城市雨水和污水能够顺利排入水体，由于城市的排水管网覆土一般不小于 1～1.5 mm，因此调蓄水体的最高水位应低于城市建设标高 1.5 m 以上，才能满足一般的调蓄需要。

行洪（排涝）水位：当城市河道有防洪排涝要求时，河道满足某一规划标准的防洪排涝水位应尽可能满足其承担防洪排涝片区的雨水汇入。当个别雨水管网不能汇入，可能形成局部倒灌时，应与雨水规划协调设置强排措施。

江、河等流动性较强的水体，以及规模较大的湖泊、水库等水体，其水位就比较难以控制。对于这种水体，根据水文站常年监测的水位变化情况，明确水体的历史最高水位、历史最低水位和多年平均水位三种水位情况，有利于周边建设用地的建设标高等指标的确定。

（三）城市水功能区划和水质管理标准

1. 水功能区划

水功能区是指为满足水资源合理开发、利用、节约和保护的需要，根据水资源的自然条件和开发利用现状，按照流域综合规划、水资源保护及社会发展要求，依其主导功能划定范围并执行相应的水环境质量标准的水域。

我国水功能区划分为两级，一级水功能区包括保护区、保留区、开发利用区、缓冲区。二级水功能区是对一级水功能区中的开发利用区进一步划分，划分为饮用水水源区、工业用水区、农业用水区、渔业用水区、景观娱乐用水区、过渡区、排污控制区。

2. 各级水功能划区条件及应执行的水质标准

（1）一级水功能区

保护区的划区应具备以下条件：

①国家级和省级自然保护区范围内的水域或具有典型生态保护意义的自然环境内的水域；

②已建和拟建（规划水平年内建设）跨流域及跨区域调水工程的水源（包括线路）和国家重要水源地的水域；

③重要河流的源头河段应划定一定范围水域以涵养和保护水源。保护区水质标准应符合现行国家标准《地表水环境质量标准》GB 3838 中的Ⅰ类或Ⅱ类水质标准，当由于自然、地质原因不满足Ⅰ类或Ⅱ类水质标准时，应该维持现状水质。

保留区的划区应具备以下条件：

第一，受人类活动影响较少，水资源开发利用程度较低的水域；

第二，目前不具备开发条件的水域；

第三，考虑可持续发展需要，为今后的发展保留的水域。保留区水质标准应符合现行国家标准《地表水环境质量标准》GB 3838 中的Ⅲ类水质标准或应按现状水质类别控制。

开发利用区的划区条件应为取水口集中、取水量达到区划指标值的水域。由二级水功能区划相应类别的水质标准确定。

缓冲区的划区应具备以下条件：

第一，跨省（自治区、直辖市）行政区域边界的水域；

第二，用水矛盾突出的地区之间的水域。

缓冲区水质标准应根据实际需要执行相关水质标准或者按现状水质控制。

（2）二级水功能区

饮用水水源区的划区应具备以下条件：

①现有城镇综合生活用水取水口分布较集中的水域，或在规划水平年内为城镇发展设置的综合生活供水水域。

②每个用户取水量不小于取水许可管理规定的取水限额。饮用水水源区的一级保护范围按Ⅲ类水质标准，二级保护范围按Ⅲ类水质标准进行管理。Ⅱ类水质标准

的功能区应设置在已有和规划的生活饮用水一级保护区内，该区范围为：集中取水口的第一个取水口上游 1 000 m 至最末取水口的下游 100 m；潮汐水域上、下游均为 1 000 m；湖泊、水库的范围为取水口周围 1 000 m 范围以内。Ⅲ类水质标准的功能区应设置在现有和规划生活饮用水二级保护区范围内，生活饮用水二级保护区的下游功能区界应设置在生活饮用水一级保护区、珍贵鱼类保护区、鱼虾产卵场水域下游功能区界上，其功能区范围为根据水域下游功能区界处的水质标准，采用水质模型反推至上游水质达到Ⅲ类功能区水质标准中Ⅲ类标准最高浓度限值时的范围。也可根据水质常年监测资料，综合分析评价后确定Ⅲ类水质标准的功能区范围。湖泊和水库的饮用水二级保护区设置在一级保护区外 1 000 m 范围。

工业用水区的划区应具备以下条件：

第一，现有工业用水取水口分布较集中的水域，或者在规划水平年内需设置的工业用水供水水域。

第二，每个用户取水量不小于取水许可管理规定的取水限额。

工业用水区按Ⅳ类水质标准进行管理，Ⅳ类水质标准的功能区应设置在工业用水区已有或规划的工业取水口上游，以保证取水口水质能达到Ⅳ类水质标准。

农业用水区的划区应具备以下条件：

第一，现有农业灌溉用水取水口分布较集中的水域，或者在规划水平年内需设置的农业灌溉用水供水水域。

第二，每个用水户取水量不小于取水许可实施细则规定的取水限额。

农业用水区水质标准应符合现行国家标准《农业灌溉水质标准》GB 5084 的规定，也可按现行国家标准《地表水环境质量标准》GB 3838 中的Ⅴ类水质标准确定。Ⅴ类水质标准的功能区设置在已有的农业用水区，其范围为农业用水第一个取水口上游 500 m 至最末一个取水口下游 100 m 处。

渔业用水区的划区应具备以下条件：

第一，天然的或天然水域中人工营造的鱼、虾、蟹等水生生物养殖用水水域。

第二，天然的鱼、虾、蟹、贝等水生生物的重要产卵场、索饵场、越冬场以及主要洄游通道涉水的水域。

渔业用水区水质标准应符合现行国家标准《渔业水质标准》GB 11607 的有关规定，也可按现行国家标准《地表水环境质量标准》GB 3838 中的Ⅱ类或Ⅲ类水质标准确定。

景观娱乐用水区的划区应具备以下条件：

第一，休闲、娱乐、度假所涉及的水域和水上运动场需要的水域；

第二，风景名胜区所涉及的水域。

景观娱乐用水区水质标准应符合现行国家标准《地表水环境质量标准》GB 3838 中的Ⅲ类或ⅣⅤ类水质标准。

排污控制区是指生产、生活废污水排污口比较集中的水域，且所接纳的废污水对水环境不产生重大不利影响。排污控制区的划区应具备下列条件：

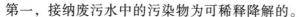

第一，接纳废污水中的污染物为可稀释降解的。

第二，水域稀释自净能力较强，其水文、生态特性适宜于作为排污区。

排污控制区应设置在干、支流的入河排污口或支流汇入口所在区域，城市排污明渠、利用污水灌溉的干渠，入河排污口所在的排污控制区范围为该河段上游第一个排污口上游 100 m 至最末一个排污口下游 200 m。排污控制区的水质标准应该按其出流断面的水质状况达到相邻水功能区的水质控制标准确定。

过渡区的划区应具备以下条件：

第一，下游水质要求高于上游水质要求的相邻功能区之间。

第二，有双向水流，且水质要求不同的相邻功能区之间。

过渡区水质标准应按出流断面水质达到相邻功能区的水质目标要求确定。

二、岸线利用

岸线是指水体与陆地交接地带的总称。有季节性涨落变化或者潮汐现象的水体，其岸线一般指最高水位线与常水位线之间的范围，水系岸线按功能可分为生态性岸线、生产性岸线和生活性岸线。生态性岸线是指为保护城市生态环境而保留的自然岸线，生产性岸线是指工程设施和工业生产使用的岸线，生活性岸线是指提供城市游憩、居住、商业及文化等日常活动的岸线。

岸线利用应确保城市取水工程需要。取水工程是城市基础设施和生命线工程的重要组成部分，对取水工程不应只包括近期需求，还应结合远期需要和备用水源一同划定，及早预留并满足远期取水工程对岸线的需求。

生态性岸线往往支撑着大量原生水生生物甚至是稀有物种的生存，维系着水生生态系统的稳定，对以生态功能为主的水域尤为重要，因此在确定岸线使用性质时，应体现"优先保护，能保尽保"的原则，对具有原生态特征和功能的水域随对应的岸线优先划定为生态性岸线，其他的水体岸线在满足城市合理的生产生活需要的前提下，尽可能划定为生态性岸线。

生态性岸线本身和其维护的水生生态区域容易受到各种干扰而出现退化，除需要有一定的规模以维护自身动态平衡外，还需尽可能避免被城市建设干扰，这就需要控制一个相对独立的区域，限制或禁止在这个区域内进行城市建设活动。划定为生态性岸线的区域应符合《城市水系规划规范》的强制性条文规定，即划定为生态性岸线的区域必须有相应的保护措施，除保障安全或取水需要的设施外，严禁在生态性岸线区域设置与水体保护无关的建设项目。

生产性岸线易对生态环境产生不良影响，因此在生产性岸线布局时，应尽可能提高使用效率，缩减所占用的岸线长度，并且在满足生产需要的前提下尽量美化、绿化，形成适宜人观赏尺度的景观形象。生产性岸线的划定，应坚持"深水深用，浅水浅用"的原则，确保深水岸线资源得到有效利用，生产性岸线应提高使用效率，缩短长度，在满足生产需要的前提下，充分考虑相关工程设施的生态性和观赏性。

生活性岸线多布置在城市中心区内，为城市居民生活最为接近的岸线，因此生活性岸线应充分体现服务市民生活的特点，确保市民尽可能地亲近水体，共同享受滨水空间的良好环境。生活性岸线的布局，应注重市民可以达到和接近水体的便利程度，一般平行岸线的滨水道路是人群接近水体最便利的途径，人们可以沿路展开亲水、休憩、观水等多项活动，水系规划应尽量创造滨水道路空间。生活性岸线的划定，应结合城市规划、用地布局，与城市居住和公共设施等用地相结合。水体水位变化较大的生活性岸线，宜进行岸线的竖向设计，在充分研究水文地质资料的基础上，结合防洪排涝工程要求，确定沿岸的阶地控制标高，满足亲水活动需要，并有利于突出滨水空间特色和塑造城市形象。

三、水系改造

水是城市活的灵魂，进行合理的城市水系改造，能使城市特色更加鲜明、功能更加健全，有利于实现城市可持续发展目标。错误的城市水系改造是城市特色、功能退化的主因之一，城市水系改造要走科学之路。城市水系是社会—经济—自然复合的生态系统，对一个城市的水系的设计要上溯及历史文化和经济社会的渊源，下放眼未来，来构建城市的独特性和可持续发展能力，水系改造应遵循一些基本原则，避免盲目的改造。

《城市水系规划规范》中提出了水系改造应遵循的原则：

第一，水系改造应尊重自然、尊重历史、保住现有水系结构的完整性，水系改造不得减少现状水域面积总量。

第二，水系改造应有利于提高城市水系的综合利用价值，符合区域水系各水体之间的联系，不宜减小水体涨落带的宽度。

第三，水系改造应有利于提高城市防洪排涝能力，江河、沟渠的断面和湖泊的形态应保证过水流量和调蓄库容的需要。

第四，水系改造应有利于形成连续的滨水公共活动空间。

第五，规划建设新的水体或扩大现有水体的水域面积，应与城市的水资源条件和排涝需求相协调，增加的水域宜优先用于调蓄雨水径流。

一些城市的水系改造中增加了水系的连通，来促进水体循环和水资源利用，取得了较好的效果。但是也存在一些盲目的连通，特别是在行洪河道中增加的十字交叉的四通型连通，给水流的控制和河道管理带来了不便，应尽量避免。

当前，城市水系的综合治理和改造越来越受到重视。许多城市制定专项规划，重整城市水系，实现江、河、湖泊的水系连通，取得许多成功经验。

四、滨水区利用规划

城市滨水区有赖于其便捷的交通条件和资源优势，易于人口和产业集聚，因此历来都是城市发展的起源地。滨水区作为城市中一个特定的空间地段，其发展状况往往与城市所处区位、城市化阶段以及当地城市发展战略紧密相关。水的功能从起初仅满足人类的农业生产、生活需要，到工业化时代依托水岸线进行工业布局，再到后工业化时代承载城市景观、生态系统服务、水文化、游憩功能等，体现滨水区功能的多样化。

在国内，近代以来，工业生产一直在国内的城市中成长壮大。尤其是新中国成立后的几十年间，工业的进程大大加快，许多城市的滨水区域成为传统工业的聚集地。改革开放后，中国的城市发展方式也开始向西方的现代城市转型，滨水区开发建设成为各级中心城市挖掘潜在价值、建立形象及提高竞争力的共同手段。

在滨水区开发中，最尖锐的一对矛盾就是开发与保护的矛盾，这一矛盾以环境保护和开发效益表现最为激烈。同时又贯穿着人与自然、政府与市场的相互作用，总体上把这一各方关注的焦点变为各方利益旋涡的中心。

我国的滨水区建设在实践中既取得了很好的效果，也存在着许多问题，甚至失误。主要有以下几个方面：

第一，近年来，随着城市建设和房地产的升温，滨水区以其优越的地理环境和潜在的升值空间，成为众多开发商争夺的热门地块，掠夺性的瓜分使滨水区的土地资源十分紧张，可以留给城市公共空间的土地日渐稀少，用地的稀缺又带来开发强度过高的后果，高楼大厦造成视线不通畅、空间轮廓线平淡，抢景败景现象严重。

第二，许多城市滨水区规划滞后，不能发挥规划的引导作用，各地块独立开发，缺乏有机联系，配套设施自成一套，且多处于低水平状态。这种状况降低了滨水区的整体价值，并且改造成本过高。尤其体现在外部交通联系不便和内部缺乏整体性设计上。

第三，大部分的滨水区驳岸注重防洪安全而缺乏生态保护。很多城市河道采用混凝土、砌石等硬质驳岸，对防洪安全起到重要作用，却缺乏生态保护。硬质的驳岸阻断了河流与两岸的水、气的循环和沟通，使植被和水生生物丧失了生长、栖息和繁殖的环境，造成了驳岸生物资源的丧失和生态失衡。

第四，城市水体是一个相互连通的系统，在整体水系没有得到系统治理、外围水体水质较差的情况下，城市中心区内的水质基本难以保证。水体的污染和富营养化成为城市水体的新难题，而水质状况直接影响着滨水区的形象和品质。

第五，景观水体往往与自然界中的大水体相连，水位受水体涨落的影响非常大，亲水平台的设计受到制约，常常达不到预想的效果，甚至是留下安全隐患。

第六，城市滨水区的改造总是不可避免地要面对老旧的历史建筑和传统空间，大部分改造往往忽视了城市的历史文化传承，大量的拆除、破坏，通过改造焕然一新，但是城市历史的痕迹、记忆也被匆匆抹去，不可能恢复。

第七，城市水体是市民共有的财富，然而在实施过程中，滨水地块的开发商经常将水岸纳入自己私有的领域内，造成滨水公共开放空间的割断。

这些滨水区在建设中出现的问题，究其原因，既有市场无序的因素，也有城市综合管理不力的原因。从滨水区建设的角度看，首先滨水区应有一个统一的规划，避免混乱无序的开发；其次，滨水区规划应是一个系统的规划，要在规划中解决防洪、生态、建设的矛盾和各方控制的要求。应严格按照规划设计管理的相关法律法规，对涉及跨领域、跨行政管辖区的部分问题，要由政府统一协调。

从功能角度看，滨水区可以划分为生态型、居住型、商办型、休闲娱乐型和码头广场型。滨水区可由这些功能区单一构成，也可由多种功能复合形成。多种功能的混合带来十分复杂的相关因素，如滨水区的开放性、环境的生态性、绿地系统的构成、景观视线通廊、水岸型式、城市天际线、交通、防汛、亲水平台等。

众多的相关因素使滨水区规划设计显得千头万绪，这些因素之间有的相互包容、有的相互矛盾，梳理好这些要素，是规划设计重要的前期工作。在滨水区的利用规划中应综合系统地考虑上述众多要素，避免了顾此失彼和考虑缺项的问题。

第五节　涉水工程协调规划

一、饮用水源工程与城市水系的协调

饮用水源包括地表水源和地下水源，是城市的水缸，必须保证其不被污染。

在保护区一定范围内上下游水系不得排放工业废水、生活污水，不得堆放生活垃圾、工业废料及其他对水体有污染的废弃物，水源地周围农田不能使用化肥、农药等，有机肥料也应控制使用。

取水口应选在能取得足够水量和较好的水质，不容易被泥沙淤积的地段。在顺直河段上，应选在主流靠近河岸、河势稳定、水位较深处，在弯曲河段，应选在水深岸陡、泥沙量少的凹岸。

水源地规划还应考虑取水口附近现有的构筑物，如桥梁、码头、拦河闸坝、丁坝、污水口以及航运等对水源水质、水量及取水方便程度的影响。

二、防洪排涝工程与城市水系的协调

防洪排涝功能是城市水系最重要的功能，在规划中，要在满足防洪排涝安全的基础上，兼顾城市水系的其他功能。

在规划防洪工程设施时，应本着统筹规划、可持续发展的原则，把整个城市水系作为一个系统来考虑，来合理规划行洪、排洪、分洪、滞蓄等工程布局。在防洪工程规划中，应尽量少破坏或不破坏原有水系的格局，做到既能满足城市防洪要求，又不致破坏城市生态环境，应大力倡导一些非工程的防洪措施。

排涝工程是利用小型的明渠、暗沟或埋设管道，把低洼地区的暴雨径流输送到附近的主要河流、湖泊。暴雨径流出口可能和外河高水位遭遇，使水无法排出而产生局部淹没。这就需要在规划中协调二者之间的关系，在规划中，尽可能通过疏挖等方式使排洪河道满足一定的排涝标准。当不能满足时，应提出防洪闸或排涝泵站的规划。布置排水管网时，应充分利用地形，就近排放，尽量地缩短管线长度，以降低造价。城市排水应采取雨污分流制，禁止把生活污水或工业废水直接排入自然水体。

三、水运路桥工程与城市水系的协调

（一）滨水道路与城市水系的协调

滨水道路往往沿着城市河流、湖泊的岸线布置，道路可布置在地方内侧、外侧及堤顶。滨水道路往往利用河流、湖泊的自然条件，辅助以绿化和景观，设计为景观道路。滨水道路分为车行道和人行道，考虑到汽车尾气及噪声对水体环境的污染，以及道路的安全，车行道往往距离岸线较远。若河流承担生态廊道的功能，车行道的位置则应满足生态廊道的宽度要求，尽量布置在生态廊道宽度之外，避免对生态廊道造成干扰。人行道则可以设置在离水近的地方，甚至堤内侧，用增强亲水性。人行道可以结合景观与滨水活动广场水面游乐设施等统一规划布置。

（二）跨水桥梁与城市水系的协调

在规划跨水桥梁时，应尽量布置在水面较窄处，避开险滩、急流、弯道、水系交汇口、港口作业区和锚地。桥梁尽量与河流正交，城市支路不得跨越宽度大于道路红线2倍的水体，次干道不应跨越宽度大于道路红线4倍的湖泊，桥下通航时，应保证有足够的净空高度和宽度。

（三）码头港口与城市水系的协调

港口选址与城市规划布局、水系分布、水面宽、水体深度、水的流速和流态、岸线的地质构造等均有关系，海港位于沿海城市，应布置于有掩护的海湾内或位于开敞的海岸线上，最好是水深岸陡、风平浪静。河港位于内地沿河城市，应布置于河流沿岸，内港码头最好采用顺岸式布置，尽量避免突堤式或挖入式带来的影响河流流态、泥沙淤积等问题。海港码头则可根据需要布置成各种形式。

（四）航道、锚地规划与城市水系的协调

我国内河航运发展的战略目标是"三横一纵两网十八线"。航道的发展应与规划发展目标一致。我国各地的航道标准和船型还没有完全统一，随水运的发展，各大水系会相互衔接，江河湖海会相互连通，形成四通八达的水运体系。因此，需要及早统一航道标准和优化船型。当前，我国很多航道标准较低，需要运用各种措施，通过对水系的治理，提高城市通航能力。

四、涉水工程设施之间的协调

取水设施的位置应考虑地质条件、洪水冲刷和其他设施正常运行产生的水流变化等对取水构筑物安全的影响，并保证水质稳定，尽可能减少其他工程设施运行中对水质的污染。取水设施不得布置在防洪的险工险段区域以及城市雨水排水口、污

水排水口、航运作业区和锚地影响区域。

污水排水口不得设置在水源地一级保护区内，设置在水源地二级保护区内的排水口应满足水源地一级保护区水质目标的要求。当饮用水源位于城市上游或饮用水源水位可能高于城市地面时，在规划保护饮用水源的同时应考虑防洪规划。

桥梁建设应符合相应的防洪标准和通航航道等级的要求，不应降低通航等级，桥位应与港口作业区及锚地保持安全距离。

航道及港口工程设施布局必须满足防洪安全要求。航道的清障与改线、港口的设置和运行等工程或设施可能对堤防安全造成不利影响，需要进行专门的分析，在确保堤防安全及行洪要求的前提之下确定改造方案。

码头、作业区和锚地不应位于水源一级保护区和桥梁保护范围内，并且应与城市集中排水口保持安全距离。

在历史文物保护区范围内布置工程设施时，应该满足历史文物保护的要求。

第四章 城市生态水利工程总体安全设计

第一节 防洪排涝安全

一、防洪、排涝、排水三种设计标准的关系

（一）适用情况不同

城市排涝设计标准主要应用于城市中不具备防洪功能的排涝河道、湖泊及池塘等的规划设计中，主要计算由区域内暴雨所产生的城市"内涝"；而城市防洪标准主要应用于城市防洪体系的规划设计，包括城市防洪河道、堤防、泄洪区等，沿海城市还包括挡潮闸及防潮堤等。其涉及的范围不但包括区域内暴雨所产生的城市"内涝"，还包括江河上游地区及城市外围产生的"客水"。城市排水设计标准主要应用于新建、扩建和老城区的改建、工业区和居住区等建成区，它用不淹没城市道路地面为标准，对管网系统及排涝泵站进行设计。

（二）重现期含义的区别

城市防洪设计标准中的重现期是指洪水的重现期，侧重于"容水流量"的概念；城市排涝设计标准与城市排水设计标准中的重现期，是指城市区域内降雨强度的重现期，更加侧重"强度"的概念。

另外，城市排涝设计标准和城市排水设计标准中的重现期的含义也有区别。城

市排涝设计标准中的重现期采用年一次选样法，即在 n 年资料中选取每年最大的一场暴雨的雨量组成 n 个年最大值来进行统计分析。由于每年只取一次最大的暴雨资料，所以在每年排位第二、第三的暴雨资料就会遗漏，这样就使得这种方法推求高重现期时比较准确，而对于低重现期其结果就会明显偏小。城市排水设计标准中暴雨强度公式里面的重现期采用的是年多个样法，即每年从各个历时的降雨资料中选择 6 ~ 8 个最大值，取资料年数 3 ~ 4 倍的最大值进行统计分析，该法在小重现期时可比较真实地反映暴雨的统计规律。

（三）突破后危害程度不同

洪水对整个流域内经济社会的危害程度要远远地大于一场暴雨对一个城市的危害程度。涝灾在水灾损失中所占的比例呈增长趋势，这一特点在南方流域中下游平原地区和城市表现得尤为突出。经分析，在我国水灾损失中，涝灾损失约为洪水的 2 倍。分析其原因，主要是随着城市化进程的加快，城市向周边地区高速扩张，这些地区又往往是低洼地带，城市不透水面积的增加，导致地表积涝水量增多，加之在城市发展过程中对涝水问题往往缺乏足够的认识，排涝通道和滞蓄雨水设施不充分，因而造成一旦发生较强的降雨就出现严重内涝的情况。

（四）外洪内涝之间具有一定程度的"因果"关系。

城市外来洪水和城市内涝之间存在相互影响、相互制约及相互叠加的关系：行洪河道洪水水位高，则涝水难以排出；而城市排涝能力强，则会增加行洪河道的洪水流量，抬高河道水位，加大防洪压力和洪水泛滥的可能性；当出现流域性洪水灾害时，平原发生洪水泛滥的地区通常已积涝成灾。

城市防洪标准与城市排涝标准的接近程度与流域面积的大小有关系，流域面积越小，二者标准越接近，这是由于越小的流域内普降同频率暴雨的可能性越大。在一个较大流域内，不同地区可能发生不同重现期的暴雨，而整个流域下游河道形成的洪水的重现期可能大于流域内大部分地区暴雨的重现期，而两者的关系还取决于各地区排涝设施的完善程度。对于小流域来说，二者常常等同。

二、相关水力设计

（一）流量和水位

城市水利工程定量的分析和设计需要进行水文、水力、泥沙、结构稳定等方面的计算，推求设计流量和相应水位是所有工作的第一步，也是关键的一步。城市河湖流量和水位往往不是单一的，应考虑多个流量和水位条件。图 4-1 为理想化的河流断面，从图中可以看出，主要的设计流量包括洪水流量和枯水流量，设计水位包括设计洪水位、常水位及设计枯水位。

在图 4-1 中，Q_k 为枯水流量，对于不同的工程有不同的含义，对于没有壅水或蓄水建筑物的河道，此流量为过水断面的最小流量，通常也为水生生物的极限水生条件，在这一流量条件下，对应的水深 H_k 为最小水深；对于有蓄水建筑物的河道，Q_k 代表满足水质净化和换水要求的基流流量，在常水位 H_c 的确定中，一般需要考虑此流量对应的水深要求。Q_h 代表洪水流量，也是设计最大流量，相应的 H_h 为最大的洪水流量条件下的水位。

图 4-1　理想河流断面图

城市河道的设计洪水流量是根据汇流区域的暴雨资料排频推求出来的，具有发生时间短、流量大的特点，需要的河道断面尺寸比较大，而平时的枯水流量或基流又很小，这样就造成洪水位和枯水位之间相差很大，为了适应这种条件，设计中城市河道往往做成复式断面结构，见图 4-2 断面中，岸顶或者堤防顶高程是根据洪水位圹确定的，步行道或亲水平台高程是根据常水位确定的。滨水植物一般在枯水位和常水位之间生长，常水位至洪水位间的区域很少被淹没，是陆生植物与动物的理想栖息地，河边湿地、景观节点也主要分布在这一区域。

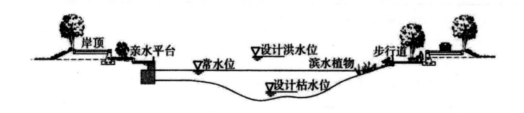

图 4-2　城市复式河道典型断面图

在不同的流量条件下，流速随着流量的加大相应变大，当流量达到出槽（出滩）水位时，河道流速一般情况下会逼近最大值。很多观测资料已经证明，在水位上升阶段，水流溢出到河漫滩，横向的动量损失会导致河道水流流速降低，在这种情况下，可根据平滩水力条件进行河岸防护设计或进行河流内栖息地结构的稳定性分析。如果水流受到地形或植被的影响，随流量的增加，河道流速会继续增加，需采用最大洪水流量条件下的参数进行河道岸坡防护和栖息地结构设计。

在工程规划设计中考虑河岸带的植物和景观设计，应进行有植被区可能淹没水深及流速的评价分析，从而指导植被物种的选取以及节点铺装的选择。为了避免滩地景观建设对河道行洪安全的影响，在河岸带种植、景观设施建设中通常应满足以下要求：

①滩地景观节点处的铺装广场高程应与附近平均滩面平齐，广场栏杆、路灯、座凳和雕塑的排列方向应与主流方向基本一致。

②滩地上禁止种植一定规模的片林，减少冠木和高秆植物的种植。

③滩地禁止建设较大体积的单体建筑或永久性建筑。

④施工临时物料堆放场地应尽量安排在近堤处或堤外，禁止在大桥等河道卡口处集中堆放大量的河道疏浚开挖料。

（二）设计雨洪流量过程计算

城市防洪、排涝是有紧密联系的，但是也有区别的两个概念。一般认为，城市防洪是防止外来水影响城市的正常运作，防止外洪破城而入；城市排涝是排除城市本地降雨产生的径流。城市洪涝灾害显著的特点是内涝，即外河洪水位抬升，城区雨洪内水难以有效排除而致涝灾；外洪破城而入并非普遍现象，城市河道设计流量往往根据暴雨系列资料，按设计标准推求雨洪流量。

1. 城市地区设计暴雨过程计算

目前排水设计手册应用下式计算平均暴雨强度：

$$i = \frac{A_l\left(L + C\,lgT_E\right)}{(t+B)^n} \tag{4-1}$$

式中 i —— 平均暴雨强度，mm/min；

T_E —— 重现期，a；

t —— 降水历时，min；

L —— 地面的集水距离，m；

B、n、A_1、C —— 地方参数。

另一种计算平均暴雨强度的公式形式为：

$$i = \frac{A}{t^n + B} \tag{4-2}$$

重现期 T_E 在综合考虑当地经济能力和公众对洪灾的承受能力后选定，也可以进行定量经济分析。地方参数可查排水设计手册，也可以根据历史资料进行计算。

水利部门采用的设计暴雨公式为：

$$i = \frac{A}{t^n} \qquad (4-3)$$

水利部门拟定设计暴雨的时程分配的方法，一般是采取当地实测雨型，用不同时段的同频率设计雨量控制，分时段放大，要求设计暴雨过程的各种时段的雨量都达到同一设计频率。

参考我国水利部门习惯采用的同频率放大法及城市设计暴雨的特性，可以得到用于推求城市设计暴雨过程的同频率法。使用本方法所得设计暴雨过程的最大各时段设计雨量和公式计算结果一致。用 A 表示峰前降水历时时段数（包括最大降水时段）。取

$$A = A_l \left(L + C \, lg T_E \right) \qquad (4-4)$$

设计暴雨强度公式也可以写成：

$$i = \frac{A}{(t+B)^n} \qquad (4-5)$$

计算时段用 D_t 表示，降水总时段数为 m，降水总历时是

$$T = m \times D_t$$

取 $t=kD_t$ 可计算出各种历时的设计暴雨强度 i_k 及设计暴雨量 SP_k，即

$$i_k = \frac{A}{\left(kD_t + B \right)^n} \quad (k = 1, 2, \cdots, m)$$

$$SP_k = \frac{AkD_t}{\left(kD_t + B \right)^n} \quad (k = 1, 2, \cdots, m) \qquad (4-6)$$

用 $LP(k)$ 表示各时段的设计暴雨量，就是

$$LP_{(1)} = SP_{(1)}$$

$$LP_{(2)} = SP_{(2)} - SP_{(1)}$$

$$LP_{(k)} = SP_{(k)} - SP_{(k-1)} \quad (k = 2, 3, \cdots, m)$$

$$LP_{(1)} \geqslant LP_{(2)} \geqslant LP_{(3)} \geqslant \cdots \geqslant LP_{(k)} \tag{4-7}$$

然后将这样得出的设计暴雨过程再作进一步修正。修正方法是将最大时段暴雨放在第 r 时段上，设 $P_{(1)}, P_{(2)}, \cdots, P_{(m)}$ 为修正后的设计暴雨时程分配，那么有：

当 $r \leqslant \dfrac{m}{2}$ 时，

$$P_{(j)} = \begin{cases} LP(2r-2j) & (j = 1 \sim (r-1)) \\ LP(2j-2r+1) & (j = r \sim (2r-1)) \\ LP_j & (j = 2r \sim m) \end{cases} \tag{4-8}$$

当 $r > \dfrac{m}{2}$ 时，

$$P_{(j)} = \begin{cases} LP(m-1-j) & (j = 1 \sim (m-2(m-r)-1)) \\ LP(2r-2j) & (j = (m-2(m-r)) \sim (r-1)) \\ LP(2j-2r+1) & (j = r \sim m) \end{cases} \tag{4-9}$$

2. 设计暴雨频率计算中的选样方法

暴雨资料选样的原则，应满足独立随机选样的要求，并符合防洪设计标准的含义。而每年有多个洪峰、时段洪量、时段雨量，国内外常见的有年最大值选样法、一年多次选样法、年超大值法及超定量法等四种选择方法。

（1）年最大值选样法

每年只选一个最大的量值，如年最大洪峰流量、年最大一天洪量、年最大三小时连续降雨量等。这样，如果有 n 年实测资料，就可以选出 n 个年最大值组成一个儿年系列，作为频率计算的样本。

年最大值选样法一般适用于设计频率较小的情况，如江河上的水利工程设计。

（2）一年多次选样法

一年多次选样法是每年选出 K 个最大数值，因此 n 年资料可以选出 Kn 个值组成一个样本。

（3）年超大值法

从 n 年资料中选出 n 个最大值组成一个样本系列。

（4）超定量法

超定量法首先确定最低选择数值，之后把 n 年资料大于这一选择数值的 M 个值选入，组成一个样本。这一选样方法在我国城市排水设计中应用较为广泛。

（三）糙率

传统的河道工程一般从防洪角度出发，为了有利于行洪，不允许河道内生长高秆、高密度植物，但在城市河道工程中，为了发挥河流的生态景观功能，一般要在河道岸坡和河漫滩引入植被。但植被的引入不可避免地要改变河道水力特性，影响水流过程，降低行洪能力。为此需要进行专门的水力计算，评价河道过流能力，并采取相应的补偿措施以满足防洪需求。按常规水力学的计算要求，需要确定河道和河漫滩的糙率 n。

糙率又称粗糙系数，是反映河床表面粗糙程度的重要水力参数。城市河道的糙率与河道断面的形态、床面的粗糙情况、植被生长状况、河道弯曲程度、水位的高低、河槽的冲淤以及整治河道的人工建筑物的大小、形状、数量和分布等诸多因素有关，是水力计算的重要灵敏参数。在水力计算中，河道糙率选取得恰当与否，对计算成果有很大影响，因此在确定糙率时必须认真对待。

糙率 n 值的变化受到上述诸多因素影响，而这些因素的变化情况，不但不同特性的河流不同，即使是同一条河流的上、下游各处，乃至同一河段的各级水深时也是不一样的。因此，各个具体河段糙率的大小及其变化，取决于上述诸因素综合作用的结果。也就是说，在影响河道糙率的河床质组成、岸坡特征、植被状况、平面形态这些因素中，只要其中任何一项发生变化，就可能会引起了糙率 n 值的不同程度的变化。如果其中多项因素均发生变化，通过综合作用的结果，可能会出现糙率 n 值的巨变、微变、不变等多种情况。因此，糙率随水深变化的 $h-n$ 关系曲线，实际反映了某一河段各级水深时不同因素综合影响的结果。在某一级水深变幅内，如果这种综合作用的影响逐渐地增大了对水流的阻力，那么糙率 n 值也增大，反之则减小；如果维持不变，则 n 值也不变。

从实际的水文分析和经验认识中可得出，一般情况下，低水深时随着水深的减小，河床底部相对糙度和湿周的影响增大，所以糙率增大；随着水深的增加，床面影响逐渐减小，岸坡影响逐渐增大。如果岸坡是天然岩石或人工浆砌的，或虽然是土质，但相对平整、规则，且植被稀疏，河岸线顺直，河床和岸坡的综合影响对整个水流的阻力相对减小，则糙率随水深的增大而减小；如果岸坡凹凸度大，坎坷不平，岸边线不顺直，而且随水深的增加更加显著，或是随着水深的增加有了植被影响，如树林、高秆农作物，而且密度渐增等，则低水深以上可能出现糙率增大的情况；如前所述，若低水深或中等水深以上，河段平面特征、河床、岸坡、植被等情况下的阻水作用互相抵消了，则可能糙率值不变。

对河道糙率的确定一般最好采用本河道实测水文资料进行推算，而对无实测资料或资料短缺的河道，参照地形、地貌、河床组成、水流条件等特性相似的其他河道的实测资料进行分析类比后选定，或者用一般的经验公式来确定。

1. 基于实测水文资料的糙率推算

如果为某一典型河段，根据实测的水位 Z、流量 Q、断面面积 A、湿周 χ 等，应用谢才公式及曼宁公式可以得

$$n = \frac{A}{Q} R^{\frac{2}{3}} J^{\frac{1}{2}} \qquad (4-10)$$

$$R = \frac{A}{\chi}$$

式中 n —— 糙率；

R —— 水力半径；

J —— 河道比降。

对于多段河段，当水位资料不足时，可通过假设各段糙率，进行水面曲线的计算，反复调试，使水面曲线和已知的站点水位吻合，来确定各个河段糙率。

2. 查表法

当河道的实测资料短缺时，可根据河道特征，参照类似河道的糙率。

3. 糙率公式

在无实测资料推算糙率，也无类似河道糙率可参照的情况下，可用下式进行计算：

$$n = (n_0 + n_1 + n_2 + n_3 + n_4) m_5 \qquad (4-11)$$

式中 n_0 —— 天然顺直、光滑、均匀渠道的基本糙率值；

n_1 —— 考虑水面不规则影响的糙率修正值；

n_2 —— 河道横断面形状及尺寸变化影响的修正值；

n_3 —— 阻水物影响的修正值；

n_4 —— 植物影响的修正值；

n_5 —— 河道曲折程度的影响参数。

（四）流速

河道流速的大小主要与河流的水面纵比降、河床的粗糙度、水深、风向和风速等因素有关。河流中的流速沿着垂线（水深）及横断面是变化的，理解和研究流速的变化规律对解决工程的实际问题有很重要的意义。

1. 垂线上的流速分布

河道中常见的垂线流速分布曲线，一般水面的流速大于河底，且曲线呈一定形状。只有封冻的河流或受潮汐影响的河流，其曲线呈特殊的形状。由于影响流速曲线形状的因素很多，如糙率、冰冻、水草、风、水深、上下游河道形态等，致使垂线流

速分布曲线的形状多种多样。

许多学者经过试验研究导出一些经验、半经验性的垂线流速分布模型，如抛物线模型、指数模型、双曲线模型、椭圆模型及对数模型等。但这些模型在使用时都有一定的局限性，其结果多为近似值。许多观测、研究结果表明，下列几种模型与实际流速分布情况比较接近。

（1）抛物线形流速分布曲线

只具有水平轴的抛物线形流速分布曲线见图4-3。A 点为抛物线的原点，抛物线上任意一点 a 的坐标是：

$$y = h_x - h_m$$

$$x = v_{max} - v \tag{4-12}$$

将其代入抛物线方程式 $y^2 = 2Px$ ，并且加以整理得：

$$v = v_{max} - \frac{1}{2p}\left(h_x - h_m\right)^2 \tag{4-13}$$

式中 v —— 曲线上任意一点的流速；

v_{max} —— 垂线上最大测点流速；

h_x —— 任意一点上的水深；

h_m —— 最大测点流速处的水深；

p —— 常数，表示抛物线的焦点在 x 轴上的坐标。

垂线上 v_{max}、h_m 及 p 都为常数项。

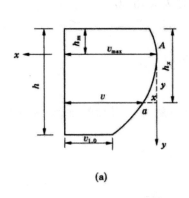
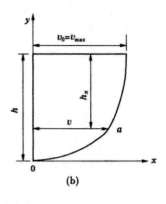

图 4-3　抛物线形流速分布曲线

（2）对数流速分布曲线按普朗德的紊流假定，动力流速是

$$v_* = \sqrt{ghI} = Ky\frac{dv}{dy} \qquad (4-14)$$

积分得：

$$dv = \frac{v_*}{K} \cdot \frac{dy}{y}$$

$$v = \frac{v_*}{K}ln\,y + C \qquad (4-15)$$

当 y（y 是由河底向上起算的深度）$=h$ 时，$v=v_{max}$，将此边界条件代入式（4-15）是：

$$v_{max} = \frac{v_*}{K}ln\,h + C \qquad (4-16)$$

则：

$$v_{max} - v = \frac{v_*}{K}(ln\,h - ln\,y) = \frac{v_*}{K}ln\frac{h}{y} \qquad (4-17)$$

式中 K —— 卡尔曼常数。

在管流中，$K=0.40$；在河流中，苏联热烈兹拿柯夫研究得 K 近似取 0.54，但是实际变化很大，有人建议卵石河床 $K=0.65$，沙质床 $K=0.50$。

整理式（4-17）得：

$$v = v_{max} + \frac{v}{K}ln\,\eta \qquad (4-18)$$

其中，η 为由河底向上起算的相对水深，$\eta = h/y$；其他符号含义同前。

（3）椭圆流速分布曲线

卡拉乌舍夫研究的椭圆流速分布公式是

$$v = v_0\sqrt{1-P\eta^2} = \sqrt{P}v_0\sqrt{\frac{1}{P} - \eta^2} \qquad (4-19)$$

式中 v_0 —— 水面（$\eta = 0$）流速；

P——流速分布参数，如取 $P = 0.6$，相当于谢才系数 $C = 40$-60；
其他符号含义同前。

2.横断面的流速分布

横断面的流速分布也受到断面形状、糙率、冰冻、水草、河流弯曲形态、水深及风等因素的影响。可以通过绘制等流速曲线的方法来研究横断面流速分布的规律，图 4-4 和图 4-5 分别为畅流期及封冻期等流速曲线示意图。

从图 4-4、图 4-5 及其他许多观测资料的分析结果表明：河底和岸边附近流速最小；冰面下的流速、近两岸边的流速小于中泓的流速，水最深处的水面流速最大；垂线上最大流速，畅流期出现在水面至 0.2 倍水深范围内，封冻期则由于盖面冰的影响，对水流阻力增大，最大的流速从水面移向半深处，等流速曲线形成闭合状。

在工程规划设计中，技术人员关注流速大小的意义主要表现在以下几个方面：

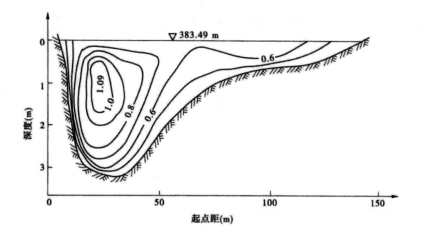

图 4-4　畅流期等流速曲线示意图

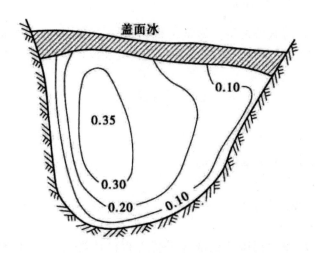

图 4-5　封冻期等流速曲线示意图

（1）河道的河床土质是否能满足设计最大流速的抗冲要求

这决定了是否对岸坡或河底采取防护措施。

（2）计算防护工程或水工建筑物河床冲刷深度时设计流速的选取

这里需要注意不同的公式要求的流速概念是不同的，比如说，在冲刷深度的计算公式中，波尔达科夫公式流速为坝前的局部冲刷流速，马卡维耶夫公式和张红武公式中流速则是坝前行进流速。

另外，由于水沙运动及其河床变形的复杂性，设计人员对流速进行准确选择是相当困难的。如果取断面平均流速作为行进流速，难以反映流速对工程的直接作用，且偏小；而若采用大水行进流速或建筑物前的瞬时最大流速，不仅缺乏测验资料，而且偏大甚多。因此，在设计中大多是根据河道的实际特点概化合理的流速范围，最终结合经验选择。对设计人员来说，在实际工作中能够收集或者掌握的是某个断面位置某一点的实测流速值或者根据水面线推求计算得到的某个河道大断面的平均流速，这就需要注意不同流速之间的换算。若知道断面流量、河道大断面地形，可采用下式计算局部水流流速：

$$v_j = \frac{Q}{(B-b')h_0}\frac{2\varepsilon}{1+\varepsilon}$$

（4-20）

式中 ε —— 流速分布不均匀系数；

B —— 河宽，m；

Q —— 流量，/s；

b' —— 丁坝沿水流方向的投影长度，m；

h_0 —— 行近水深，m。

三、工程顶高程的确定

对于有防洪任务的城市河道，通常工程顶高程是指堤防的设计高程，根据《城市防洪工程设计规范》（GB/T 50805—2012），堤顶设计高程应按照下列公式确定：

$$Z = Z_p + R + e + A$$

（4-21）

式中 Z —— 堤防顶超高，m；

Z_P —— 设计的洪（潮）水位，m；

R —— 设计波浪爬高，m；

e —— 设计风壅增水高，m；

A —— 安全加高，m。

R、e、A 的值可按现行国家标准《堤防工程设计规范》（GB 50286-2013）的有关规定计算。

对于以排涝任务为主的城市河道，工程顶高程是指岸顶的高程，可按以下2种工况的最大值确定：

一种工况是正常蓄水期，岸顶高程按照正常蓄水水位＋安全超高确定；另一种工况是排涝期，岸顶高程按排涝水位＋波浪爬高＋安全加高确定。

第二节　亲水安全

一、亲水水质要求

（一）水质标准

一般城市水利工程的水源来自两个方面：河水以及地下水，各种景观因其要求的效果不同，对水质的要求也有很大区别，共分为A、B、c三类标准。

A类：主要适用于天然浴场或其他与人体直接接触的景观、娱乐水体。

B类：主要适用于国家重点风景游览区及那些与人体非直接接触的景观娱乐水体。

C类：主要适用于通常景观用水水体。

（二）水质评价

1．评价方法

一般可采用单因子法与综合加权法对河道水体进行水质评价。下面对单因子法和综合加权法给予介绍。

（1）单因子法

单因子法是以水体单个指标与标准值的比较是依据来评价水质的一种方法，计算公式如下：

$$P_i = C_i / S_i \qquad （4-22）$$

式中 P_i —— 超标倍数；

C_i —— 第 i 项污染参数的监测统计浓度值；

S_i —— 第 i 项污染参数评价标准值。

（2）综合加权法

综合加权法将综合指标与水质类别统一起来进行分析，计算公式如下：

$$I_j = q_j + \rho \times \sum_{i=1}^{m} \frac{W_i}{\sum W_i} \cdot \frac{C_i}{S_i} \qquad （4-23）$$

式中 I_j —— j 断面综合指数；

q_j —— j 断面综合水质类别的影响，当水质类别为 I、II、III、IV、V 类时分别对应 1、2、3、4、5，水质超过 V 类水质时定义为劣 V 类水质，q_j 取 6；

ρ —— 经验系数；

W_i —— 第 i 项污染指标的权重；

其他字母含义同前。

ρ 的作用是满足式（4-24）：

$$\rho \times \sum_{i=1}^{m} \boxed{} \frac{W_i}{\sum W_i} \cdot \frac{C_i}{S_i} \leqslant 1 \qquad （4-24）$$

ρ 的选取既要保证式（4-24）的成立，又要具有较高的分辨率。当水质类别为 I 类时，ρ 取 1；II 类时，ρ 取 0.147；III 类时，ρ 取 0.145；IV 类时，ρ 取 0.141；V 类时，ρ 取 0.118；劣 V 类时，ρ 取 0.117。

W_i 的计算公式如下：

$$W_i = \frac{S_{ii}}{S_{i5}} \qquad （4-25）$$

式中 S_{it} —— 第，种污染指标 I 类水质标准值；

S_{i5} —— 第 i 种污染指标 V 类水质标准值。

很明显，这种方法计算的综合指数由整数与小数两部分组成，其优点在于，指数的整数部分代表了水质的类别，小数部分考虑了各污染指标的超标程度及其权重，说明了水体的污染程度。式中的 W_i 的确定是以污染物超标倍数对水质的贡献率大小为依据的，它的指导思想是基于《地表水环境质量标准》中的 I 类标准，同样的超标倍数，若达到更差类别水质标准，即说明此污染指标对水污染超标率贡献大，并且考虑综合指标与水质类别相一致，这在水质综合评价中具有一定的可比性。

2. 评价指标

根据功能要求，选定相应的水质标准作为评价标准，通过取样采用了合理的评价方法对水体中的高锰酸盐指数、总氮、总磷、色度、pH 和浊度等指标进行分析，说明水质达标情况。通常来说，高锰酸盐指数、总氮、总磷、色度、pH 和浊度的大小就代表了水体受污染的程度，也就是说，这类指标的数值是水体是否受到污染以及受污染的程度体现。

（1）氮和磷

氮和磷高含量是景观水体富营养化的根源，景观水质变化的主要原因是太阳光直接照射到池底，加上部分富营养化的生活污水的渗透，极易促进藻类的生长与繁殖。如果藻类的生长不能尽快处理，就会出现藻类疯长的现象，如水体变绿，水的底层变成黑色，甚至透明度降为零。同时，藻类在生长中还与观赏鱼争抢水中的氧气，使观赏鱼因为缺乏氧气而死亡。另外，水体藻类的繁殖会引起水体中溶解氧的消耗，导致水体缺氧并滋生厌氧微生物造成水体发黑发臭。一般来讲，水体中出现藻类大量繁殖生长，水质发生恶化，则在这种情况下仅靠水体原有的生态系统是难以完成自净的。通过科学研究发现，水菌藻类大量繁殖的原因在于水体中的磷和氮等营养成分。大多数水体的来源主要是补充河水、地下水和雨水，水中含有数量不等的磷和氮等营养元素，且水在空气中自然蒸发，水中的氮、磷不断浓缩，加上换水不及时、水体不流动，几乎是一潭"死水"，致使藻类以及其他水生物过量繁殖，水体透明度下降，溶解氧降低，造成水质恶化。

（2）高锰酸酸盐指数

高锰酸盐指数是指在一定条件下，以高锰酸钾为氧化剂，处理水样时所消耗的氧化剂的量。

水体中的高锰酸盐指数越低，表明景观水的水质越好；水体中的高锰酸盐指数越高，表明了景观水受污染状况越严重。

（3）浊度

水中含有泥土、粉砂、微细有机物、无机物、浮游生物等悬浮物和胶体物都可以使水质变得混浊而呈现一定的浊度。水的浊度不仅与水中悬浮物质的含量有关，而且与它们的大小、形状及折射系数等有关。浊度的高低一般不能直接说明水质的污染程度，但水的浊度越高，表明水质越差。

（4）PH

水的 pH 也就是水的酸碱度，它主要对水体和水岸边植物的生长产生影响，对水体中动物的生活以及水体中的微生物活动产生影响。

如果水体的 pH 太大或太小，就导致水体中的动植物和微生物不能正常活动，从而导致整个水体的自净功能瘫痪。

（5）水的色度

水的色度是对天然水或处理后的各种水进行颜色定量测定时的指标。水中溶解性物质和悬浮物两者呈现的色度是表色，水的色度是指去除混浊度以后的色度，是真色。纯水无色透明，清洁水在水层浅时应无色，水层深时为浅蓝绿色。天然水中含有腐殖酸、富里酸、藻类、浮游生物、泥土颗粒、铁和锰的颗粒等，所观察到的颜色不完全是溶解物质所造成的，天然水通常呈黄褐色。多数洁净的天然水色度在15 ~ 25 度，色度这一指标并不可清楚地说明水的安全性。

虽然色度并不能准确地表示水体的污染程度，但城市河道水体本身就是供人们欣赏所用的，人们从感官上只会注意水的颜色和味道，所以如果景观水的水体颜色较深的话，常给人以不愉悦感。水质分析结果显示，景观水的水体颜色越深，水体受污染状况越严重。

（三）水处理技术

城市河道水体的水质维护目标主要是控制水体中 COD、BOD5、氮、磷、大肠杆菌等污染物的含量及菌藻滋生，保持水体的清澈、洁净和无异味。水处理的目的是保证和保持整个景观水域的水质，使水景真正成为提高居民生活品质的重要因素。为了使水景的感官效果和水景的水质指标都能达到景观水景的设计和运行要求，就要有适用的水处理技术对景观水水体进行处理，进而使水景完美地展示出其效果。

1. 物理措施

在景观水处理的技术中，传统的治理方法就是引水换水法和循环过滤方法，虽然这些物理方法不能保证水体有机污染物的降低，彻底净化水质，但其能在短时间内改善水质，是水体净化的首选处理方法。

（1）引水换水

水体中的悬浮物（如泥、沙）增多，水体的透明度下降，水质发浑。可以通过引水、换水的方式，稀释水中的杂质，以此来降低杂质的浓度。但是需要更换大量的干净的水，在水资源相当匮乏的今天，势必要浪费宝贵的水资源。换水的效果依补水量而定，维持时间不确定，操作容易。

（2）循环过滤

在水体设计的初期，根据水量的大小，设计配套循环用的泵站，并且埋设循环用的管路，用于以后日常的水质保养。和引水、换水相比较，大大减少了用水量。景观水处理技术方法简单易行、操作方便、运行稳定，可以根据水系的水质恶化情况调整过滤周期。仅需要循环设备及过滤设备，运行简单，效果明显，自动化程度高，操作较为容易，但是需要专人管理。

（3）截污法

对城市河道首先考虑的是控制外源污染物的进入。截污就是指将造成水体污染的各个污染源除去，使水体不再受到进一步的污染，这也是保证水质达标的先决条件。

2. 物化处理

河道水体在阳光的照射下，会使水中的藻类大量繁殖，布满整个水面，不仅影响了水体的美观，而且挡住了阳光，致使许多水下的植物无法进行光合作用，释放氧气，使水中的污染物质发生化学变化，导致水质恶化，发出难闻的恶臭，水也变成了黑色。所以，可投加化学灭藻剂，杀死藻类。但久而久之，水中会出现耐药的藻类，灭藻剂的效能会逐渐下降，投药的间隔会越来越短，而投加的量会越来越多，灭藻剂的品种也要频繁地更换，对环境的污染也会不断地增加。用化学的方式处理水质，虽然是立竿见影的，但它的危害也是显而易见的。使用灭藻剂，设备成本（循环设备、加药装置）、运行成本（耗电、药剂费用）较高，虽操作较为容易，效果明显，但维持时间短，且需要专人管理。

因此，在采用化学法处理景观水水体时，可结合物理措施，这样可以使化学法和物理法共同达到最佳处理效果。

（1）混凝沉淀法

混凝沉淀法的处理对象是水中的悬浮物和胶体杂质。混凝沉淀法具有投资少、操作和维修方便、效果好等特点，可用于含有大量悬浮物、藻类的水的处理，对受污染的水体可取得较好的净化效果，城市景观河流、人工湖可以采用此方法。沉淀或澄清构筑物的类型很多，可除藻率却不相同，可根据实际情况选择合适的处理构筑物。

（2）气浮法

投加化学药剂虽然能使水体变清而且成本较低，但该方法并不能从根本上改善水质，相反长期投加还会使水质越来越差，最终使水体成为一潭死水。而气浮净水工艺处理效果显著且稳定，并能大大降低能耗，其对藻类的去除率能达到80%以上。气浮净水工艺具有如下主要优点：

①可有效去除水中的细小悬浮颗粒、藻类、固体杂质及磷酸盐等污染物

②气浮可大幅度增加水中的溶解氧

③易操作和维护，可实现全自动控制

④抗冲击负荷能力强

（3）人工曝气复氧技术

水体的曝气复氧是指对水体进行人工曝气复氧以提高水中的溶解氧含量，使其保持好氧状态，防止水体黑臭现象的发生。曝气复氧是景观水体常见的水质维护方法，充氧方式有直接河底布管曝气方式和机械搅拌曝气方式，如瀑布、跌水、喷水等，可以和景观结合起来运行，如喷泉、水墙。研究表明，纯氧曝气能在较短的时间内降低水体中的有机污染，提高水体溶解氧浓度和增加水体自净能力，达到改善环境质量的积极效果。

（4）太阳光处理法

一是在水中加入一定量的光敏半导体材料，利用太阳能净化污水。二是利用紫外线杀菌，紫外线具有消毒快捷、彻底、不污染水质、运作简便、使用以及维护的费用低等优点。紫外线消毒的前处理要求高，在紫外线消毒设备前端必须配置高精密度的过滤器，否则水体的透明度达不到要求，影响了紫外线的消毒效果。

3. 生化处理

生物界菌种的种类繁多，都有着相当复杂的生理特性，例如有固氮菌、嗜铁细菌、硫化细菌、发光菌等，这些微生物在生态系统中起着举足轻重的作用，离开了它们，自然界将堆积满动植物的尸体，到处都是垃圾。

在水生生态中，作为分解者的微生物，能将水中的污染物（包括有机物，某些重金属等）加以分解、吸收，变成能够被其他生物所利用的物质，同时还要让它能够降低或消除某些有毒物质的毒性。

微生物菌种在水体中，不仅要完成它基本的分解有机物，降低或消除有害物质毒性的作用，还要能将水生植物的残枝败叶转换成有机肥，增加土壤的有机质，并且对土壤进行改良，改善土壤的团粒结构和物理性状，提高水体的环境容量，增强水体的自净能力，同时也减少了水土流失，抑制了植物病原菌的生长。生态水处理无需循环设备的投资，但需增加对微生物培养的费用，包括充氧设备及调节水质的药剂等。

生化处理法的原理是利用培育的生物或培养、接种的微生物的生命活动，对水中污染物进行转移、转化及降解作用，从而使水体得到恢复，也可以称之为生物－生态水体修复技术。从本质上讲，这种技术是对自然界恢复能力和自净能力的一种强化。开发生物－生态水体修复技术，是当前水环境技术的研究开发热点。

（1）生物接触氧化

生物接触氧化广泛用于微污染水源水的处理，一般去除 CODMn、NH3-N 分别可达 20% ~ 30% 及 80% ~ 90%。若景观水体的初期注入水和后期补充水中的有机物含量较高，则可利用生化处理工艺去除此类污染物，目前广泛采用的工艺是生物接触氧化法，它具有处理效率高、水力停留时间短、占地面积小、容积负荷大、耐冲击负荷、不产生污泥膨胀、污泥产率低、无需污泥回流、管理方便、运行稳定等特点。

（2）膜生物反应器

在反应器中，用微滤膜或超滤膜将进水与出水隔开，并在进水部分培养活性污泥或投入培育好的活性污泥，曝气，其出水水质不仅可去除 CODMn，NH3-N，而且浊度的去除率极高。

（3）PBB 法

PBB 法是原位物理、生物、生化修复技术，主要是向水体中增氧与定期接种有净水作用的复合微生物。PBB 法可有效去除硝酸盐，这主要是通过有益微生物、藻类水草等的吸附，在底泥深处厌氧环境下将硝酸盐反硝化成气态氮，再上升至水面返还大气、抑制与去除水中磷、氮的化学机制虽不相同，但都需要充足的氧，氧是治理水环境的首要条件，所以 PBB 法采用叶轮式增氧机，它具有很好的景观水体治理功能。

（4）生物滤沟法

生物滤沟法是将传统的砂石过滤与湿地塘床相结合的组合处理方法，它采用多级跌水曝气方式，能有效地控制出水的臭味、氨氮值和提高有机物的去除效果。

（5）综合法

将曝气法、过滤法、细菌法、生物法有机地结合起来，以这样的环节处理景观水，将使景观水永远清澈、鲜活，不变质。

4. 生态修复法

生态修复法是一种采用种植水生植物、放养水生动物建立生物浮岛或生态基的做法－适用于全开放式景观水体。它以生态学原理为指导，将生态系统结构与功能应用于水质净化，充分利用自然净化与水生植物系统中各类水生生物间功能上相辅相成的协同作用来净化水质，利用生物间的相克作用来修饰水质，利用食物链关系有效地回收和利用资源取得水质净化和资源化、景观效果等综合效益。生态方法通过水、土壤、砂石、微生物、高等植物和阳光等组成的"自然处理系统"对污水进行处理，适合按自然界自身规律恢复其本来面貌的修复理念，在富营养化水体处理中具有独到的优势，是当前最常用和用得最成功的生态技术。

（1）生物操纵控藻技术

生物操纵是利用生态系统食物链摄取原理和生物相生相克关系，通过改变水体的生物群落结构来达到改善水质、恢复生态平衡的目的。其实现途径有两种：放养滤食性鱼类吞藻，或放养肉食性鱼类以减少以浮游动物为食的鱼类数量，从而壮大浮游动物种群。有研究认为，平突船卵蚤等大型植食性浮游动物能显著减少藻类生物量。而且有试验表明，放养滤食性鱼类可有效地遏制微囊藻水华。在实际应用中，生物操纵控藻技术的操作难度较大，条件不易控制，生物之间的反馈机制及病毒的影响很容易使水体又回到原来的以藻类为优势种的浊水状态。

（2）水生植物净化技术

高等水生植物与藻类同为初级生产者，是藻类在营养、光能和生长空间上的竞争者，其根系分泌的化感物质对藻细胞生长也有抑制作用。日本尝试过利用大型水生植物的生物活性抑制藻类生长。国内研究表明，沉水植物占优势的水体，水质清澈，生物多样性高。目前研究较多的水生植物有芦苇、凤眼莲、香蒲、伊乐藻等。浮床种植技术的发展为富营养化水体治理提供了新的思路，该技术以浮床为载体，在其上种植高等水生植物，通过植物根部的吸收、吸附、化感效应和根际微生物的分解、矿化作用，削减水体中的氮、磷营养盐和有机物，抑制藻类生长，净化水质。生态浮床技术进行水体修复试验，水体透明度、TP、TN 等指标均明显好转。利用水生高等植物组建人工复合植被在富营养化水体治理中具有独特优势，但要注意防止大型植物的过量生长，使藻型湖泊转变为草型湖泊，这会加速湖泊淤积和沼泽化，在非生长季节大型植物的腐败对水质的影响会更大，大型水生植物对河道、湖泊的船只通航也有一定影响。

（3）自然型河流构建技术

"亲近自然河流"概念很早就已经被人们提出了，在工程实践中也得到广泛的应用，这些构建自然型河流思路的共同特点是通过河流生态系统的修复，恢复、提高河流的自净能力。自然型河流构建技术主要包括生物和物理两部分。

多自然型河流构建技术的生物部分：应用的生物主要是水生植物和水生动物。利用水生植物净化河水的原理是利用水生植物如芦苇、水花生、菖蒲等吸收水中的氮、磷，有些水生植物如凤眼莲、满江红等能较高浓度富集重金属离子，芦苇则能抑制藻类生长。此外，水生植物还能通过减缓水流流速促进颗粒物的沉降。利用植物净化水体与自然条件下植物发挥净化河水的作用有不同之处，它必须考虑其中的不足之处。首先，大部分水生植物在冬季枯萎死亡，净化能力下降，对此，已经有使植物在冬季继续生长的研究报道；其次，植物收获后有处理处置的问题，处置不当，会造成二次污染，目前已有利用经济植物净化水体的报道。生物操纵法则是利用水生动物治理水体污染，尤其是治理富营养化水体。经典生物操纵法的治理对策是：放养食鱼性鱼类控制捕食浮游动物的鱼类，以促进浮游动物种群的增长，然后借助浮游动物遏制藻类，让藻类的叶绿素含量和初级生产力显著降低。

多自然型河流的物理结构：包括多自然型河道物理结构和生态护岸（河堤）物

理结构。多自然型河道物理结构建设的思路是还河流以空间，构造复杂多变的河床、河滩结构；富于变化的河流物理环境有利于形成复杂的河流动植物群落，保持河流水生生物多样性。目前，生态护岸常采用石笼护岸、土工材料固土种植基、植被型生态混凝土等几种结构。它们的共同特点是采用有较强结构强度的材料包覆部分或者全部裸露的河堤或者河岸，这些材料通常做成网状或者格栅状，其间填充有可以供植物生长的介质，介质上种植植物，利用材料和植物根系的共同作用固化河堤或者河岸的泥土。生态护岸在达到一定强度河岸防护的基础上，有利于实现河水与河岸的物质交换，有助于实现完整的河流生态系统，削减河流面源污染输入量。

（4）人工湿地

人工湿地是对天然湿地净化功能的强化，利用基质 – 水生植物 – 微生物复合生态系统进行物理、化学和生物的协同净化，通过过滤、吸附、沉淀、植物吸收和微生物分解实现对营养盐和有机物的去除。采用由砾石、沸石和粉煤灰填料组成的三级人工湿地净化富营养化景观水体，对总氮、总磷、COD、浊度和蓝绿藻的去除效果很好。利用水平潜流人工湿地修复受污染景观水体，湿地系统对有机物、总氮和总磷均有较好的去除作用，去除率随停留时间的延长而提高，温度、填料和植物种类对处理效果也有很大影响。人工湿地占地面积较大，并且填料层易堵塞、板结，限制了其在城市景观水体治理中的应用。

二、滨水景观设计的安全

近年来，城市环境迅猛发展，滨水景观空间一如既往地受到市民喜欢和亲近，而水安全隐患也令人深思，如何在滨水空间中营造既有休闲功能、美观效益，又具备高安全、低隐患的亲水空间环境，是滨水景观设计应重点考虑的问题。现代滨水景观中的亲水景观主要通过以下几种方法来营造：

第一，亲水道路。亲水道路是进深较小，有几米或者十几米的长度，也有几百米以及上千米长度的线形硬质亲水景观。

第二，亲水广场。亲水广场进深与长度都有几十至上百米，是大块而硬质的亲水景观。

第三，亲水平台。亲水平台是一种进深较小，宽度只有几米或十几米，长度也只有几十米的小块而硬质的亲水景观。

第四，亲水栈道。这是一种滨水园林线形近水硬质景观，是比亲水道路、亲水广场、亲水平台更加近水的一种亲水景观场所。有时亲水栈道离水面只有十几厘米、二十几厘米，游人可以伸手戏水及玩水。

第五，亲水踏步。这也是滨水园林线形亲水硬质景观，采用阶梯式踏步，可下到水面，阶梯宽 0.3 ~ 1.2 m，长几十米至上百米，便于游人安坐钓鱼或休闲戏水。这种亲水踏步比前述各种亲水景观更接近水面，更便于戏水娱乐，更能给人以亲水之乐趣、回归自然之情趣。

第六，亲水草坪。亲水草坪是滨水园林软质亲水景观。设计缓坡草坪伸到岸边，离水面 0.1 ~ 0.2 m，水底在离岸 2 m 处逐渐向外变深，岸边游人可戏水娱乐，伸脚踏水，其乐无穷。岸边可用灌木或自然山石砌筑，既可固岸，又有亲水岸线景观变化。

第七，亲水沙滩。亲水沙滩也是一种软质亲水景观，可容纳大量人流进行各种休闲娱乐。它充分利用滨水资源，创建不同于海滨沙滩的独特休闲空间，为内陆游客提供出与众不同的体验。

第八，亲水驳岸。这是一种线性硬质亲水景观。亲水驳岸的特点：驳岸低临水面，而不是高高在上，这种驳岸压顶离水只有 0.1 ~ 0.3 m，让游人亲水、戏水。驳岸材料不是平直的线条，而是高低错落的自然石或大小不一的方整石、卵石，自然散置在驳岸线上，取得与周围环境和谐的亲水景观效果。

不论采用哪种方式营造亲水景观，在设计中都要注意亲水的安全性，本书将常见滨水空间内与人行为安全和心理安全相关的因素列举出来，通过分析各个因素的种类和特点，提出在亲水空间设计中所应注意的事项以及关注的重点，为今后亲水景观空间设计提供参考。

（一）亲水平台设计

现有常见的亲水平台大体分为两种，分别是内嵌式和出挑式。内嵌式距离景观水较远，亲水性差，但是能够保证安全性。外挑式亲水平台亲水性较好，但是安全性较差，尤其是相对较深的水体，对在平台上活动的人群存在安全的隐患和心理上的不适感。亲水平台的设计和定位须与场所功能性质相结合，如内嵌式平台适合远望水景，可营造良好的景观观望点；出挑式平台设计可作为亲水、戏水的功能空间，设计中须充分考虑景观水深和水质条件。

在进行段计时，首先应满足项目所在地相应的设计规范，比如《公园设计规范》中就明确说明，在近水区域 2.0 m 范围内水深大于 0.7 m，平台须设栏杆。

有几十米的小块而硬质的亲水平台，在静水环境可设踏步下到水面，按安全防护要求，一般应设栏杆，在离岸 2 m 以内水深大于 0.70 m 的情况下，栏杆应高于 1.05 m；如果离岸 2 m 以内水深小于 0.7 m 或实际只有 0.30 ~ 0.50 m 深，栏杆可以做 0.45 m 高，可以利用座凳栏杆造型，既可供休闲娱乐观光，又有一定安全防护功能。如果实际水深只有 0.30 m，可不设栏杆。通常各处亲水平台，在动水环境下，应设高于 1.05 m 的栏杆。

（二）驳岸设计

现有常见的驳岸形式大体为草坡入水驳岸、景观置石驳岸、亲水台阶式驳岸、退台式驳岸、垂直立砌驳岸等。

草坡入水驳岸、景观置石驳岸实际较为安全，设计多可结合植物种植营造生态型野趣驳岸，这种驳岸亲水性较好。退台式驳岸整体安全性不够，台地与台地之间也存在安全隐患，设计须结合栏杆和防滑措施。垂直型驳岸空间呆板无趣，并且有一定心理不安的感觉，设计需结合栏杆保证场地安全性，在垂直驳岸上可营造立体绿化，增添水岸景观性。

（三）安全设施设计

滨水空间设施从安全性角度上分为栏杆、小品、标示及指示系统等。设施指引着使用者正确、安全的行为方式，承担场地空间的提示与维护的作用，在不同安全系数的滨水空间设置不同特点的设施，来保证使用者的安全。同时在设计中，充分考虑场地功能和使用人群的特点。

栏杆设计，从视觉效果上分为软质形式和硬质形式。软质栏杆能够保证使用者的亲水性，但是无形中怂恿了戏水者的过度亲水行为，存在安全隐患。硬质栏杆安全系数较高，但是会阻碍市民的亲水行为。栏杆从材质上可分为金属栏杆、木质栏杆、混凝土栏杆、石材栏杆、混合型栏杆等。

在栏杆的设计上主要有以下两个问题：一是栏杆尺寸不当，不符合人体工程学尺寸或未达到当地规范要求。二是栏杆的设置位置不当，并未能与其他景观构件形成良好的结合。从亲水空间管理方面，栏杆维护也是至关重要的，不稳固的栏杆安全隐患非常严重，很容易造成市民落水事故。《公园设计规范》中规定：侧方高差大于 1.0 m 的台阶，应设护栏设施；凡游人正常活动范围边缘临空高差大于 1.0 m 处，均设护栏设施，其高度应大于 1.05 m；护栏设施必须坚固耐久且采用不易攀登的构造。

景观小品作为直接与人相接触的设施，其尺寸和材料的确定须考虑人的行为习惯和心理习惯。

滨水空间是市民最喜爱的去处，人们往往在游玩尽兴时，忽略了人身安全，所以空间安全标示系统尤为重要。包括水深危险警示牌、临时性安全隐患警示牌、防滑警告牌等多种人性关怀的设施能够保证滨水空间使用者的人身安全。在垂直型驳岸处还可设置小平台或者水下脚踏台等自救设施，以保证不幸落水的使用者能够顺利自救。在滨水空间设计中，还需要在合适的位置安排安全的无障碍设施，提高了弱势群体的使用安全性。

（四）铺装设计

铺装材质的确定关乎使用者的步行安全，尤其是在亲水铺装区，铺装上容易溅上水珠，增大了安全隐患。滨水空间主要选用防滑效果较好的铺装材料。常用的铺装材质分为石材、防腐木、植草、混凝土、沥青、金属、玻璃等。其中防腐木、沥青、植草较为安全。石材铺装须选用荔枝面或毛面材质，禁止选用磨光面石材铺装材料。金属和玻璃铺装材料安全系数较低，在滨水场地设计中建议慎用。

为保证安全性，铺装设计中可加入指示性色带或者其他材质的铺装带，以提示游人正确、安全的游憩方向。

（五）照明设计

滨水空间的照明不但可以保证游人夜间的安全通行，而且还可增添滨水空间夜景的魅力。行人在夜间通行时，无充足的灯光照明，有些写在高台边界的警示语无法看见，容易发生意外事故。

照明在形式上分为基础性照明和氛围性照明。色彩心理学显示，冷白色和蓝色

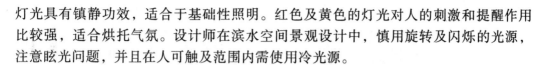

灯光具有镇静功效，适合于基础性照明。红色及黄色的灯光对人的刺激和提醒作用比较强，适合烘托气氛。设计师在滨水空间景观设计中，慎用旋转及闪烁的光源，注意眩光问题，并且在人可触及范围内需使用冷光源。

（六）植物景观设计

植物是滨水空间重要的景观资源，同时在人行为安全方面起着重要的作用。合理的植物设计，不仅增添空间的色彩化和多样性，还可保证使用者行为的条理性和安全性。设计可在水边种植绿篱，以形成人与水的隔离。植物还可以结合栏杆、设施共同指引使用者正确的行为方向，以保证使用者的人身安全。

除上述相关因素外，设计师还可以增设安全急救设施、逃生指示牌等，在意外事故发生时，第一时间实施营救或自救。

第三节 生态安全

一、生态流速

生态流速是指为了达到一定的生态目标，使河道生态系统保持其应有的生态功能，河道内应该保持的最低水流流速。生态目标包括：

第一，水生生物及鱼类对流速的要求，如鱼类洄游的流速、鱼类产卵所需的刺激流速等；

第二，保持河道输沙的不冲不淤流速；

第三，保持河道防止污染的自净流速；

第四，若是入海河流，需保持其一定入海水量的流速等。

二、植被的抗冲流速

图 4-6（a）是英国建筑工业研究与情报协会原型试验结果，图 4-6（b）是英国奈特龙公司资料，图 4-6（c）为国内河海大学所做的试验研究成果。

综合分析，覆盖情况一般的草皮，在持续淹没时间 12 h 以内，其极限抗冲流速可达 2 m/s 以上。因此，在特别重要的部位，以及流速大于 2 m/s 时，对常水位以上的草皮护岸，应采取加强措施，如采取土工织物加筋、三维网垫植草等措施。

同时应当指出：土壤的结构、植被种类、植被生长的密度及不均匀程度等均在不同程度上影响着草皮的抗冲性能。

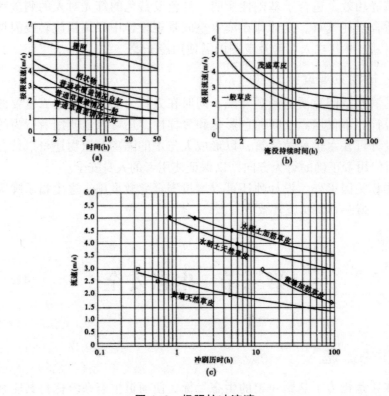

图 4-6　极限抗冲流速

第五章 城市滨水景观建设规划

第一节 滨水景观规划设计与规划

一、滨水景观规划设计概述

（一）滨水区和滨水景观

1. 滨水区

滨水区是某一特定水域及其相关构成物形成的空间总称，由水域、陆域、水际线三者构成，是滨水景观设计的对象和前提，可以分为自然滨水区和人工滨水区两大部分。其中人工滨水区包含的类型更为多样化。城市滨水区与人类的各种互动紧密相连，直接影响着城市居民的生存状态和生活质量，是包含了复杂的自然生态、社会文化、科学艺术在内的复合系统。由于其具备优美的亲水场景和舒适的休闲娱乐条件，因此成为城市中最富有经济生命活力及审美价值的区域。

2. 滨水景观

滨水景观是指特定水域与周边相关陆域、水际线等所形成景观的总称。水域包括海洋水域、湖泊水域、江河水域、湿地水域等；陆域指与陆地紧密相连的植物群落、生物群落、建筑物或者其他人文行为结果等要素；水际线是水域和陆域划分的边界，连接着水陆上的各种要素，水际线的景观轮廓将处于水天之间的陆地以及陆上景观汇于一体，是滨水景观中最具魅力的区域。

一般来说，城市滨水区域的界定可以按滨水对人的诱导距离来确定，抽样调查结果表明，良好的水陆环境对人的诱导距离为 1～2 km，相当于步行 15～30 分钟的距离。如果利用自行车、汽车、地铁等交通工具的话，诱导圈会更大。水际空间所包括的水域在 200～300 m，同视觉的中景区相近。

（二）城市滨水区类型及其景观特征

1. 城市滨水区类型

（1）按土地使用性质分类

可分为滨水商业金融区、滨水行政办公区、滨水文化娱乐区、滨水住宅区、滨水工业仓储区、滨水港口码头区、滨水公园区、滨水风景名胜区、滨水自然湿地等。

（2）按空间形态分类

可分为带状滨水空间和面状滨水空间。带状滨水空间如江、河、溪流等。江、河、溪流的宽度不同，形成的带状滨水空间尺度也不同。如江南水乡的滨水空间与黄浦江的滨水空间就明显不同，前者滨水尺度小，两岸关系更为密切。面状滨水空间如湖、海等，这种空间类型一边朝向明显开阔的水域，同时更强调另一边的景观效果。

（3）按空间特色分类

①西方传统滨水区，典型代表是威尼斯水城，除在滨水建筑特征上所体现出的不同文化传统外，城市河道空间更具有层次感，更强调滨水活动的多样性。

②东方传统滨水区，典型代表是中国江南水乡，如周庄等。主要特点是水陆两套互补的交通系统，形成多样的滨水街道和广场、桥梁景观等，江南水乡可以充分体现出东方传统滨水空间的有机性、自然性和历史文化性。

③现代滨水区，典型代表是上海黄浦江外滩地区。随着全球城市化的进展，许多传统的滨水区正面临着各种冲击 —— 水体污染、环境污染、噪声污染等，严重影响了滨水人居环境。因此，现代滨水区面临着如何改善城市滨水环境、恢复已经失去的滨水文脉的问题。

（4）按城市景观生态学分类

①斑块性质的滨水区，主要指属于斑块类型的环境资源斑块。例如局部地区的湖沼、池塘区域，在环境资源斑块与本底之间，生态交错带较宽，两个群落之间的过渡也较缓慢。

②廊道性质的滨水区，主要指河道、河漫滩、河岸和高地区域。其主要的效应为限制城市无节制发展，吸收、排放、降低和缓解城市污染，减少中心区人口密度和交通流量，使土地集约化、高效化，其主要功能在于生态价值和社会经济价值。

2. 城市滨水区景观特征

由于滨水区特有的地理环境，以及历史发展过程中形成的和水密切联系的特有文化，滨水区具有城市其他区域所没有的景观特征。

（1）敏感，性、多样性

滨水区作为不同生态系统的交汇地，具有较强的生态敏感性，包括潮汐、湿地、动植物、水源等自然资源的保护问题，这一直是滨水区规划开发中首先要解决的问题。同时，滨水区作为市民的主要活动空间，和市民的日常生活密切相关，对城市生活也有较强的敏感性。

滨水区的多样性有地貌组成多样性、空间分布的多样性和生态系统的多样性三个层次。滨水空间景观由水域、陆域、水陆交汇三部分组成，有建筑、城市、景观三个层次的叠合，有水生系统、陆生系统、水陆共生系统的融合。

（2）公共性、开放性

城市滨水区是构成城市公共开放空间的主要部分，具有高品质游憩、旅游资源，市民可以参与丰富多彩的娱乐休闲活动。滨水绿带、水街、广场、沙滩为人们提供了休闲、购物、散步的场所，滨水区已成为人们充分享受大自然恩赐的最佳区域。

（3）文化性、历史性

大多数的城市滨水区在古代作为港湾建造，是城市最先发展的地方，在外来文化与本地固有文化的碰撞、交融中，逐渐形成了兼收并蓄、开放、自由的港口文化，这也是港口城市独特的活性化的原因。在滨水区，很容易让人追思历史的足迹，感受时代的变迁。

（4）方向性、识别性

人之所以能够识别和理解环境，关键在于能在记忆中形成重要的客观环境形象。人们对城市的认识所形成的空间意象归纳为五个特征要素：通道、边界、区域、节点、地标。滨水空间包含了这 5 个空间意象的要素，其中通道是人们最直接、最为密切的空间感受，但河流等滨水空间正是最明显的通道空间。

（三）城市滨水区的景观构成

1. 人类活动景观

人类活动景观包括休闲游憩活动景观（休闲散步、郊游烧烤、垂钓骑驾等）、审美欣赏活动景观（揽胜摄影、写生写作等）、科技教育景观（考察探险、科普教育、文博展览等）、娱乐体育活动景观（健身演艺、划船、沙滩运动等）、休闲保健活动景观（疗养、日光浴等）、群众性活动景观（民俗节庆、社交聚会等）及其他活动景观。

2. 滨水区景观

（1）蓝带景观：水域和驳岸

水域包括河流、湖泊、海洋、沼泽等多种类型的水体形态，是宝贵的自然资源，是滨水区最有自然特性的构成部分。驳岸是水域与陆域的交界线，是滨水区的最前沿。驳岸设计的好坏直接决定滨水区能否成为人们喜欢的空间，规划设计时，第一必须注意它的治水性质，只有充分发挥治水功能，人们才能在水边安心游玩；第二要保证亲水性，无论在哪里，人们都应能看到水面，可接触到水；第三是安全性，在保证人们亲水的同时一定要重视安全设计。

除此之外，滨水区水边展示的各种景致会给人们带来很深的印象，如何在水边展示出特别的节目是把握滨水区开发成功与否的关键，船舶、灯塔、雕塑等都能为人们带来愉悦的享受。

（2）绿带景观：滨水区绿化

滨水区绿化具有防止水土流失，维持滨水地貌特征，吸收二氧化碳，放出氧气，吸滞烟灰、粉尘，调节改善小气候，吸收及隔挡噪声等重要的生态功能。同时，滨水区绿化也具有强烈的景观功能，给居民带来湿润的空气与愉悦的心情。如果护堤的景观不理想，那滨水区绿化就是重要的弥补，通过绿化遮挡僵硬的驳岸，树木形成群落，成林成带，改善气候。需要注意的是，不可过度种植，要保证水边眺望效果，通过水面的街道的引导，保证合适的风景通视线。

（3）灰带景观：滨水硬质景观

建筑轮廓线：通过建筑物轮廓的统一，可以创造出滨水区地域性的整体性和独特的个性，也有助于形成易识别的街道。

滨水广场：滨水广场赋予城市丰富的情态，城市滨水区常以广场为中心，建造开放空间，广场便成为滨水带型空间的节点，保证任何城市居民都能到达水边，和水亲近。

滨水步行道：滨水区设置步行道，可以使人们自由行走，愉快地欣赏滨水空间，感受滨水区的良好价值，同时又能联系城市街区和滨水区。

景观小品：通过铺地、栅栏、缘石、椅子等小品限定不同的空间，保证滨水区安全，增添变化，供人休息。

陆标：陆标是一个地区的象征，它使人们易于识别位置及方向，有助于形成易识别的滨水构成。滨水区的陆标可以使来访者由此获得对该城市的第一印象，采用和水有关的设计可以进一步烘托出滨水区这一地域的个性和气氛。

夜景照明：夜景照明不仅给夜晚增添美景，白天也能起到路景变化的作用，特别是在滨水区，利用彩色照明器具，更能创造出一种港湾的气氛，但精致的灯具也是建筑师创造力的表现。

（四）滨水景观规划设计的发展趋势

目前，世界各国越来越重视滨水区景观，通过精心设计滨水空间，使其具有快速便捷的交通条件、舒适优美的环境和多种的功能区，在建设形式、环境设计上各具特色，成为城市重要的旅游资源。显而易见的是，滨水区域开发引领了城市经济的发展，无论是滨水区功能、用地结构的挑战，还是环境的更新改造，主要目的都是改善环境形象，吸引外部投资，促进城市经济的发展。很多时候，滨水区的形象就代表了城市形象，世界各大城市开始认识到城市形象的重要性，通过各层面，尤其是滨水区的城市设计，来提升整个城市形象，从而促进城市社会、经济、环境、文化等各方面的发展。必须注意的是，要保证滨水景观开发利用的可持续发展，树立发展战略目标，使滨水区的建设朝着利于市民生活、环境良性建设的方向发展，

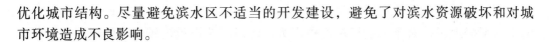

优化城市结构。尽量避免滨水区不适当的开发建设，避免了对滨水资源破坏和对城市环境造成不良影响。

二、滨水区景观专项规划

（一）滨水区发展目标及战略

①发展目标。通过对滨水区的景观规划设计，确立综合发展的目标，加强滨水区的经济活力，并使其满足作为公众活动的城市开放空间的社会职能。保护滨水区的自然生态环境，维持滨水区的生态平衡；满足多元化的城市职能需求，维持滨水区的活力；保持滨水区现有的文化遗迹，塑造有特色的城市生活空间和城市形象，再现滨水区的发展潜力。

②发展战略。确定滨水空间在城市分布网络中的形态特征，滨水区各职能分区分段特性和标志性的核心区域；重点突出实质空间上和心理意象上的区域；辐射影响范围的确定与划分，包括在社区、本市、省、全国、全球范围内影响范围的确定和划分等。

（二）城市水景观功能划分

1. 城市水景观功能划分应遵循的原则

城市水景观功能划分是城市水景观规划和建设的前提，城市水景观功能划分是按照一定的原则、依据、指标，把一系列相互区别、各具特色的水景观按其功能进行个体划分，揭示水景观的内部格局、分布规律、演替方向。水景观功能划分实际就是从功能着眼，从结构着手，通过水景观功能区的建立，全面反映其空间结构与景观功能特征，以此作为水景观规划、评价、建设和管理的基础。

城市是人类活动最频繁的地域，城市水景观功能划分必须坚持以人为本的原则。但水景观建设又必须在尊重自然和保护生物多样性的前提下进行，坚持尊重自然的原则。

城市水景观是城市的一部分，是城市总体景观的重要组成部分，因此对其进行功能划分时应坚持与总体规划相协调的原则，与城市功能分区相协调，并充分体现与城市总体景观的协调性，做到综合考虑、统筹兼顾、协调优美。

城市水景观功能划分不仅要与城市总体景观相协调，而且应坚持与水功能区划相协调的原则，只有这样才能实现城市水系的水安全、水资源、水环境、水景观及水文化的协调。

2. 城市水景观功能划分的要求

城市功能分区将城市中各种物质要素，如住宅、工厂、公共设施、道路、绿地等按不同功能进行分区布置组成一个相互联系的有机整体，分成工业区、居住区、商业区、商务区、风景区等。其中，工业区是指城市中工业企业比较集中的地区；居住区是指城市中由城市主要道路或片段分界线所围合，设有与其居住人口规模相应的、较完善的、能满足该区居民物质与文化生活所需的公共服务设施的相对独立的生活聚居地区；商业区是指城市中市级或区级商业设施比较集中的地区；商务区是指大城市中金融、贸易、信息和商务办公活动高度集中，并附有购物、文娱、服务等配套设施的城市中综合经济活动的核心地区；风景区是指城市范围内自然景物、人文景物比较集中，以自然景物为主体，环境优美，具有一定规模，可以供人们游览、休息的地区。

水景观功能区划分应基于城市功能的已有定位和分区，根据城市中工业区、居住区、商业区、商务'区、风景区等功能区对水景观的不同需求，体现不同分区中的水景观特色。

水景观功能区划分应与城市功能分区相适应，可分为绿色防护型景观功能区、生活休憩型景观功能区、商务休闲型景观功能区、旅游观赏型景观功能区以及城市郊区的自然原生型景观功能区、历史遗址的历史文化型景观功能区等，并符合下列要求：

第一，城市中工业企业比较集中的工业区，水景观功能区可划分为绿色防护型景观功能区，以水系沿岸绿化为主，营造工业企业周围生态和环境的绿色防护型水景观。

第二，城市中人们生活聚居的居住区，水景观功能区可以划分为生活休憩型景观功能区，以休闲廊道、景观小品、体育设施为主，营造适合居民生活休憩的水景观。

第三，城市中商业设施比较集中的商业区和商务区，水景观功能区可划分为商务休闲型景观功能区，结合购物、文娱、服务等配套设施，营造适合商务休闲的水景观。

第四，城市范围内自然景物、人文景物比较集中的风景区，水景观功能区可划分为旅游观赏型景观功能区，以自然景物或人文景物为主体，营造环境优美，可供人们游览、休憩的水景观。

第五，城市郊区开发程度较低的区域，水景观功能区可划分为自然原生型景观功能区，以原生景观为主，布置各种适合周末城市居民全家休闲、野营、垂钓的场所，使居民体味到回归自然的舒适感。

第六，城市历史遗址区域，水景观功能区可以划分为历史文化型景观功能区，充分挖掘历史文化内涵，营造展现历史水文化的景观。

（三）水景观建设规划原则

1. 与城市总体规划相协调原则

城市水景观规划是城市总体规划的具体体现和落实，总体规划为水景观规划确定了总体目标、城市格局、廊道范围及基质方案，因此水景观规划必须遵循总体规划。

2. 环境保护和生态修复优先原则

城市水景观规划必须坚持与周边环境相协调的原则，强调景观空间格局对区域生态环境的影响与控制，通过格局的改变来维持景观功能的健康与安全，把景观客体和"人"看作一个生态系统来规划，它的基本模式就是"斑块—廊道—基质"模式。

3. 空间格局和节点耦合原则

城市水景观在空间上应构建水面景观、滨水景观、沿岸景观的多层次格局，在形式上应体现景观斑块、景观廊道、景观节点等的耦合。水景观中的斑块指与周围环境的外貌或性质上不同，并具有一定内部均质性的空间单元，如城市湖泊、水库、水塘、植物群落或居住区等；廊道是指水景观中的相邻两边环境不同的线性或带状结构，如城市河道、绿色长廊、防护林等；节点是指比较集中的具体景观，如水榭凉亭、雕塑喷泉等，景观斑块、景观廊道和景观节点构成了城市水景观的基本元素。

4. 以人为本和人水相亲原则

受现代人文主义影响的现代水景观规划更多考虑了"人与生俱来的亲水特性"。以往，人们惧怕河水，因而建设的堤岸总是又高又厚，将人与水远远隔开，而科学技术发展到今天，人们已经能较好地掌控水的四季涨落特性，因而亲水性规划设计成为可能。城市滨水景观规划设计的最终目的是应用社会、经济、文化、艺术、科技等综合手段，来满足人们在城市环境中的生存与发展。城市的主体是人，服务对象是人，因而城市滨水景观必须满足人类居住、生存、发展与出游、愉悦等要求。滨水景观要满足人类生理与心理的需求，应体现对人的关怀，根据人的活动行为特点和心理活动特点，创造出满足各种需要的空间。要充分考虑到城市居民的要求，建设一些与城市整体景观相和谐的滨水公园、亲水平台、亲水广场等，让城市的滨水空间成为最引人入胜的休闲娱乐空间。

5. 师法自然的原则

地形地貌、河流湖泊、原始植被等要素是城市主要的景观资源，是城市景观的基础。但是，现代城市的发展，大量的人工景观替代了自然景观，使得城市环境已经远离了大自然。长期生活在繁华城市的居民已经厌恶了这种拥挤、嘈杂、繁忙的环境，追求和向往大自然。因此，在城市滨水景观设计中，应尽可能地总结古代城市滨水景观的塑造方法，师法自然，将大自然引入现代城市。在钢筋混凝土建筑林立的都市中，积极合理地引入自然景观要素，不但对实现城市生态平衡、维持城市的可持续发展具有重要意义，而且以自然的柔美特征"软化"城市的硬体空间，为城市景观注入了生气和活力。如今"山水园林城市"已经成为城市景观规划和建设的主导思想，应尽可能在开阔的城市滨水空间合理增加林地、水系等自然景观，构建自然生态环境。

6. 系统化与整体化原则

城市滨水区域是一个自然循环和自然地理等多种自然力综合作用的过程，这种过程构成了一个复杂的系统，系统中某一因素的改变都将影响到景观面貌的整体。所以，在进行滨水景观设计时，首先以系统的观点对滨水区进行全方位的考虑，合理规划景观景点，将人工景观与自然景观有机地结合，形成了统一优美的景观风景线。

7. 生态原则

滨水区是水域生态系统和陆地生态系统的交界处，具有两栖性，并受到两种生态系统的共同影响，呈现出生态的多样性。作为城市的命脉，滨水区维护着城市生命的延续，不仅承载着水体循环、水土保持、维护大气成分稳定的运作功能，而且能净化空气，改善城市小气候，有效调节城市的生态环境，增加自然环境容量，促使城市持续健康地发展。因此，在塑造滨水景观时，应当充分地考虑滨水区生态环境的平衡性，避免破坏滨水区生态结构，维系生态城市建设。

8. 文化脉络延续原则

在人类活动的作用下，滨水区作为文化灵魂的载体存在于城市之中，它集中体现了城市深厚的文化积蕴和丰富的物质文明。滨水景观是人类的生活理想和创造能力在自然水环境中的凝结化和形态化，是人与水的结合点，是人类在自然景物中倾入情感的结晶。塑造城市滨水景观时，不能忽视滨水区历史的沉淀、文化的内涵。从文化要素这个意义上来讲，应该全面去了解它的历史与演进，体验它的特色与脉络，收集它的人文与传说。源于生活、源于历史的精辟提炼，这样的滨水景观才能真正体现出城市的特色和文明。

（四）景观规划的核心理念

1. 恢复生态环境

提高水岸的自然度，采用生态驳岸设计、栽植乡土植物、小范围进行活水处理等措施，恢复滨水原有的生态环境，最大地限度地创造自然生态环境。

2. 治水与亲水并存

治水，是城市滨水区景观规划设计的前提和基础，也是城市政府进行滨水区开发建设的起因；亲水，全方位地提升了该地段的亲水品质，最大限度地满足了居民的亲水要求，以提升生态与心理的感受质量，这是滨水区景观规划设计的基本要求。

3. 展示城市生活

规划人们城市生活的舞台背景，满足人们休闲、娱乐、健身等多方面、多层次的需求，在视线上、空间上保证舞台的通透性，把滨河地区作为一个城市生活中的灵动变化空间，为枯燥的城市生活注入新的活力。

4. 创造可持续发展的城市空间

注重与历史文化密切融合，使其能作为整个城市活动的背景，创造出一个可持续发展的城市空间；相应地段的景观设计，结合周边环境新建或改造，使其成为城市空间的变奏；通过对传统城市空间形态的组合、叠加及变形，丰富城市空间的表情。

（五）水景观建设规划的内容和要求

1. 规划内容

城市水景观规划应包括以下内容：

第一，城市水景观空间布局，应根据水系规划布局和水景观功能区划，拟定水景观的水面—滨水—陆域空间格局，确定与城市总体规划相适应的水景观宏观方案。

第二，城市水景观规划设计，应根据水景观不同空间格局进行了规划设计，拟定水面、滨水和沿岸的水景观斑块、廊道和节点建设方案，确定水景观斑块、廊道和节点的具体范围和形态。

第三，涉水资源开发利用战略规划，应根据水景观规划布局，拟定涉水闲暇资源的开发方案，对城市总体战略进行分支与具体化。

第四，涉水游憩活动场所的规划设计，应按照水景观布局规划，设计游憩场所，制订活动计划，将景观作为一种思想、理念，渗透到城市规划设计当中。

2. 规划步骤

城市水景观建设规划应按以下步骤进行：

第一，水景观规划资料收集。应收集分析规划区域的界线、现状植被、动物区系的生境、水文和水力条件、土壤和地下水的情况，区域的地质状况、气候条件、景观结构，城市总体规划、经济社会发展规划、防洪排涝规划、景观及园林规划、旅游规划、水环境综合治理规划等。

第二，分析水景观的空间格局。应分析城市水景观空间分布的现状格局，与生态城市和环保模范城市要求进行比较，评价各项指标的基本状况，绘制图表，计算面积百分比，得出景观多样性指标。

第三，环境影响敏感性调查。应该调查对城市水环境影响敏感并且值得保护的自然水景观，以便在水景观规划中优先考虑。

第四，提出规划方案。应根据城市总体规划确定的目标和城市水系建设的具体要求，提出城市水景观规划方案。

3. 规划要求

城市水景观建设应以不影响防洪排涝、航道运输、饮用水水源等基本功能为前提，综合考虑水域条件及周边景观，因地制宜采用自然造景和人工造景的方法进行规划。

城市河湖滨水区景观建设应符合下列要求：

第一，城市水景观应注重河湖滨水区景观建设。滨水区景观建设除了应符合城市规划、设计原则外，还应突出以下特点：

—— 滨水区应体现共享性。

—— 滨水区和全市应为一个整体。

—— 应注重与防洪要求的协调。

—— 应把握全局景观特色。

—— 应坚持人与自然和谐相处的观念。

第二，河湖滨水区景观建设首先应保护滨水沿岸的溪沟、湿地、开放水面和动植物群落，进行滨水生物资源的调查和评价；其次应建立完整的滨水绿色廊道，即滨水区需要控制足够宽度的绿带，在此控制带内严禁修建任何永久性的大体量建筑，并要求与周围的景观基质连通，推广使用生态型护岸；再次滨水开放空间应与城市内部开放空间系统组成完整的网络。

第三，河湖沿岸景观建设应根据陆域景观建设的相关理论和方法进行，和水面景观和滨水景观协调一致。

（六）滨水区景观规划与城市土地利用规划的衔接

1. 地块划分

地块划分应该有利于土地的开发使用，要保证地块性质的单一，避免互不相容用地之间的相互干扰尊重现有用地产权或使用权边界；考虑土地价值的区位级差；兼顾基层行政管辖界限，便于现状调查和资料收集。

2. 用地性质确定

一级临水区（0 ~ 30m）：绝对公共区域，适宜地布置绿地、广场、公园及配套商业等。

二级临水区（30 ~ 100m）：相对公共区域，适宜布置公共设施、商业等。

腹地区（> 100m）：相对非公共区域，适宜布置居住、商业等。

3. 基本控制原则

严格控制滨水土地利用性质，并保证一定的兼容性；确定建筑后退滨水控制线，保证一定宽度的自然生态和绿化用地，以植物造景为主，强调整体性，形成一条连续走廊；保证滨水开放用地的可达性，方便游人自由出入河流、湖泊、海洋等水体；重点地段布置城市广场、公园等人流集中的场所，充分地结合地方历史文化，满足居民日常游憩与游客观光览胜之需。

4. 基本控制指标

基本控制指标分为规定性指标和指导性指标两大类，前者是必须遵照执行的，而后者是参照执行的。规定性指标包括：用地性质、用地面积、土地与建筑使用兼容性等用地控制指标；容积率、建筑密度、绿地率、人口容量等环境容量控制指标；建筑高度、建筑间距、建筑后退红线等建筑形态控制指标；交通出入口方向、停车位等交通控制指标。指导性指标包括：重点地段建筑形式、色彩、体量、风格等建筑设计引导；市政公用设施、交通设施、生活服务设施与管理要求等配套设施的控制。

需要特别指出的是，除了上述的规定指标，滨水区"人流密度"也是一个重要的概念。人流密度不同于人口容量，是指活动的人群的密度，是一个弹性控制的指标，可以分别对应于公共空间、半公共空间及私密空间。

第二节　城市河流滨水景观规划

一、城市河流滨水景观的设计要素

从物质构成和文化构成层面对河流滨水景观进行分类。

（一）物质构成层面

城市河流形态：河流形态一般是由河床的生成形式变化来决定的。不同地形条件下，河床的宽度、深度、河岸的结构关系与曲直急缓等，都影响着河流的形态形成。也基于此，河流的形态在一定程度上对城市河流滨水景观的氛围营造起着举足轻重的作用。

河流与沿岸的构成物：河水和河床、驳岸和阶梯、堰与桥、建筑与植物、人与船只、城市中景与远景以及其他人工景物等。在以往的河流景观设计时，常以流水和水边作主题，或者是以沿河建筑物为中心作城市景观的主题。此时，建筑物和植物的形态作为景观的主题是否协调是问题的关键。河宽和沿河建筑物的高度的关系、简单剖面是否符合整体剖面、岸边是否有路、单侧还是双侧、人接触河流空间的程度、河面宽与水量感及与对岸的整体感等这些细节，都是需要给予十分关注的。现代城市的发展在总结历史经验的基础上，对于城市河流滨水景观的规划设计要求会更高，主要是在生态规律和可持续发展等方面有着新的标准。

（二）文化构成层面

人类文明的发展与河流的历史紧密关联，河流人文历史要素构成了城市河流景观的重要内涵，城市河流因流经城区的大小不一，被重视的功能也各不相同。而且河流地带固有的自然、历史和文化特征毕竟是河流环境的固有特性，即地区风格，因这种地区风格的不同使城市河流的风貌具有极大的差异。设计时应该发挥城市河流的复合功能，同时把河流滨水景观与城市整体景观规划有机联系在一起。

二、城市河流滨水景观的功能

（一）改善城市生态功能

改善城市生态功能是城市河流滨水景观的重要功能，无论是自然河流还是人工河流，都应该遵循和严格执行符合自然规律的规划设计原则。对于城市天然降水的排放应统筹考虑，连接成网，发挥河道排涝、河水更新和调节气候等完整的生态功能，使其和谐地融入自然生态系统，并成为其中的一部分。若不具备条件可以不建设人工河流，采用开放型河道设计，用带孔的石板砖垒砌河道，建立河流水体与土壤间的物质与营养联系，培育复合水体生态系统，发挥水体的综合生态效益。采用本地树种，建设具有乔、灌、草层级结构，功能完善的人工河流天然植被绿化带，发挥河流（包括水体和绿化带）的综合生态效益，降低运行费用，提高运行质量，为城市人民真正创造一个良好的生态居住环境。

（二）提升城市形象和经济文化地位

滨水区的建设开发与城市形象和经济文化地位、整体竞争力更加紧密地联系在了一起，滨水区的景观规划设计也受到前所未有的重视。伴随经济全球化的趋势，城市中央商务区（CBD）和国际金融中心（1FC）成为城市规划建设的核心环节，从而滨水区的开发建设成为了各级中心城市挖掘潜在价值、建立形象和提高竞争力的共同手段。滨水区的景观规划建设需要从城市经济发展水平、历史文化传承、城市生态环境、房地产市场的发展、城市总体规划功能定位、城市可持续发展的目标和经济全球化的大背景深入分析，结合人的心理、生理行为特点进行研究，来确定开发建设的控制目标。

（三）创造理想的河流滨水空间

城市河流滨水住宅区因其独特的区位优势，成为开发商和居住者共同追捧的地方，世界上最有价值的居住区基本在因水岸而形成的滨水城市中。通过将大量具有水岸特色的公共空间引入到居住环境，让居民在生活中更方便地利用滨江的景观、文化、经济资源。把滨江的人文情趣向腹地渗透，将水岸公园、滨水步道和公共艺术完美地结合在一起，利用水来进行空间组织与建筑创作，使居住空间呈现出各式各样的水景形态，创造出建筑、居住与水体有机结合的理想居住空间。

（四）建立城市河流亲水空间

城市河流滨水景观规划设计的实现，除了改善城市生态环境、提升城市整体形象和创造理想的河流滨水空间等功能外，还是城市中最理想的亲水空间，通过建立亲水步道、亲水平台、亲水广场、水岸林荫步道、儿童娱乐区、游艇码头、观景台、赏鱼区等人们需要的各种功能的滨水区活动空间，满足人们休闲健身、娱乐游玩、文化交流和水岸活动的多重愿望与需求。亲水空间可以渗透该城市的滨水文化，建立其形象窗口，使城市的滨水景观本身成为城市的标志及亲民形象，从而更具有吸引力。

三、城市河流不同河段的区位景观

河流从水系景观规划角度分为城市中心河流、城市周边河流以及郊区河流。不同河段的区位景观规划重点不同。

河流景观规划中，对于城市中心的主要河流，无论是河道整治还是滨河景观都具备了一定的基础，因此对于此类河流景观规划应是更高层次的。景观规划的主要侧重点是：挖掘历史文化古城的文化底蕴，弘扬水文化，将河流构建成城市的历史文化长廊，将地域文化加以弘扬光大，并结合城市总体规划中的绿地系统规划，实现整个城市绿地系统连贯性、可达性、协调性与开放性。并强调借助于新城区新规划赋予滨水活力、提供亲水空间、鼓励水上交通与游览、加强河岸人行交通、保护河岸视觉轴线、创造独特的城市元素等。

对于城市周边河流，首先在河流形态上以多自然型河流理论为指导，模拟自然蜿蜒的岸线，塑造河道时宽时窄、水流时急时缓、有基流槽有浅滩等形态，实现河中有鱼鳖虾蟹、荷花，滩上有芦苇、蒲草等，再现欣欣向荣、富有生机的儿时家乡河的景象。采用自然型生态堤防和护岸。生态堤防、护岸是恢复自然河岸或具有自然河岸"可渗透性"的人工护岸，它可以充分保证河岸与河流水体之间的水分交换和调节功能，并具有防御洪水的基础功能。同时，根据城市规划，将在居住用地增加亲水设施，提高河岸用地的经济价值。而对于穿行于工业园区和新规划的方格形路网间的河流则应根据当地的实际用地情况，不必一味采用自然形态河流，但在河岸护坡、断面形式上应尽可能采用生态措施，以简约现代风格为主。

对于郊区河流，其景观规划则更多地结合生态恢复和生态保护以及绿地系统规划。结合城市总体规划，坚持景观生态学的原则，恢复生境多样性及动植物生态走廊，应充分考虑生态功能方面的要求，从宏观的角度构建优美的河岸林带天际线。对于生态敏感区的自然湿地、浅滩、弯道、急流、跌水、河心洲等加以重点保护和恢复。

四、城市河流亲水步道景观

由于河流在空间和尺度方面与海洋有很大差异，河流步道景观的两岸对望特性更为强烈，人与河道的亲和关系更为密切。诸如临水游览步道、伸入水面的平台、码头、栈道以及贯穿绿地内部节点的各种形式的游览道路、休息广场等，结合栏杆、座椅、台阶等小品，提供了安全、舒适的亲水设施和多样的亲水步道，增进了人际交流和创造了个性化活动空间。在城市河流滨水区，徒步行走是最基本、最重要的运动方式，因为与滨水亲近，成为感受滨水的一个手段，也使得城市滨水区充满了活力。人们可以在滨水步道上行走，愉快地欣赏滨水空间，感受滨水区的良好价值。步道也是联系城市街区和滨水区的媒介，城市街区和滨水区由于地势及自然条件的限制往往被隔断，而滨水步道则起着连接两者的作用。滨水步道的设计，首先要考虑的是与人们直接有关的行走方便，特别是指石、砖等铺砌而成的路面。通过铺装的设计，既可以使空间一体化，也可以限定不同的空间，特别是在滨水区中，还确保水边行走的安全。

在步道设计中，安全问题始终是重要前提。在步道沿线设置一定的栅栏是十分必要的，它是设在水边步道的设施之一，可以防止行人在运动过程中不慎跌入水中。当然，栅栏的密度、使用的材料、形态和色彩、尺度的大小等方面的合理程度，都直接影响到滨水步道带给行人的心理感受和体验，进而影响对步道景观的评价。

滨水步道沿线的地面材质选择也非常重要，还有步道与边缘绿地、路旁乔灌木、跨水桥、路边休息空间、休闲座椅、路边照明等设施的关系都要纳入步道设计的总体考虑之列，使人们能够充分享受滨水场所的舒适、休闲及健康的空间品质。

第三节　城市湖泊滨水景观规划

（一）城市湖泊的分类

1. 根据功能定位划分

不同功能定位的城市湖泊在制定其保护政策，确定其开发强度、形式等各个方面侧重点与内容都有所不同。按功能来划分，城市湖泊可分为以下几种类型：

（1）汇水蓄洪式城市湖泊

此类湖泊在城市中是重要的水利枢纽工程，主要的作用是旱季蓄水、洪期排洪，所以湖泊的驳岸必须具有一定的抗洪峰能力。通常驳岸的设计要符合当地的防洪标准，岸线景观因抗洪需要而显得单调、死板。

（2）水源式城市湖泊

此类湖泊一般是区域内用水的来源，所以有一定的水质要求。一般在湖泊的周边划定一定地带作为湖泊的保护和过渡地带，以保证湖泊水质的质量。此类湖泊不允许进行任何性质的开发和建设活动，属于保护性城市湖泊。

（3）休闲游娱式城市湖泊

此类湖泊属于城市休闲绿地景观，一般具有一定的景致和游赏价值，区域内配有相应的休闲、娱乐项目和功能性建筑和服务设施，如一些城市公园的湖泊。但一些湖泊由于过度的开发和建设，自然资源和生态环境遭到不同程度的破坏。

（4）生态栖息地式城市湖泊

此类湖泊一般位于城市的生态保护区内，周边的森林资源丰富，具有良好的生态环境和物种多样性。区内资源丰富，不仅沿岸具有丰富的动植物资源，湖区更有众多的鱼虾等水产资源。由于良好的保护措施，区域内空气清新、环境优雅、环境污染和破坏少，对城市的区域环境具有重要的调节作用。

2. 根据湖泊开放度划分

湖泊的不同位置和归属，决定了湖泊的服务对象和服务方式的开放程度，按湖泊的开放程度来划分，城市湖泊可分为下列几种类型：

（1）开放式城市湖泊

此类湖泊大多数以开放的城市公共绿地形式服务市民，有些开放的城市湖泊周边进行了多样化的综合开发，如杭州西湖、苏州石湖等。

（2）不完全开放式城市湖泊

此类湖泊一般是通过收费的方式向市民开放，通常是以城市湖泊为主题而设置的城市公园、风景名胜区等，如南京玄武湖公园和北京北海公园等。

（3）特殊归属的城市湖泊

此类湖泊一般是一些位于城市公共绿地性质以外的城市其他用地中的湖泊，服务对象一般是该用地内的特定人群，不对该服务对象以外的人群开放，如高校校园内的湖泊、工厂内部的厂区湖、房地产建设开发的社区湖等。

（二）城市湖泊在城市中的功能作用

城市滨湖区拥有丰富的景观、开阔的视域、良好的微气候及深厚的文化积淀，所以城市滨湖区是最理想的、最适宜的及最佳的人居环境。

1. 城市湖泊对城市的生态作用

（1）维护城市的生物多样性

滨湖区是水域生态系统和陆域生态系统的交接处，具有两栖性的特点并受到两种生态系统的共同影响，呈现出生物的多样性。城市湖泊因与城市的其他常见的景观有着较大的差异，形成了城市中的特殊生物环境，湖岸浅水区或湿地水草丛生，是鱼类繁殖、栖息的重要场所，是昆虫密集、鸟类群居、生物多样性最丰富的地区；湖心沙洲则是城市鸟类最为适宜的生活场所；较多种类的植物可以在湖泊沿岸生存和繁衍。因此，城市湖泊是城市生物多样性的重要基地，和城市整体生态系统息息相关。

（2）调节城市温湿度，补充城市地下水

人类活动对气候的影响，最为明显的地方莫过于城市。城市居民、交通和工业高度集中，是产生热能的高度集中区，形成城市独有的"热岛效应"，这种效应可使城区和城郊温差高达 5 ~ 6 ℃。城市湖泊的高热容性、流动性以及湖泊风的流畅性，对城市"热岛效应"减弱具有明显作用，同时水面蒸发及湖泊风也带走一些热量，所以城市温度夏天剧烈升高和冬天剧烈降低的幅度将在城市湖泊等水体的抑制下变得较为温和。

随着城市地区不透水面积的扩大，地表水下渗能力逐渐减弱，直接减少了地下水的补给量，加之人为抽取地下水，使地下水位降低，地下径流及土壤含水量减少。城市湖泊具有强大的蓄水能力，它能有效地补给城市地下水，缓解城市地下水资源不足的尴尬状况。

（3）净化环境，减少噪声

水体具有稀释和自净作用，通过物理、化学和生物作用来净化环境和稀释污染浓度，调节和恢复受污染的环境。而城市湖泊区域丰富的植物具有吸收有毒气体的能力。成片的植物能降低风速，使空气中的粉尘等颗粒被吸附，净化空气，维护大气成分的稳定。同时，湖泊大面积的水域把城市空间加以划分，使各部分之间形成一定宽度的间距，进而降低了各部分相互间的噪声干扰。

（4）调节径流、防洪减灾功能

城市水体作为城市水利枢纽的重要组成部分，具有调节径流，防止洪涝灾害及蓄水防旱等功能。在每年的洪期和雨季，许多城市由于有了湖泊等大型的蓄水空间供排水和调度，才能化险为夷，保一方平安。但在旱季，湖泊大量的蓄水也能缓解城市一时缺水的尴尬局面。

2. 美化城市功能

城市景观多样性对一个城市的稳定、可持续发展以及人类生存适宜度的提高均有明显的促进作用，城市湖泊的物质特性、形态特性、功能特性的介入，将提高城市景观的多样性，丰富城市的空间格局，为了城市的舒适性、稳定性、可持续性提供了一定的基础。

3. 休闲、娱乐、文化、运动功能

城市湖泊以其活跃性和穿透力成为城市景观组织中最富有生气的元素，湖泊天然的地形地貌在水体声、光、色、影的作用下，与城市灿烂的历史文化精髓相结合，形成动人的空间景观。由于对水的特殊情感，水与社会文化意识结下了不解之缘。

孔子的一句"智者乐水"道尽了数千年来水对中华民族的意义，可以说它是中华民族智慧的催化剂、华夏民族一切文明的原动力。因此，城市湖泊不仅是城市的物质载体，更是城市文化灵魂根结所在，城市湖泊景观具备文化和物质的双重特性，是城市中极佳的感悟文化、放飞心灵、修身养性的地方。

伴随着城市的发展和旅游业的兴起，城市湖泊在原有的自然美景的基础上，融入了许多其他内涵。划船、钓鱼、皮划艇等水上休闲项目的开展，湖岸宜人的绿化景观和功能小品的摆放，以及水中沱、坝、滩、洲等的空间形态充分利用，使湖泊已成为城市中独一无二的休闲、娱乐、文化及运动场所。

二、城市湖泊与城市空间格局的关系

（一）城市湖泊与城市的区位关系

根据地域特征和湖泊的位置形态特征，城市湖泊与城市的空间关系可以大致归纳成以下三种情况：

①湖在城中：湖泊被包围在城市辖区之内，如杭州西湖、南京玄武湖、济南大明湖、北京三海、惠州西湖、苏州金鸡湖等。

②湖在城边：湖泊位于城市的边缘，如嘉兴南湖、肇庆星湖、扬州瘦西湖、武汉东湖、苏州石湖、绍兴东湖、昆明滇池等。

③城在湖边：湖泊的面积较大，超出了城市的区域范围，如太湖、洞庭湖、鄱阳湖等大型湖泊与无锡、岳阳、南昌等沿岸城市的关系，欧洲日内瓦湖、北美洲五大湖地区湖泊和沿岸城市的关系等。

（二）城市湖泊与城市空间格局的关系

1. 城市湖泊是城市山水格局的重要组成要素

山水城市模式是现代城市发展的方向，所以营造城市山水骨架是城市建设的重点，城市湖泊是城市中较大的水域空间，在空间格局中，它与山体相互协调和映衬，形成城市独特的空间界面和城市肌理。城市因为有了湖泊及山体，其山水构架才能得以实现，其城市功能才得以完善。如西湖在周围群山的映衬下造就了杭州"水光激滟，山色空蒙"的城市面貌。

2. 城市湖泊是城市重要的开放空间

从构成元素分析城市空间格局，城市是由城市道路、城市建筑和开放空间三部分组成的，其中城市的开放空间包括公园、绿地、广场及水体等，是视线可穿透、人们可达或可活动的场所。城市湖泊是城市重要的开放空间，大面积的水面为城市提供了一个空间平台和视线焦点，从而形成城市中以水域为中心的放射型城市公共开放空间，它具有自然山水景观情趣、历史文化内涵和导向性、连续性、渗透性的空间特征，是自然和人工交融的城市特征空间。

3. 城市湖泊是城市的内界面

城市湖泊的空间形态特征决定了湖泊景观视线具有内聚性，湖岸建筑和景观高度呈阶梯式变化，从而形成城市中由内向外横向过渡、由低到高纵向变化的城市特有的多层次空间结构。城市以湖泊为内界面，形成了水域天际线，形成由自然景观视线到人文景观视线再到天际视线的连续及过渡。

4. 城市湖泊是城市的地物标志和景观核心

城市湖泊具有丰富多样的空间形态，每个城市湖泊在面积、形状等方面都会有自身独一无二的特征，所以城市湖泊在实体形态特征上具有唯一性，加之其在城市市域面积占有较大的比例，所以城市湖泊往往成为其所在城市的地物标志和景观核心。如西湖是杭州的特定名称，虽然有"天下西湖三十六"的说法，但经过千年的发展，在人们的潜意识里，西湖已经成为杭州的地理名称和专有名称。

三、城市湖泊滨水景观规划设计

（一）城市湖泊景观构成分析

1. 景观要素分析

（1）个体景观要素

水体：在湖泊景观设计中常用到的水体形态有湾、港、汊、瀑、涧、池、沼、塘、汀、滩、洲等。湖泊风的吹拂、地势的落差使水体流动，撞击石头、湖岸等物质发出水声，无论是涓涓细流，还是澎湃如涛，都能为湖泊及其景观增色不少。现代的湖泊景观设计应充分考虑对水体倒影、光影产生不同的意境效果。同时，因为光线的照射使水体散热、水表面产生反射、水底物质对透射光产生反射，加上对湖岸植物等的倒影作用，给人以不同的色彩感觉，如海水是蓝色的，湖水是绿色的等。

植物：植物是湖泊景观塑造的重要因素，水只有在植物的衬托下，才能展现它的美，才能塑造"疏影横斜水清浅，暗香浮动月黄昏"的意境。植物景观元素的应用要考虑以下几点：第一，林冠线，即植物群落的立体轮廓线；第二，透视线，即有景可观之处疏种，留出透视线；第三，植物景观营造要注重植物的季相色彩变化。

地形地貌：原生地形地貌是景观的重要构成，"山—水—城—林"是景观设计的经典模式，所以设计中要"因地制宜""巧于因借"。

堤岸：堤岸的形状、砌筑方法、水陆交接的岸线走向都与湖泊景观有直接的关系，同时它兼有防洪、围蓄、通路等多重功能。

另外，还有平台、桥、栈道、建筑、游步道、解说标志系统及环境设施等。

（2）点、线、面要素

点、线、面是空间构成的有机组成部分，它是一个由小到大，由一维空间到多维空间不断递进、不断升华的体系。点、线、面对于湖泊景观系统来说就是湖泊景观的"景观节点""景观轴""景观区域"，景观节点构成景观特征的个体；景观轴构成景观骨架；景观区域是构成景观特征的主体。

景观节点：指单一的或集聚于同一主题下的景观，一般出现在活动密集、交通往返、环境转换的地方，具有集中和交会点的双重特征，可概括为视觉控制点、重要对景点、视廊的交织及转折点。视觉控制点是有突出高度和开阔视野的景观点，在一定区域内形成视觉焦点，具有指认与识别功能，如区域的标志性建筑物等。重要景观节点是处于主要道路端头、道路转折交叉口、湖滨水岸线突出区域等重要位置的景观节点。视廊的交织及转折点多位于重要的道路交叉口及转折处，是视觉的焦点和视线方位的变换点，如广场、平台等。对于景观节点的处理应考虑湖泊区域内的关联因子，强化节点的连续整合效果，达到控制整个水域空间环境意象和特色的目的。

景观轴：指区域内联系各景观节点和景观区域的景观通道，包括湖泊航道、区域内各种道路及景观区域内的各种廊道。它是人们观赏湖泊景观的主要视觉通道和游赏活动路线，人们通过这些景观轴可以进行各种的观、赏、品、玩等活动。不同的景观轴因其所穿越的区域不同，性质和特点也各有不同，但它们都具有较好的视野空间，视廊和周边景观的尺度和谐完美。

景观区域：指不同主题、不同特性的多种景观在同一视域中组成的界域内的景观群落。它以人的行为活动为基础，以区域的整体向心作用构成其场所的性质，通常按照景观类型、空间性质和活动功能来界定景观领域，如湖泊区域设计的各个功能区，其间以各种性质的道路相联系，观者可穿行其中，并经由片断组合各区域的共通性，于环境中成为一体。通常各特征区域保持独有的特性，如水生花卉区观景特征、水上活动区参与和运动特征等，所以人们只有通过对领域内要素的反映和认识的一致性，才能产生对于该区域的景观意象。

2. 空间环境分析

（1）水脉 —— 湖泊景观的特征空间

城市湖泊最主要的空间环境元素就是大面积的水域及由此产生的多向空间层次。湖泊水脉所承载的独特景观元素，使其必然成为湖泊区域的景观焦点和视域轴线。湖泊水脉是湖泊景观规划设计的重要介质和景观载体，为人们提供近水、亲水、戏水、赏水的景观轴和景观区域。对于城市湖泊水脉空间的营造，一要保持水域的通透性，二要保证沿岸景观区域的可达性，三要维系整体湖泊高度及宽度的尺度协调，四要挖掘潜在元素，塑造特征单体和个性空间。

（2）绿脉 —— 湖泊景观的生态空间

城市湖泊区域多半为山水结合景观地带或周边具有一定生态过渡带，所以湖泊周围的山体等绿色景观为湖泊提供了天然的生态屏障，它是湖泊区域整体景观结构中与湖泊水轴相互制约、相互衬托的绿轴。它的物种多样性是湖泊区域维持生态平衡的重要支柱和基础，城市湖泊若少了绿脉这条空间轴线，景观效果将大大失色，甚至成为死水一潭，毫无活力可言。绿脉与水脉是一对辩证统一体，是湖泊景观显性的两个构成要素。

（3）文脉 —— 湖泊景观的隐性空间

任何城市都有文化积淀，任何区域都有地域特征，它是一个地方或区域的精神与内涵，湖泊是城市的一个重要空间，必然隐藏着一个不可见，但又时时都在的隐性空间形态 —— 文脉。不管是水体的自然空间形态，还是沿岸的人造空间形态，都或多或少诠释了特有的文化内涵。文脉虽是湖泊景观构成的隐性空间元素，但它却制约着湖泊的显性空间 —— 水脉和绿脉的存在、演化及发展。

（二）湖泊景观规划设计的三个理念

1. 崇尚自然

自然性是现代景观规划设计必须重视的元素，也是人类可持续发展的要求。湖泊景观规划的"自然观念"就是运用自然主义形式和城市美化的艺术理念来指导湖泊景观规划设计，展现湖泊独特的自然风光。由于湖泊是个特定的自然生态系统，相互对应的各个自然因素会产生相应的自然形式，所以设计不可一味地试图改变这些自然形式，而应从自然生态的角度着眼设计，使之适应湖泊区域的自然过程，从而达到设计与元素之间的协调统一。

2. 尊重文化

城市湖泊景观的设计应充分尊重湖泊本身所蕴含的历史文化积淀，合理地诠释湖泊文化内涵对景观规划设计的重要意义，运用保护、恢复、调整、创新等设计手法，突出湖泊景观的历史文脉。关于这点，欧美一些国家早在 20 世纪 70 年代就有了充分认识，并付诸行动，他们在当时的城市滨水再开发行动中，以历史文化环境的保护和再生为核心，继承了与水环境有关的历史文化要素，保护了传统滨水空间中水与城市的良好关系。所以，对于城市湖泊的景观规划设计，挖掘其历史文化内涵，体现其历史文化特性，是不可忽视的一环。

3. 以人文本

当"以人为本"的社会观渐成气候时，景观设计也引入"人性化"的设计模式。"人性化"的景观设计，不是单纯的一种模式就能涵盖得透彻的。湖泊景观规划设计的人本理念，就是要从人类的生存环境、视觉感受和心理感受出发，营造使人赏心悦目的环境形象和积极向上的精神意境。另外，还应考虑不同人群对"人性化"的不同需求，在设计中充分考虑不同人群对景观环境、视觉感受和精神享受的不同理解和要求，营造为人所想及为人所需、为人所用及为人所体验的"人性景观空间"。

（三）湖泊景观规划设计的原则

1. 保护优先

湖泊资源及湖泊景观在城市中占有举足轻重的地位，所以针对湖泊进行的景观设计和开发建设要以"永续发展"的观念来对待。景观规划设计要本着保护优先的原则，杜绝任何破坏湖泊景观、不利于湖泊生态的举措，景观规划设计的目的只是为了更好地完善湖泊景观、维护生态系统，使湖泊地区的整体功能和各个构成要素更协调地发展。

2. 自然生态

对城市湖泊的开发建设,从本质上来说是一项破坏湖滨生态平衡的行为,因而开发要以环境的承载能力为衡量标准。景观设计要依据景观生态学原理,维护并恢复自然景观,保护生物多样性,增加景观异质性,促进了自然循环,构架城市生态走廊,实现湖泊景观的永续发展和利用。

3. 地域文化

地域文化是在特定的区域内形成的一种独特地方文化形式,是传统民风民俗、地方艺术文化特色的综合体,是一个地方的灵魂所在。真正优秀的现代景观规划要使时代与历史相结合、地方与潮流相结合,运用时代元素塑造地域特征,只有把握了地域特征的设计才是理性的、合理的及永久的设计。

4. 整体性

湖泊景观开发的主要目的就是带动地方经济、丰富城市景观。所以,规划设计要遵循整体性、系统性原则。这里包含两个层面的含义:其一,湖泊景观规划设计要与城市空间结构、社会结构及城市肌理保持统一和协调;其二,湖泊景观自身要达到空间形态的整体性和空间结构的秩序性。

5. 亲水性与参与性

环境心理学表明,水体可使人体温下降、脉搏平稳,从而使人的神经得以松弛,产生舒适感。亲水近水的活动对于人的情绪和心理具有良好的调节作用。所以,湖泊景观的规划和设计要以为人们提供尽可能多的亲水平台、亲水驳岸、亲水廊道和亲水广场为目标,从而使人们能有更多的亲水活动和享受空间。在湖泊景观规划中采用使人能参与互动的形式,使人们增大游赏滨湖景观的兴趣并且能充分融入其中。

(四)湖泊景观规划设计

1. 湖泊水体设计

(1)水位设计

首先考虑水深对游人活动的安全保障,一般离湖岸 2 m 以内的水深不宜超过 0.7 m,湖泊水位的高差不宜过大,一般高差以 0.3 ~ 0.8 m 为宜。某些水上运动对水深有一定的要求,如我国赛艇竞赛规则中规定航道水底如果均匀,水深不应少于 2 m,如不均匀,最浅处不应少于 3 m。同时,应考虑周边道路、建筑等对临水水位的影响,如道路设计时临水道路的高程应高于水面 1.5 m,水位的高低还受水资源补给能力、区域排水能力、防洪防涝等因素的影响。

(2)水体形态设计

湖面景观设计时,以大的湖面为主,并利用曲折有致、变化多端的湖岸,设计出湖、港、湾、河、汊、洲、池、塘等不同水体形态与景观特征,形成湖中有岛、岛中有湖、水陆相间的微缩水网系统,同时最大程度地体现水具有灵性的形态特征,丰富水脉景观。在城市水系规划中,水体形态往往承载着城市历史、城市特色等多方需求,

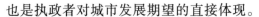

也是执政者对城市发展期望的直接体现。

（3）生态植物景观设计

水中生态植物景观，就是以水生和湿地植物组成"植物—动物—微生物"的良性生态循环环境。所以，在湖面景观设计时，大的湖面可以根据不同的元素特征设计水上森林区、水生花卉区、湖边湿地景观区等不同的景观形态。如水上森林区可以种植水松、落羽杉、池杉等植物，水生花卉区可结合池塘的形式种植荷花、睡莲、水菖蒲、千屈菜、鸢尾等水生花卉及芦苇等。

（4）水体动态设计

湖泊丰富的形态特征为湖泊营造了许多独具一格的湖泊静态景观，适量的流泉、跌瀑、涌泉、雾泉等动态景观，增强了景区的可观性。如雾泉可设于湖区具有开阔视野的水上森林，烟雾缭绕，如诗如幻，加之水体特有的声、光、影等综合效果的利用更是使湖泊静中有动、动中有静的意境表现得淋漓尽致。

（5）水上活动设计

丰富的湖泊水体形态及多变的湖泊景观为人们提供了极其丰富的水上活动项目：湖泊大水面适用于龙舟赛、摩托艇、滑水表演、大游艇等项目；中小水面及河汊适用于脚踏船、小游艇项目；沿岸临水区和生态湿地区则可进行垂钓、喂食、赏景、采摘、水上森林浴等项目。

2. 湖滨岸线设计

同河流景观设计一样，湖滨景观规划设计同样应注意对岸线的处理：

（1）垂直驳岸

设计简洁，适应不同水位高差变化，但是岸线人工化。高水位时驳岸边有亲水性，但需解决临水部分水较深的安全问题，低水位时无亲水性，并有危险感。

（2）缓坡驳岸

接近自然，适应不同高差水位变化。高水位时，驳岸边有亲水性，有利于湿地植物种植，但如浸水时间过长，水位过高，则可选择植物品种大大减少。低水位时，退水地段为湿地，游客无法进入水边，并缺乏亲水性。

（3）梯田（退台式）驳岸

适应不同高差变化，每个标高地块都可种植水生或湿生植物。在水位变化时，不同高程驳岸都亲水，但是低标高驳岸需做防浸水处理（可以按漫水道路技术措施设计）。植物要选择适应水位高差变化的水生或湿地植物。

虽然这是从三个不同角度的划分形式，但三者之间存在着一定的联系和某种程度的互通性，根据不同的场地特征和影响限制因素，可以采取不同的岸线处理方法。提倡生态驳岸的设计，维护水体的生态平衡，保证湖岸和水体之间的水分交换和调节功能，形成一个水陆复合型生物共生的生态系统，同时又具备一定的抗洪强度。

3. 湖岸空间视域及建筑设计

湖泊景观设计中最重要的就是保证景观的共享性、视域的通达性和沿岸的亲水性，即规定一个空间范围内要保证视域的通达性，使人与景观保持良好的通视联系，避免优美的景观被遮挡，使大部分人无法亲水、近水、赏水。要保证视域的通达性，必须考虑控制湖岸建筑高度与湖面的空间尺度关系，临水建筑保持连续的界面，形成完整的水域空间，确定某些主要景观走廊边界，保证景观视线在通过建筑时，不会将景观形象歪曲和阻挡，以达到湖泊景观资源的共享性，还需控制建筑的风格、色彩和体量。因此，设计要掌握以下几点：

（1）协调湖岸建筑与湖面的尺度关系

当沿岸建筑等硬质景观过于靠近湖岸时，会使湖面的空间产生压抑感，所以湖岸的一定范围应设为公共开敞空间，建筑用地向后推移一定的距离，使湖岸建筑与湖岸及湖面之间形成很好的空间尺度关系。

（2）控制垂直水体方向的建筑物的高度

通常由湖区向四周逐步增高，近水的建筑为低层，层数一般控制在 2 ~ 3 层，以形成渐变的景观层次。

（3）湖滨地区应控制建筑密度和容积率

沿岸避免大体量平行水体的建筑，沿湖区域开辟为城市公共绿地，保证湖滨的自然生态环境的平衡，并通过游步道、休憩小广场、亲水平台、临水亭廊等的联系和组合为人们提供亲水、近水、赏水的休闲、娱乐和运动空间及场所，体现自然生态环境和人为物质环境的协调共生。

（4）控制建筑的风格、色彩和体量

要形成一种整体景观视觉效果和协调统一的湖岸轮廓线，如日本广岛市滨水景观控制条例中，对建筑与设备关系和建筑与广告牌的整体处理都有明确的建议。对建筑风格的协调应注意历史与现代、传统与潮流的结合，不提倡对传统的生搬硬套，但也不可忽视传统内涵，盲目地讲求时尚和潮流，只会让建筑与环境格格不入。同时，建筑的风格取舍也应充分地考虑周边环境的特征，如营造具有地域特点的水乡景观时，就要充分挖掘地域传统建筑元素，结合了现代技艺实现传统与现代的完美结合。

第四节　城市湿地生态景观规划

一、城市湿地公园生态景观规划总体思路

（一）生态景观规划总体目标

城市湿地公园生态景观规划的总体目标是：全面地加强城市湿地保护，维护城市湿地生态系统的生态特性和基本功能，最大限度地发挥城市湿地在改善城市生态环境、美化城市、科学研究、科普教育和休闲游乐等方面所具有的生态、环境和社会效益，保证湿地资源的可持续利用，实现生态与景观的充分融合，实现人与自然的和谐发展。城市湿地公园的生态景观规划目标是多层次的，如伦敦湿地中心的主

要目标是野生动物多样性保护和湿地游憩；上海崇明东滩湿地的主要目标是保护湿地生物栖息地。

（二）生态景观规划总体原则

1. 系统保护的原则

（1）保护湿地的生物多样性

为各种湿地生物的生存提供最大的生息空间；营造适合生物多样性发展的环境空间，对生境的改变应控制在最小的程度和范围；提高城市湿地生物物种的多样性并防止外来物种的入侵造成灾害。

（2）保护湿地生态系统的连贯性

保持城市湿地与周边自然环境的连续性；保证湿地生物生态廊道的畅通，保护动物的避难场所；避免人工设施的大范围覆盖；确保湿地的透水性，寻求有机物的良性循环。

（3）保护湿地环境的完整性

保持湿地水域环境和陆域环境的完整性，避免湿地环境的过度分割而造成环境退化；保护湿地生态的循环体系和缓冲保护地带，避免城市发展对湿地环境的过度干扰。

（4）保持湿地资源的稳定性

保持湿地水体、生物、矿物等各种资源的平衡与稳定，避免各种资源贫瘠化，确保城市湿地公园的可持续发展。

2. 合理利用的原则

合理利用湿地提供的水资源是管理、规划及合理开发生物资源的基础。保护湿地生物多样性不是维持群落的种类成分永远不变，而是维持湿地生态系统的动态平衡，并体现湿地生物多样性的特点。在对湿地公园的整体设计中，应综合考虑各个因素，以整体和谐为宗旨，包括设计的形式、内部结构之间的和谐，以及它们与生态功能之间的和谐，才能实现湿地公园多种功能的目的。

同时，要重视城市湿地公园的整体风貌与湿地特征相协调，体现自然野趣；建筑风格应与城市湿地公园的整体风貌相协调，体现地域特征；湿地公园建设优先采用有利于保护湿地环境的生态化材料和工艺；严格地限定湿地公园中各类管理服务设施的数量、规模与位置。

3. 整体性原则

对城市湿地公园景观的营造来说，整体性原则包含两个层面的含义：首先，从广义的层面来讲，城市绿地中的湿地公园景观不是一个孤立存在的个体，它作为城市绿地众多景观构成要素中的一个组成部分，必然与其他景观要素相互作用和影响。因此，城市绿地中湿地公园景观的营造必须从比它更高一级的整体环境系统出发，整合与之相关的各要素，求得一种平衡和协调，使整个城市绿地系统的机能向良性运转的方向发展。其次，从狭义的层面来讲，城市湿地公园景观本身就是一个积极有序的有机整体，各景观组成要素通过一种合理有序的组合方式构成一个完整的统一体。这就要求我们在进行湿地公园景观营造的时候，要从宏观的角度来研究，必须把握其自身的完整统一，通过适度的感官刺激、形式美感的表达、时空的连续性、明确的功能指示，营造具有某种社会化行为和个人行为模式发生的场地空间，以确保湿地公园景观各组成要素在发展的动态过程中的统一和协调。

对城市湿地公园生态系统的构建来说，成熟湿地本身就是一个以水因子贯穿联结的完整的生态系统。城市湿地公园生态景观规划设计应该遵循系统保护、合理利用与协调建设等相结合的原则。在系统保护城市湿地生态系统的完整性和发挥环境效益的同时，合理利用城市湿地具有的各种资源，充分发挥其经济效益、社会效益，以及在美化城市环境中的作用。

4. 乡土与生物多样性

乡土与生物多样性原则强调在湿地公园景观营建中，有节制地引用外来物种，保护和发展乡土物种。乡土物种在长期的发展过程中已经适应了当地的自然条件，如季节性干旱、虫害问题以及当地的土壤状况，在灾害性气候条件下能够实现长期的自我维持，而且还会对当地水资源的保持起重要作用。此外，乡土物种的采用也有助于维护区域性景观特征，保证更大范围内的生物多样性。

在城市绿地中营造湿地公园景观，也要遵循乡土和生物多样性原则。这样既有助于形成富有地方特色的景观，又易于维持和协调。在建造湿地公园生态景观的过程中要以构建湿地植物为核心，只有正确地选择植物，系统才能有条件进行自组织和自我维持，从而建立起合理的生态结构及丰富的生物多样性。因此，在植物选择上既要满足人工湿地净化污水这一基本功能，又得兼有美化、经济、高效等多种功能，同时还需强调的是在选种过程中应慎用外来种。

二、城市湿地公园的功能分区及建设内容

（一）湿地重点保护区

湿地重点保护区是湿地公园的核心区域，一般由大面积的阔水水域、浅水滩涂、生境岛屿等组成。该区域营造以某一湿地生态系统（如湖泊或沼泽湿地生态系统）为主或多种湿地生态系统（湖泊、河流和沼泽等多种湿地生态系统）相结合的湿地生态系统，通过科学规划和区域调控，逐渐形成自然状态下的湿地生态系统。同时，以良好的生态环境，招引鹭类、雁鸭类等水（涉）禽及其他野生动物，展示自然状态下淡水湖泊、河流、沼泽等湿地生态系统。为满足水（涉）禽及其他野生动物栖息生境营造的需要，建设内容主要包括阔水水域、河流、浅水滩涂、生境岛屿及各类湿地植被的营造。此外，为方便游客观鸟休闲及科研需要，在湿地重点保护区周围还需建设游路、观鸟休闲亭台等设施。该区域是保护为主，严格地限制游人规模，开放对象主要为湿地科研工作者及观鸟爱好者。

（二）湿地游览活动区

湿地游览活动区是游客接受科普教育和休闲的主要场所，通过园内典型湿地景观的保护或营造，以及通过标本馆、湿地生态链主题馆、湿地功能展示馆（区）等进行湿地生态服务功能和生态环境价值演示，让游客较全面了解、认识湿地，从而增强人们对湿地及生态环境的保护意识。主要建设内容有湿地功能展示馆、水乡长廊、湿地类型与湿地景观、水循环设施及游路、亭台、休闲观光设施等的营造。该区域是开放区和生态敏感区间的过渡区，；来开展湿地科普和生态旅游为主，区域内的人为活动应受一定的限制。

（三）湿地景观展示区

湿地景观展示区是湿地公园展示湿地景观的主要区域之一，是游人休闲观光的主要场所，人为活动集中。通过场馆等人工辅助设施，向游人展示以淡水湖泊、河流湿地为主的湿地景观类型。景观展示区主要建设内容有水文化广场、湿地雕塑小品、湿地探索长廊、湿地微缩园、湿地迷宫等，让游客从旅游项目中感知湿地的概念，激发游客了解湿地、亲近湿地的欲望。该区域人为活动集中，游人活动基本不受限制，体现动感欢乐气氛，是具有城市公园性质的湿地主题园区。

（四）湿地研究管理区

湿地研究管理区是城市湿地公园中研究和管理人员工作和居住的地方，一般应位于湿地生态系统敏感度相对较低的区域，并与外部道路交通有便捷的联系。设置研究管理区，应尽量减少对湿地整体环境的干扰和破坏，所有建筑设施尽量小体量、低层数、小密度、少耗能、少占地，并且要尽量绿树浓郁覆盖。

三、城市湿地公园生态恢复规划

所谓湿地公园生态恢复，是指通过生态技术或生态工程对退化或消失的湿地进行修复或重建，再现干扰前的结构和功能，以及相关的物理、化学和生物学特性，使其发挥应有的作用。湿地公园的生态恢复是全区域、全方面的，全区范围内进行湿地的重建，而在专门的湿地恢复区，则强调恢复湿地生态系统的原生状况，尊重湿地原有面貌，同时尊重湿地的自然恢复过程，因此在恢复中采取与园区其他部分不同的更加自然、更加本土的湿地恢复手段，这个区域同时也是一个生态过程展示的区域。

（一）湿地生态恢复与重建应遵循的原则

①充分利用自然能源，如太阳能、水能和水中的营养物质等，尽量地减少人为的输入和管理的强度。

②需要有足够的时间。生态系统协调、生物定居、功能实现等生态过程的建立、发展需要足够的时间，不能期望它能在几天内发挥作用。

③注重生态系统的功能，而不是形式的恢复与重建。若一部分的形式（如植物、

动物引种、基质动态等）失败或未按预期设想发展，而生态功能仍然维持，恢复与重建工程不能认为是失败的。

④模拟自然系统的形状和生物系统的分布格局。设计湿地生态系统的形状与生物分布格局，而不是简单的矩形、圆形等规则的形状。

（二）湿地恢复的内容

1. 拟定目标

湿地恢复与重建的目标主要包括生活污水和矿区污水处理、洪水控制、面源污染控制、水质改良、滩涂生态系统恢复、防风护堤、恢复消失的生境、野生生物保护、恢复渔业生产、生态旅游和科学研究等。

2. 地点选择与背景调查

尽量选择原来存在湿地或就近仍然具有湿地的区域进行恢复；考虑地点的未来规划及其周边的土地利用方式，避免恢复区离其他开发量大的区域太近；进行详细的水文研究，详细监测和调查土壤，确定土壤及水分的化学特征。

确保交通与水电的便利；确保恢复区有足够的湿地面积，或建立足够的缓冲区；为了保护野生动物与恢复渔业生产，要考虑该地是否属于生态廊道，如鸟类迁徙通道、鱼类产卵与洄游水道。同时，评价湿地在周围景观环境中的空间位置，使该地块的整体价值和功能充分发挥，创造最大的生态、社会、经济效益。

3. 湿地生物群落改造与建立

在恢复与重建湿地的过程中，作为第一性生产者的植被的恢复与重建是首要过程，在不同的地点依据不同的环境条件，设计和建立适宜的水生、湿生植被。任何水生、湿生植物均可作为恢复与重建湿地的原材料。在植物种类的选择上，主要引入挺水和漂浮植物，在恢复的中后期水质有所恢复后，可适当引入沉水植物，维持底泥的稳定。湿地生态恢复区应以调查的原始资料为基础，选择生长、繁殖和生存能力良好的植物种类，按照原有的湿地生长状况进行重建，严格控制原生状况没有的植物种类入内，以免造成外来物种入侵。对外来物种入侵严重的地区，应同强行灭除、改造小地形、种植和修剪其他植物来控制其生长。湿地在没有人为干扰的情况下是一个能够基本维持自身平衡的生态系统，无论是动物还是植物种类都是自然状态下存在的，应尽量遵守湿地原有动物的食物链平衡法则以及植物群落的稳定性，不要随意引进外来物种，否则会造成湿地生态系统失衡。

4. 湿地地貌的恢复与改造

湿地地貌是湿地存在的载体和地学特征。湿地退化往往伴随着湿地地貌的改变和消失，因此对其地貌的恢复和改造是湿地恢复的重要措施之一。对原有湿地已被填埋的，应尽量恢复。将拉直的河道恢复成蜿蜒的状态。但对湿地的户外游憩区和公园服务区则不一定要遵循原有湿地的地貌，可以根据具体景观与旅游项目的需要进行湿地地貌改造。

5. 水污染的治理

水是湿地的本原，城市湿地会或多或少地存在水质污染的问题。解决水质问题一般从以下几个方面进行：首先要从根本上切断污染源，通常河流通过该措施，经过流水水体的稀释及其他的自净作用就可以达到恢复的功效；其次疏浚河道，清除底泥的毒物，可以通过人工操作清除底泥，这种方式周期短，见效快，但耗资大，可在局部区域根据实际情况采用；再次还可通过水体生态系统中各种生态群落的综合作用去除其中的污染物，该技术投资不大，生态恢复基地建立后，还可以适用其他类似污染体的治理，在湿地公园的生态恢复区内可采取此种方式。

第五节　滨水区景观详细规划

一、景观平面设计

（一）平面设计

当对特定的场地进行设计时，首先考虑的工作之一应当是对其环境的分析和研究，一个是场地本身，另一个是场地周围的环境。场地占地一般较小，本身的分析较简单，主要是对其周围环境的分析。作为一个被空间界面所限定的场地，应以创造性的手法来扩展视线的空间感以丰富场地的景观效果，进而解脱有限空间对人的禁锢和束缚，通过周围环境的分析，找出有价值可利用的景观。

1. 轴线

轴线是一种连接两点或多点的线状单元，是空间构景的连接要素，在场地设计中，它可以是一组小品景观序列、一条小路、一条有特色的铺装等。轴线是强有力的构景要素，一条轴线通过任何一个场地空间都是有影响的，轴线经过的地方，可作为景点与活动的根源，其形成可以通过调整空间，构筑一处焦距良好的观景点，铺设一条有特色的道路或将主要景观放在轴线上等方法来实现。

在场地设计中，一条轴线代表活动、用途与视觉三项内容，轴线亦如它所创造的景一样，将主要的、中间的及末端的空间组合在统一的场地内。轴线一旦形成，位于它两旁的景观空间都必须属于它。每一伸入或通向中央地区的空间都要分担其特性。轴线最重要的功能是统一性，一条轴线的端点或中间站，也可作为另一条轴线的端点或中间站。当场地内的构景要素和功能较复杂时，轴线的作用更明显，它通过视觉上的连贯性使场地整体上变得统一而有序。

2. 均衡

对称布局：为了取得视觉均衡，最简单的办法就是采用了对称布局，即将平面布局中的各构成要素在一个中点或一个轴的两边相同地安排，中点可能是一个物体或者一个广场，诸如一个规则的水池、花坛或是一个雕塑小品。根据场地设计的性质目的和人的视觉特性，对称布局的运用有下列几点需要加以注意和掌握：其一，和轴线类似，对称布局可以起到控制作用，它可使整个场地系统有序；其二，最好使对称布局成为整体组合的背景；其三，对称布局最好与其周围的环境发生关系，以便和环境取得协调一致，特别是当场地是建筑物等的附属部分时；其四，对称布局一般应表现对称的功能。

非对称布局：非对称布局与对称布局相比，具有更多自由性，不受对称布局的刻板性约束，而使布局有可能更多地注意其基本"地身"的景观特性。非对称布局的固有特性，使得场地布局中能更充分地利用基地的现状，如地形起伏、一株有价值的大树等。因此，它比对称布局更为经济，减少了对自然带来的建设性"破坏"。在运用中，非对称布局的主要原则是使视觉取得均衡。非对称布局的均衡除图形、形体的均衡外，还有动与静、硬与软、生命与非生命以及色彩等方面的均衡。在场地设计的平面布局中，铺装和植物是不可缺少的。铺装是"硬"的，植物是"软"的，铺装是非生命的，植物是有生命的。铺装材料以及植物的品种不同，又会出现不同的色彩。在场地的平面设计中灵活运用各设计要素，巧妙处理图形、形体，动与静、硬与软、生命与非生命以及色彩等多方面的视觉均衡，兼顾相互之间制约因素，才能求得整个场地设计中平面布局的视觉均衡。

3. 图形与背景

图形与背景即图与底关系。在建筑创作中，其主要表现在图形与背景的转换上，以图与底的转换来丰富建筑的层次和变化。在场地的平面布局当中，这种图与底关系也存在，但主要的不是其转换，而是图与底的选择与形成。就整体而言，较小的部分易成为图形，凸形比凹形易形成图形，被包围的部分比包围的部分易成为图形，对称的比不对称的易成为图形，即人的视觉对相对"简单"的部分即图形最感兴趣。场地的平面布局过程，也就是"图形"与"背景"的创造过程，其中的各设计要素均可充当"图形"或者"背景"。如当一个场地中起主导作用的是绿化时，相对面积较小的道路、铺装便是"图形"，反之即为"背景"。在场地的平面布局中，为使布局与场地的功能性质协调一致，首要的任务是空间的分配，即确定哪些设计要素为图形，哪些为背景。就场地来说，通常以安静休息为主时，空间上实多虚少；当场地表现为广场时，则虚多实少，一旦图形与背景的关系出现混淆，就可能导致整个设计意义的丧失。

（二）空间设计

1. 空间的尺度

空间的尺度大小直接影响人们的情感和行为。景观的人性化尺度是指环境以及环境中物体的尺寸与人的尺寸的适宜比例，人性化尺度的环境能使人产生明确、符合人体工程学的感受，包括舒适、安全、友好等情感因素，能让人与这个环境场所建立某种联系。不同的景观空间也给人不同的感受，如从小尺度场所的私密性到大地、大海等大尺度的广阔性，给人以不同的视觉效果和身体适应性。景观设计主要尺度依据是人们在建筑外部空间的行为，人们的空间行为是确定空间尺度的主要依据。

个人空间：0.45～1.3 m 是一种比较亲昵的距离，称为个人距离，是一种不自觉感官感受逐渐减少的距离，而 3～3.57 m 为社会距离，是可以和邻居、朋友、同事之间一般性说话的距离。

私密空间：20～25 m 的空间，人的感觉比较亲切，人们的交往是一种朋友、同志的关系，将有形物体围合和心理提示很好地结合起来，就可以营造出舒适的、具有归属感的私密空间。

社交空间：距离一旦超过110m，肉眼可能认不出是谁，只能辨别出大致的人形和动作，这个尺寸就是我们通常所说的广场尺寸，它给人产生广阔的感觉，这是形成景观场所感的尺度。

公共空间：超过390 m 左右，肉眼很难看清对方，这是深远和宏伟感觉，形成景观领域感的尺度，称为可识别的公共空间。

2. 空间与地形的关系

抬起和下沉：挖与填是改变地形的方法，即所谓的减少和增加泥土，使得地面可以下沉和抬高，丰富地面空间。

山和土丘：一般空间中通过抬高地面创造出山和土丘。一些公园中自然和人工的山可以吸引人们进行攀登、休憩等活动，人们处在被抬高的位置也会感到愉悦和安全，设计师可以利用山和土丘创造一些有特色的焦点空间。

梯台地：梯台地是在半山腰上填出来的平坦空间，其平面沿着等高线依次下降。比如人们为生产而创造出的梯田，有时在花园中，它经常作为空间的延伸。

地下空间：地下空间通常给人的感觉是秘密、黑暗与潮湿，但同时又吸引人们前往探寻，地下空间有很多设计的潜质，比如光影效果、回声或象征性的游览等，并适合与建筑和景观设计相融合。

3. 空间与建筑的关系

公共广场：在城市设计中，公共广场扮演重要的作用，广场周边的建筑功能与形式，经常受到城市广场的使用功能与流行趋势的制约，比如象征性建筑与餐饮建筑经常作为城市广场的围合要素。

院落：院落是一种私人或家庭式空间。作为城市空间的一种人性化的空间形式，院落空间为社会和个人提供小型活动场地、花草观赏、光线等，这种美景是建筑与景观的完美有效的结合，使户内与户外生活形成有机互动。

墙体：围墙起到划分和隔离空间的作用，它作为构筑物联系建筑与景观或场地与场地。景观墙可以作为雕塑来体现设计的意图，在城市环境中墙面可以起到引导社会和文化的使用，比如花园的墙具有美学和休闲的作用，包括植物装饰、空间分隔及提供庇护。

通透的围合构筑物：通透的边界包括栅栏、廊架与栏杆等。它们能建立空间之间的联系，既可以划分出不同的空间领域，又可以不割裂两个空间的视线联系，例如花园或庭院的边界，经常运用有质感和色彩的植物等辅助手段来设计装饰构筑物。

4. 空间与植物的关系

植物是围合景观空间的重要材料，植物作为软质景观要素，其种类繁多、形态各异，并且围合的空间更为柔和、温暖、宜人。在各种围合形式中，植物布局应该疏密有致、高低错落，以达到障景、框景及借景等景观效果。

围合空间与垂直空间：围合空间私密性强，能满足人们心理上的庇护安全感。叶丛密集、分枝较低的植物易形成闭合空间。其枝叶越浓密、体积越大，围合感越强。高大的尖塔形、圆锥形或圆柱形乔木可以组合成直立、朝天开敞的垂直空间。由于上方开敞空旷，伸至天际，给人肃穆感，其围合手法多用在纪念性场合。

覆盖空间：覆盖空间是顶部覆盖、四周开敞的空间类型，主要利用植物浓密的树冠形成空间围合，人能够在树冠和地面之间自由穿梭，覆盖空间的典型应用通常是为人遮阴的行道树，增强道路延伸的运动感。

开敞空间与半开敞空间：开敞空间是城市空间的重要类型，四周开敞、无隐秘性、视线不受限制，给人开阔的心理感受。一般选择低矮灌木、花卉以及地被植物作为空间的限制因素，草坪、花园等属于此类空间。半开敞空间为非全方位开敞，一面或多面受到较高植物的封闭，限制视线的穿透，植物作为多个空间的界线，来丰富景观空间类型。

树林空间：在茂密的树荫下，树林空间是一个混合体及隐藏空间，规则的树林在设计中经常运用。在场地中，树木排列成网格、交错或其他规则的形状，这种通过人工化序列化的空间能够创造具有亲密感的空间，且这种森林空间有改变微气候的重要作用。

绿篱围合：绿篱是相对紧密的空间围合要素，也是具有多种特征的边界，并且有依赖感。因为它是作为一道绿色的有生命力的围墙来考虑的，作为城市和郊区环境中流行的围合要素，在温带，草本植物能形成季节性的空间围合，植物的味觉、质感与动态相结合，能创造优美的、独特的围合。

植物地毯：设计师应合理利用地面上自然生长的植物，选择合适的品种和管理来满足质感、视觉、功能和用途等要求，通过单一和起主导性的植物来统一空间。

（三）路径设计

1. 路径系统与分级

一般景观的景观道路分为三种：

（1）主要道路

贯通整个景观，必须考虑通行、生产、救护、消防、游览等要求。

（2）次要道路

沟通景区内各景点、建筑，通轻型车辆以及人力车。

（3）林荫道和各种广场

路径通常有轴线形式、曲线形式，轴线与曲线路径有不同的功能和特征，提供

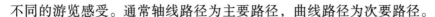

不同的游览感受。通常轴线路径为主要路径，曲线路径为次要路径。

2. 路径与地形

栈道式：该路径一边围合一边开敞，能够眺望周围的景观，通常一边高一边低，例如海边、河边及湖边等滨水路径。

切割路和垄式路：切割路是两边由土或挡土墙围合的路径。如果切割路较浅，它是充满阳光的；如果切割路很深并且植物茂盛，它是潮湿和阴冷的。垄式路的路径两边都高出周围地面，优点源于它全方位的视野，经常在区域性湿地中建设。

螺旋形和盘山路径：人们为了到达高和陡峭的山峰，通常开车盘山而行，因而路径通常围绕着山峰建成螺旋形或是沿着山坡一面建成 Z 形。

台阶和坡道：台阶和坡道在景观中充分运用，不但可满足连接空间层次和交通的需要，也可以供人休息和观景。

3. 路径与建筑

街道：街道景观设计主要是处理建筑之间的空间、尺度等问题。

高架步行道：高架步行道能够产生周围环境的特殊的景观感受，能够从比较平淡的休闲空间中强化空间的舒适性，但它又会成为使用者的障碍物，特别是要穿越它到达某个空间的时候，轻质结构能够避免其下部形成"黑"或者"死"的空间。

有盖顶的步行道：有盖顶的步行道在场所中有广泛的运用，步行道通过盖顶能够遮挡阳光和风雨，并且提供庇护和阴影，能够有效地改善微气候。有盖顶的步行道因其明亮、透明和视野开放的结构而成为重要的社会活动和休闲场所。

4. 路径与植物

林荫道：纵向林荫道通过加强轴线的方式，在建筑和路径之间提供过渡性边界。它可以界定路径，创造阴影，吸引人们休息散步等社会活动，清洁城市空气，为野生动植物创造栖息地，标志时间与空间，引导视线等。

林中路径：树林中的路径是梦幻般的，在其中散步，树木的躯干沿着轨迹运行，视线的滑行和移动组成相似的图案。

绿篱围合的步行道：绿篱通常围合路径的一侧或两侧，为行人提供安全和庇护。可以同乔木一样加强路径的方向性。

植物地面和草坪路径：在较少使用的场所或者休闲场所，植物地面始终是合适的选择。可以通过使用不同种类的草或者草坪组合来创造路径。

5. 路径与水

滨水路径：城市景观中经常利用河道、水渠、海滨等来创造滨水休闲行步道。它同路径的节点、边界、停留空间和序列紧密结合。通过创造滨水关系的多样性来避免单调，并能沿着路径将景观串联起来。

城市中的河道和运河：在城市环境中，河道和运河起着运输、游览、观光和生态廊道的作用。它是城市环境中最基本、最重要的部分，应当充分考虑它的环境效益和环境问题。

线形水体：小溪和水渠这类小型水体，就其本身的形式而言并不是路径，但在景观设计中，它经常沿着其延伸方向与路径设计相结合。通过充满趣味的随意性的道路，水体能够增加步行的欢乐气氛。在线形水体中，人可感受其空间序列和多样性韵律。

（四）边界设计

1. 边界形式

边界是一种连锁形式或者过渡性空间，它围合或分隔不同空间。在景观中，边界作为物质和实在观念的思考，为整合、混合、丰富和精致过渡性空间的设计提供多种机会。边界可以粗糙，可以光滑，在一个空间不同的围合平面中，光滑的边界与粗糙的边界通常结合在一起，光滑边界的特点在于其简洁性和持续性，粗糙的边界结合灰空间成为独立的部分，两个空间之间不连贯的物质分隔会产生生理和心理上的障碍。边界作为障碍是设计中的一种重要技巧，设计时可以下意识地使边界成为障碍。沿着边界的延伸方向通过质感、形式和色彩的重复使用可以形成韵律感和序列感，并且这给整个边界的多样性和整体性创造有利条件。

2. 边界与地形

锯齿状边界：锯齿状边界是指两个空间的交界如锯齿一样互相咬合，同时也是两种地形交叉的排列形式。在较低一侧，锯齿状边界能创造许多小空间，在较高一侧突出部分可供人们休息和眺望。锯齿状边界可以是自然式的或者是几何式的。

堆垛状边界：堆垛状边界是用类似的块状物以不同方式高低错落地堆在一起而形成的边界。它一般是成组地、有韵律地排列一起，从而产生自然形成的意味，并将水和植物结合在一起，为休息、攀登和儿童玩耍提供多样的形式。

堤、脊、沟：分隔或围合空间的堤作为边界能够供人使用，两个堤背靠背形成脊。它分隔空间，但也能依据自身的特点形成空间，可供人们散步、休息、眺望、躲藏等。通过降低地面，沟能够分隔空间，它通常是潮湿、隐蔽的场所。

3. 边界与建筑

作为建筑和景观的分界面，建筑周边的线形空间既是建筑的外界，也是景观的边界。这个过渡空间即建筑空间室内外之间需要设置硬质的、实体性的联系界面。在联系的空间中景观进入建筑和室内，或者建筑的构件延伸到景观，都是常用的手法。

柱廊和柱子：柱廊是硬质的边界形式，也是可通透的围合边界。它既是建筑的延伸，又是相对自由、独立的构筑物，它能够提供有盖顶的空间，是人们交谈活动的场所，从而成为重要的公共空间。

通透的构筑物：类似栅栏、栏杆和格子架等构筑物是适宜的通透构筑物，它从一个空间到另一个空间的视觉是可以穿透的，在物质上却不接触。

4. 边界与植物

在连锁型边界和过渡性边界中，植物的质感和多种形式在边界中起重要作用。单株或成群植物有松散和粗糙的特点，整齐的边界植物对于建筑或者构筑物有很大的聚集感染力。

树林边界：树林边界是一种有梯度的场所，从高的乔木到低的草本植物过渡，其变化构成群落交错区，为动物提供栖息地，也是景观感受和视觉丰富多彩的地方。

线形林荫道：线形空间的林荫道能为行人提供停留、休息、停车或者观看等场所。树冠能围合或界定地面空间。

绿篱和灌木边界：绿篱的高度能够形成人性化尺度的边界结构，很多修剪规则的绿篱边界能够供人们休息、使用，使人具有安全感和庇护感。灌木在界定边界的同时，本身也可以充满自然美感。

（五）节点设计

1. 节点形式

节点可以定义为在大空间或路径之间的小过渡空间，或是一个场所与另一个场所之间的景观形式。节点是一个过渡性空间，它给出的空间形式通常提供给人们新的感受。景观中的节点经常提供视觉和物质连接性，能成为下一个空间开始的地方。

在城市环境中，入口空间或室外前厅影响一个环境向另一个环境过渡。入口.空间通常是与建筑相关的小空间，也是灰空间，比如建筑的大厅和门廊，在这里可以分隔一个空间到另一个空间。出入口置放物常见的有建筑、雕塑或小尺度植物等。对一些非正式的场所，节点的用途通常表述为非正式的、没有管理的、两空间之间的场所，这种空间用于人们社会和休闲活动，在设计中，这类空间更普遍、更能适应人们的多样性活动。

2. 节点与地形

出入口地形：在较大尺度或中等尺度上，地形变化能形成出入口空间。设计中可以用几何或自然方式改变地形，使人能到达与进入。

步级平台：连接一个空间到另一个空间的台阶形式是结合性节点。步级作为节点的形式是丰富多样的，如果它尺度较大，可以满足停顿和休息要求；如果尺度较小，它便成为连接上下空间的路径，还可以作为连接顶部和底部的空间的步级节点。

3. 节点与建筑

出入口的建筑：建筑、雕塑、大门或拱形结构等构筑物的共同用途是标志出入口。设计它的形式时应考虑它的目标、文脉、适当比例和材料。

铺地：铺地的改变和转换能创造节点，并定义出过渡空间。比如它能暗示建筑出入口，有时在出入口处，建筑的表面材料可以延伸到景观中。

平台：平台可以将地平面延伸进入景观，它具有室内外空间的双重特征。

4. 节点与植物

绿色节点：植物通常被运用到小节点空间与相邻的大空间，通过植物与相邻的空间结合可丰富节点空间。孤植的景观树经常用于出入口空间。

绿色出入口：人从植物之间或植物下面通过，会产生空间转换的感受。因此，设计中经常利用修剪植物来创造出入口、拱门或入口廊架，它预示着场所空间从街道或广场到庭园的过渡，或者庭园之间的过渡。

框景：在景观设计中可以用植物排列形成具有特征的景观视线。树冠或超过头顶高度的花架可以构成完整的框景，可以看到天空或远距离的景物。

5. 节点与水

甲板和平台：甲板和平台横跨在水体上，帮助人们在河上建立与水的亲密联系。人们可以利用甲板进行钓鱼、观景等亲水活动。

入口空间和休息空间的水：在休息和入口的节点环境中经常设计小型水体，其安静、有活力，具有象征意义。潮湿和清凉的水池及其周边能够创造明亮的空间，与邻近的空间形成对比，且有些小型水景能够标志过渡空间。

二、景观竖向设计

（一）解读场地地形

了解建设场地范围，规范的场地范围是由一组连续的坐标点形成的闭合区域。熟悉建设场地方位，除了通过地形图中的指北针了解场地方位，地形图通常标有 50～100 m 间距的纵横坐标网或十字坐标，图面是按上北下南的方向绘制的，纵轴对应的方向为正南北向，通过坐标网、光标也可以得到准确的场地方位。了解场地内已有建、构筑物的结构形式、层数、使用性质以及已建建筑的拆除或保留情况；掷清建设场地现状高程，由地形图上的高程标注点或等高线可判定场地任意点的高程，求出各点高差可还原出场地立体图解；通过场地周边道路坐标的定位图、纵横断面图的控制点标高、纵坡度、坡长等参数，对于照场地内标高，可判定场地现状与周边道路的关系。

（二）掌握基础资料

熟悉建设场地的地质条件资料，弄清冲沟、沼池、高丘、滑坡、断层、岩溶等不良地质现象，以便在规划方案中将重要使用功能避开不利地段，合理布局；熟悉所在地区的水文资料，在有洪水威胁的地区，要了解所在地区的防洪标准及相应洪水位线，场地标高应高于设计洪水位线 0.5 m，或采取防洪堤等其他防护措施；了解地下管线的情况，建设场地地势较为低洼时，需了解建设场地周边各种地下工程管线的埋置深度、接管点标高，以确保场地竖向完成后，场地内的雨水、污水管及与外部管网衔接；确定填土土源与弃土地点，初步推断场地需要做的调整，对场地内土方无法平衡，挖方量或填方量大的项目，需了解填土土源或余土的弃土地点，以便进行经济比较，综合考虑场地竖向的解决方案。

（三）确定竖向方案

根据场地自然坡度，结合场地周边用地及道路情况，以及防洪排涝措施，推断可采取的场地总体处理方式，并进行多方案比较。有些场地周边道路尚未形成，设计前需要了解城市规划道路竖向高程，以便规划道路形成后和场地具有良好的关系。

1. 平坦场地

对于自然地形坡度小于5%的场地，可视为平坦场地，采用平坡式布置。竖向设计首先要考虑与周围道路的衔接及场地雨水的排出，特别需要注意以下3种情况：

（1）场地低于设计洪水位线

注意防洪，需要进行经济比较，选择采取抬高场地高程或其他防洪排涝措施。

（2）场地低于周边道路

注意场地排水，并需防止周边雨水倒灌入场地，可以采取抬高场地高程、加大场地与外部连接处坡向场地外的排水坡度等技术措施，确保场地雨水的快速排出。如果填方量过大，也可将场地标高设置低于外围道路标高，抬高入口处标高以防止外部雨水倒灌，场地内根据场地汇水面积、暴雨强度计算最大水量，利用设置人工湖、集水坑等收集雨水措施，或采用抽水泵排出场地雨水。人工排水措施运行费用高，且需要注意场地有保证电源以及水泵的平时维护措施，确保水泵的正常运行，在雨量大，有洪涝灾害的地区不宜采用此方式。

（3）场地过于平缓

注意场地排水，采取措施保证场地坡度大于0.2%，否则应该采取特殊排水措施，比如设置雨水管线、增加雨水口等。

2. 坡地

（1）坡度5% ~ 10%

场地面积较小或坡度较小时可采用平坡式，场地面积、坡度较大时可采用混合式或台阶式。当景观体量大或展开面较长，且垂直等高线布置时，应注意建筑室内外的衔接。当场地采用台阶式时，相邻台地高差宜控制在1.5 ~ 3.0 m之间，并设挡土墙或护坡，注意处理好台地之间的交通联系，车行道的坡度需要根据场地所处气候区控制最大坡度及坡长。

（2）坡度10% ~ 25%

场地应分为若干台地，相邻台地高差宜控制在1.5 ~ 3.0m之间，并设挡土墙或护坡，挡土墙高度超过3 m时宜分台设置，注意处理好台地之间的交通联系，车行道不宜与等高线垂直布置，车行道的坡度需要根据场地所处气候区控制最大坡度。

（3）坡度25% ~ 50%

场地分为若干台地，景观宜平行等高线布置并采用错层或者掉层法消化场地高差，车行道等高线间宜采用较小夹角以控制最大道路坡度。

（4）坡度50%以上

景观布局受限，要注意景观与场地工程设施的关系，安排好护坡、挡土墙、截水沟的设置，宜采用人行梯道连接场地，可以不考虑车行道的设置。

三、地面铺装设计

①便易性原则。这是首要的要求。当设计者确定了步行道路的布置之后，就要提供舒适、美观的路面，鼓励行人按照这些路线行走；同时，也要设置不舒适的、

走起来困难的路面（软质的或硬质的），以阻止人们朝不应走的路走。

②安全性原则。必须做到使路面无论在干燥还是潮湿的条件下都同样防滑，斜坡和排水坡不应太陡，以免行人在突然遇到紧急情况或在黑暗时发生危险。

③生态性原则。应尽量设计成透水性的铺装，便于雨水的循环利用以及减少地表径流对于堤岸的冲刷。目前已建铺装往往过于人工化，动辄花岗石、大理石或混凝土现浇，极大地破坏了土壤的自然生态，又增加成本，应该尽量避免这种做法。

④经济性原则。选用不同路面时应记住的要点是：景观设施的真正造价是初始成本加上维护费用。虽然草地和碎石铺装较混凝土价廉，但在使用强度大的地区维护费用可能很高，以致得不偿失。

⑤实用性原则。以色彩为例，设计者可能遇到的主要问题是怎样能做到既不暗淡到令人烦闷，又不鲜明到俗不可耐。色彩的变化会产生极为不同的外观效果，有些场合，用强烈对比和鲜明的色彩突出活泼、热烈的空间范围。有些场合，用质朴大方的色彩突出厚重、宽广的空间范围，色彩的变化，只有在反映功能的区别时才可使用。

四、环境小品设计

①交通类：路标、指示牌、向导图、交通岗、信号灯、公交候车亭、出租车候车亭、道路分隔带、导盲设施等。

②市政类：各类盖板、消防栓、机动车道路照明、步行照明、装饰照明、变电箱、配电箱、电话亭、邮政信箱及垃圾箱等。

③生态类：

④宣传类：

⑤服务类：

⑥休憩类：

⑦装饰类：

⑧商业类：生态栈道、树穴、支架、花坛、鸟巢等。

公共广告、商业广告、店铺招牌、报栏、宣传栏等。治安服务指示、服务箱、有线广播、书报亭、饮水处等。滨水小广场、表演舞台、座椅及儿童活动设施等。雕塑、小品、各类临时性设施等。

第六章 城市河湖水污染综合治理

第一节 城市污水处理及其资源化利用

一、城市污水处理及资源化利用

（一）城市污水收集系统

1. 排水管网系统的体制

城市污水的不同排除方式所形成的排水管渠系统统称作排水系统的体制，简称作排水体制。排水体制一般分为合流制和分流制两种形式。

（1）合流制排水系统

将生活污水、工业废水和雨水混合在同一个管渠内排除的系统。城市化发展进程中，国内外很多老城市在早期均采用此种方式。但是无论是最初采用的直流式还是近期通常使用的截流式合流制排水系统均存在着部分污水未经处理直接排放的问题，对受纳水体具有极大的威胁。

（2）分流制排水系统

将生活污水、工业废水和雨水分别在两个或者两个以上各自独立的管渠系统内排除的系统。

（3）混合制排水系统

同一座城市中既有分流制又有合流制的排水系统。一般是在具有合流制的城市需要扩建排水系统时出现的。在大城市中，因各区域的自然条件以及修建情况可能相差较大，因地制宜地在各区域采用不同的排水体制也是合理的。

合理地选择排水系统的体制，是城市及工业企业排水系统规划和设计的重要问题。它不仅从根本上影响排水系统的设计、施工、维护管理，而且对城市和工业企业的规划和环境保护影响深远，同时也影响排水系统工程的总投资、初期投资费用及维护管理费用。排水系统体制的选择应根据城镇和工业企业规划、当地降雨情况和排放标准、原有排水设施和利用情况、地形和水体等条件，综合考虑确定，但通常环境保护应是选择排水体制时所考虑的主要问题。新建地区的排水系统宜采用分流制。此外，同一城镇的不同地区可以采用不同的排水体制。

2. 排水管网系统组成

排水管网系统是指污（雨）水的收集设施、排水管网、水量调节池、提升泵站、输送管渠和排放口等以一定方式组合成总体。

（1）城市污水排放系统

城市污水排水系统主要有室内污水管道系统及设备、居住小区污水管道系统、街道污水管道系统、污水泵站及压力管道、污水处理厂、出水口以及事故排放口等组成。

（2）工业废水排放系统

工业企业中，用管道将厂内各车间及其他排水对象所排出的不同性质的废水收集起来，输送至废水回收利用和处理构筑物，处理后的废水可再利用、排入受纳水体或城市排水系统。工业废水排水系统主要组成为：车间内部管道系统和设备、厂区管道系统、提升泵站及压力管道及废水处理站。

（3）雨水排水系统

雨水排水系统主要由以下几个部分组成：建筑物雨水管道系统和设备、居住小区或工厂雨水管渠系统、街道雨水管渠系统、排洪沟、出水口，雨水一般宜接排入水体，但应注意初期雨水的收集及处理。

合流制排水系统的组成和分流制相似，同样由室内排水设备、室外居住小区以及街道管道系统组成。住宅和公共建筑的生活污水经庭院或街坊管道流入街道管道系统。雨水经雨水口进入合流管道。合流管道系统的截流干管处设有溢流井。

3. 排水系统总平面布置

城市排水系统总平面布置的主要任务为：干管、主干管走向；确定污水处理厂和出水口的位置。确定城市、居住区或工业企业的排水系统在平面上的布置，根据地形、竖向规划、污水处理厂的位置、土壤条件、河流情况以及污水的种类和污染程度等因素确定。实际情况下，单独采用单一布置形式的情形较少，通常根据当地条件，因地制宜地采用综合布置方式。

目前常见的布置形式主要有6种，各自有对应的适用情况：直流正交式布置仅适用于雨水，而不适用于污水；截流式是直流正交式的发展，用于雨污合流管道可减轻水体污染，改善和保护环境；平形式布置适用于地势向河流方向有较大倾斜的地区，可避免管内流速过大，引起管道受到过度冲刷；分区布置形式适用于地势高低相差较大的地区，高区污水靠重力自流入污水处理厂，低区设置污水提升泵提升污水；当城市较大，周围有河流或排水出路，或者城市中心部分地势较高，各排水区域的干管可采用辐射状分散布置；对中小城市或排水出路相对集中的地区，可以将分散式布置改为环绕式布置。

4. 排水管道的设计

污水管道系统设计计算步骤主要包括下列几个部分：

（1）总平面设计

主要包括在城市或小区平面图上布置污水支管、干管和主干管；确定污水处理厂位置和排水出路；划定各支管、干管的汇水面积，进行街区编号并计算其平面面积。

（2）干支管线的平面设计

包括确定干支管线的准确线路位置、各干支管的井位、井号，划分设计管段。

（3）确定设计标准

确定设计标准、设计人口数、设计污水量定额。

（4）确定设计流量

确定总变化系数，计算各设计管段设计流量，计算工业企业或公共建筑污水量。

（5）进行水力计算

水力计算的任务是根据已经确定的管道路线以及各设计管段的设计流量来计算各设计管段的管井、坡度、流速、充满度和井底高程。污水管道水力计算的原则是：不淤积、不溢流、不冲刷、通风良好。在确定设计流量后，由控制点开始，从上游到下游，依次进行干管和主干管各设计管段的水力计算。进行管道水力计算时，应注意的问题有：细致研究管道系统的控制点、地面坡度与管道敷设坡度的关系，确保下游管段的设计流速应不小于上游。

（6）管道平面图和纵剖面图

初步设计阶段的管道平面图通常采用的比例尺 1 ： 5000 ～ 1 ： 10000。施工图设计阶段的管道平面图比例尺常用 1 ： 1000 ～ 1 ： 5000。管道纵剖面图的比例尺，一般横向为 1 ： 500 ～ 1 ： 2000，纵向 1 ： 50 ～ 1 ： 200。

5. 排水管渠运行管理

排水管渠在建成通水后，为保证其正常工作，必须经常进行养护和管理。排水管渠渠内常见故障有污物淤塞管道，过重的外荷载、地基不均匀沉陷或污水的侵蚀作用使管渠损坏、裂缝或腐蚀等。排水管渠管理养护的主要任务是：验收排水管渠，监督排水管渠使用规则的执行；经常检查、冲洗或者清通排水管渠，来维持其通水能力；修理管渠及其构筑物，并处理意外事故等。

（1）排水管渠的清通

清通排水管渠是排水管渠系统管理养护最经常性的工作。清通的主要方法包括：

水力清通（用水对管道进行冲洗）和机械清通（利用专用机械进行清通，主要用于管道淤塞严重，淤泥已粘结密实，水力清通效果不好时）。

（2）排水管渠的修复

系统地检查管渠的淤塞及损坏情况，有计划地安排管渠的修复是养护工作的重要内容。管渠的修复有大修和小修之分，应该根据各地的技术和经济条件来划分。修理的内容包括检查井、雨水口顶盖的修理与更换；检查井内踏步的更换，砖块脱落后的修理；局部管渠损坏后的修补；由于出户管的增加需要添建的检查井及管渠；由于管渠本身损坏、淤塞严重，造成无法清通时所需的整段开挖翻修。为减少地面开挖，"热塑内衬法"和"胀破内衬法"在排水管渠的修复中广泛采用。

（3）排水管渠的渗漏检测

引水管渠的渗漏检测是一项重要的日常管理工作，如果管渠渗漏严重，将不能发挥应有的排水能力。为保证新管道的施工质量和运行管道的完好状态，应进行新建管道的防渗漏检测和运行管道的日常检测。目前常用的检漏方法之一为低压空气检测方法：将低压空气通入一段排水管道，记录管道中空气压力降低的速率，利用空气压力下降速率来检测管道的渗漏情况。

（4）排水管渠养护时的操作安全

排水管渠的养护必须注意安全，管渠内的污水通常会析出硫化氢、甲烷、二氧化碳等气体，某些生产废水能析出石油、苯等可燃物质。如果养护人员下井，除应有必要的劳保用具外，下井前必须先将安全灯放入井内；发现管渠内存在有害气体时，必须采取有效措施排除，例如将两相邻检查井的井盖打开一段时间，或用抽风机吸出气体，之后进行复查。

6. 排水管网地理信息系统（GIS）

目前大多数城市的排水系统还是沿用以往纸质记录档案管理方式，这与现代化管理的数字化、信息化特点是格格不入的。由于地下管线定位不明确，无法提供准确的信息，造成各类地下管线被施工破坏的现象屡见不鲜，给社会带来巨大的经济损失，同时严重影响了公民的正常生产和生活秩序。

城市排水管网地理信息系统就是利用GIS技术和给水排水专业技术相结合，利用高级编程语言对于地理信息系统组件进行的二次开发，集采集、管理、更新、综合分析与处理城市排水管网系统信息等功能于一体的一个应用系统。从功能上说，它应能迅速提供现实性强、真实准确的地下管线信息，并且能实现快速查询、综合分析等操作，从而为城市的管理、发展预测及规划决策提供可靠的依据。

（二）城市污水处理

城市污水中存在的污染物主要包括：天然有机物，如糖类、蛋白质、脂类；人工合成有机物，如农药、染料、添加剂；无机物，如氮、磷、硫化物、重金属、无机盐；病原体，如细菌、病毒、原生动物、真菌、寄生虫，干扰物，如激素、内分泌干扰物、药物等。城市污水处理的目的就是充分利用现有的处理工艺在考虑经济的基础上尽可能的降低污染物质的含量，从而减轻其对环境的污染。城市污水的处理工艺是由一系列处理构筑物组成，污水处理效率的高低，很大程度上取决于各个单体构筑物的运行、维护和管理。城市污水处理系统一般由预处理工艺、生物处理工艺、消毒与计量设施、污泥处理系统等几部分组成。城市污水处理按处理程度一般可分为三级，即一级处理（物理处理）、二级处理（生物处理）及三级处理（深度处理）。处理程度应根据污水水质、国家相关排放标准及受纳水体的污染现状确定。

1. 一级处理工艺

城市污水一级处理主要是物理法处理，一般主要由格栅、调节池、污水提升泵房、沉砂池、初沉池等处理单元组成。水量较大的污水处理厂可以不设调节池，直接利用排水主干管调节水质、水量。

城市污水预处理的主要目的是去除水中呈悬浮状态的固体污染物质，降低后续处理单元的处理负荷，减少后续处理设备和管道的磨损。其主要通过栅网拦截、重力沉淀、旋流分离等物理作用去除污水中的悬浮物质。

格栅主要拦截污水中体积较大的大块漂浮物，以防水泵和管道堵塞，影响设备的正常运行。格栅所能截留悬浮物和漂浮物（栅渣）的数量取决于栅条间空隙宽度和污水的性质。格栅栅条间空隙宽度应符合以下要求：在污水处理系统前，采用机械清除时为 16 ~ 25mm，采用人工清除时为 25 ~ 40mm；在水泵前应根据水泵要求确定。在污水处理系统或水泵前，必须设置格栅。如水泵前格栅栅条间隙宽度不大于20mm 时，污水处理系统前可不再设置格栅。现在许多污水处理厂为了加强格栅的拦污效果，减少后续构筑物的浮渣污染，设计上常采用细格栅（格栅间隙1.5 ~ 10mm）。

沉砂池主要通过重力沉淀和旋流分离作用，去除污水中比重较大的无机颗粒，以防这些颗粒对后续设备和管道造成机械磨损，影响后续处理构筑物的正常运行。城市污水处理厂应设置沉砂池；工业废水处理是否要设置沉砂池应根据具体的水质情况而定.城市污水处理厂沉砂池的池数或分格数应不小于2，并宜按并联系统设置。

初沉池的主要作用包括以下几个方面：通过重力沉淀作用，去除污水中可沉淀的有机悬浮物质 SS，去除率一般在50% ~ 60% 左右；降低污水中 BOD5 的含量（约占总 BOD5 的20% ~ 30%，主要是悬浮态的 BOD5），从而降低后续生物处理构筑物的负荷；均和水质。对城市污水处理厂，动沉池数目不应该小少 2 座。

影响一级处理工艺单元运行效果的主要因素：一是污水水质的影响，主要包括悬浮物的含量、密度、化学性质、粒径分布对处理效果的影响以及水文、黏度、腐化程度等污水理化指标对处理效果的影响；二是污水水量变化的影响。

2. 二级生物处理工艺

生物处理法是利用微生物的代谢作用，通过一定人工强化措施使废水中的有机污染物和无机营养物转化为稳定、无害的物质。生物处理系统由于运行费用较低、运行稳定、维护方便，得到了广泛应用，目前已成为污水处理的主体工艺。根据微生物的存在状态可将生物处理分为活性污泥处理法和生物膜法处理两类；按是否供氧可分为好氧处理、厌氧处理。常见的生物处理方法有传统活性污泥法、SBR 法、氧化沟法、生物滤池法、生物接触氧化法、厌氧生物消化法、稳定塘、湿地处理等方法。但国内外最普遍流行的是以传统活性污泥法为核心的二级处理。城市污水处理工艺的确定，是根据城市水环境质量要求、来水水质情况、可以供利用的技术发展状态、城市经济状况和城市管理运行要求等诸方面的因素综合确定的。工艺确定前一般都要经过周密的调查研究和经济技术比较。

（1）好氧处理

生物处理工艺是活性污泥法污水处理系统的核心，一般由曝气池、二次沉淀池及污泥回流系统等组成。曝气池是进行生化反应的主要场所，其处理效果的好坏直接关系到整个工艺的处理效能。为保障曝气池的正常运行，需要对其进行重点的运行维护，主要包括：①污泥负荷和污泥龄（SRT）的控制。控制池内的生物量、生物活性及活性污泥系统中的微生物种类，有效应对原水水质的变化，强化水中污染物质的去除；② MLSS 和溶解氧的控制。根据进水水质的变化，合理控制系统中的 MLSS，进而调节曝气充氧量，使好氧段的溶解氧控制在 2 ~ 3mg/L 之间；二沉池是使活性污泥与处理后的污水分离，并获得一定程度浓缩的场所，其结构形式绝大多数采用辐流式。二沉池的工艺运行控制多通过水力表面负荷、固体表面负荷、出水堰溢流负荷以及二沉池泥位等参数的调整来进行；回流污泥系统是把二沉池中沉淀下来的大量活性污泥再回流到曝气池，从而保证曝气池内有足够的微生物浓度，进而确保其生物活性。随着近年来氮、磷排放标准的日益严格，最近几年国内应用较多的活性污泥法主要有 A/0 或 A2/0 工艺、SBR 工艺、氧化沟工艺及一批改进型工艺等。污水的生物膜处理法也是一种被广泛采用的污水好氧处理技术，一般适用于中小规模水量的生物处理。生物膜处理法是在污水土地处理法的基础上发展起来的，本质上与土壤自净的过程和机理类似，是土壤自净过程的强化，其特点是细菌、菌类微生物和原生动物、后生动物等微型动物附着在滤料或某些载体上生长繁殖，并在其上形成膜状生物黏泥—生物膜，污水与生物膜接触后，污水中的有机污染物被生物膜上的微生物吸附降解，转化为 H_2O、CO_2、NH_3 和微生物细胞物质，污水得到净化，老化的生物膜不断脱落更新。自 19 世纪英国首先使用滴滤池（低负荷生物滤池）以来，生物滤池（低负荷生物滤池、高负荷滤池、塔式生物滤池等）得到了广泛应用；近几十年来，诸如生物转盘、生物接触氧化池、曝气生物滤池、生物流化床等生物膜法的新工艺得到开发利用。生物膜法及微生物相的特点主要包括：参与净化反应的微生物多样化、生物的食物链长、剩余污泥量较少、能够存活世代时间较长的微生物、优势种属的微生物功能得到充分发挥，进而其处理工艺对水质、水量变化具有较强的适应性、污泥沉降性能良好，易于固液分离，能够处理低浓度污水（BOD5 值低于 50 ~ 60mg/L），维护管理方便，动力费用较低。

（2）厌氧处理

厌氧处理是指在无氧的条件下，由兼性菌和专性厌氧细菌降解污水或污泥中的有机物，最终产物是二氧化碳和甲烷气，使污水或污泥得到稳定。目前针对厌氧降解过程中微生物的种群分布较为公认的理论模式是厌氧消化三阶段理论，具体内容

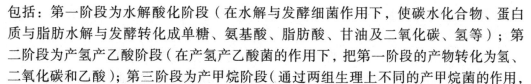

包括：第一阶段为水解酸化阶段（在水解与发酵细菌作用下，使碳水化合物、蛋白质与脂肪水解与发酵转化成单糖、氨基酸、脂肪酸、甘油及二氧化碳、氢等）；第二阶段为产氢产乙酸阶段（在产氢产乙酸菌的作用下，把第一阶段的产物转化为氢、二氧化碳和乙酸）；第三阶段为产甲烷阶段（通过两组生理上不同的产甲烷菌的作用，一组把氢和二氧化碳转化为甲烷，另一组对乙酸脱羧产生甲烷）。

厌氧生物处理法与好氧生物处理法相比较具有下列优点：①具有良好的环境效益和经济效益；②厌氧废水处理设备负荷高、占地少；③剩余污泥产量低，厌氧法产生的剩余污泥量相当于好氧法的 1/10 ~ 1/6；④厌氧法对营养物的需求量小；⑤应用范围广；⑥对水温的适应范围广；⑦厌氧法污泥在长时间的停止运行后（一年），仍可保持生物活性。其缺点包括：①出水 COD 浓度较高，仍需进行好氧处理，提高出水水质；②厌氧反应器初次启动过程缓慢（8 ~ 12 周），厌氧细菌增殖速度较慢；③厌氧微生物对有毒物质较为敏感。

厌氧处理技术不仅用于有机污泥、高浓度有机废水，而且还能够有效处理像城市污水这样的低浓度污水。近年相继开发的新型厌氧生物处理设备由厌氧生物滤床、厌氧接触池、上流式厌氧污泥反应器、厌氧膨胀床、内循环厌氧反应器、厌氧折流板反应器、分段厌氧处理设备等，这些新型厌氧反应器和好氧生物处理技术相比较，具有一系列明显的优点，从而发展和应用前景较好。

厌氧和好氧串联处理工艺技术的开发应用正是能够充分发挥厌氧微生物对高分子有机物水解酸化能力强的优势和好氧微生物对低分子有机物氧化分解迅速彻底的优势，将两者联合，取长补短，可达到满意的处理效果。大量的实验研究和生产实践证实：厌氧和好氧串联处理技术与单独采用厌氧生物处理或单独采用好氧处理技术比较，水力停留时间短、处理效果好、运行稳定，还具有一定的脱氮除磷作用等优点，不仅在城市污水处理工程中，而且在纺织印染、石油化工等有机生产废水处理工程当中，都显示出较大的优越性，所以得到广泛应用。

3. 深度处理

三级处理是在一级、二级处理后，进一步处理难降解有机物、磷和氮等能够导致水体富营养化的营养元素（氮和磷）及其他有毒有害物质「并进一步降低水中的悬浮物，进而回用于各种用途。主要处理方法有生物脱氮除磷法、混凝沉淀法、砂滤法、活性炭吸附法、离子交换法和电渗析法等。三级处理是深度处理的同义词，但两者又不完全相同：三级处理常用于二级处理之后的补充处理，而深度处理则是以污水回收、再利用为目的，在一级或二级处理之后增加的处理工艺。

4. 污泥处理

污水生物处理过程中会产生大量污泥，其产量约占处理水量的 0.3% ~ 0.5%（以含水率为 97% 计）。污泥中含有有害、有毒物质、致病微生物，同时，污水系统产生的污泥含水率高，体积大，输送、处理处置都不方便。所以污泥处理的目的是使污泥减量化、稳定化、无害化及资源化。

城镇污水污泥的减量化处理包括使污泥体积和污泥质量减少。污泥体积的减少可采用污泥浓缩、脱水、干化等技术；污泥质量的减少可以采用污泥消化、污泥焚烧等技术。

城镇污水污泥的稳定化处理是指使污泥达到稳定（不易腐败），以利于对污泥作进一步处理和利用，可以达到或部分达到减轻污泥重量、减少污泥体积、产生沼气、回收资源、改善污泥脱水性能、减少致病菌数量、降低污泥臭味等目的。实现污泥稳定可以采用厌氧消化、好氧消化、污泥堆肥、加碱稳定、加热干化、焚烧等技术。

城镇污水处理厂污泥的无害化处理是指减少污泥中的致病菌数量和寄生虫卵数量，降低污泥臭味；广义的无害化处理包括污泥稳定。

污泥的处理处置方式包括作肥料、作建材、作燃料、填埋和焚烧等。

城镇污水处理厂污泥的处理应根据地区经济条件和环境条件进行减量化、稳定化、无害化；城镇污水污泥处置应优先考虑资源化，并且逐步提高资源化的程序，变废为宝。

（三）城市达标尾水处置及再生利用

针对目前的水环境污染问题，以提高污水处理厂处理效能为目的的技术升级和改造正在实施，部分经济发达地区已经将污水排放标准由一级 B 提高至一级 A、但是，虽然经污水处理厂处理可大大削减进入水体的污染负荷，但其中所含的污染物质的量仍处于较高的水平。

1. 城市达标尾水处理处置途径

由于城市达标尾水仍然会对城市河湖水环境造成一定威胁，需要对城市污水处理厂的达标尾水进行适当的处置。近年来，达标尾水出路研究的总体趋势是控源、净化、输导和综合性方法。达标尾水出路是以深度处理再生利用与达标尾水通道输送排江、排海处置或生态工程净化处理相结合为原则，根据各地区或各城镇总体规划、产业布局、江河湖库的水环境容量和水功能区划，结合当地的地形地貌，尤其对江河湖泊纵横交错、且受江潮影响较大的平原河网地区，要结合水流流向顺逆变化，湖荡密布，江滩、河滩、沙洲与湿地较多等特征，进行综合设计。达标尾水排江排海的通道建设则应以小区域为主、大区域为辅的原则，科学合理地设置排污口并选定排放方式。

达标尾水按行政分区就地消化，即深度处理与再生水利用，可达到节约水源、减少污染物排放量的双重目的；余量部分进入划定的尾水通道输送，即以水功能区划的目标水质为约束，根据每个市县内河的水环境容量和水环境功能区划，选取一条或两条河道作为该行政区的尾水通道，在排放口处利用江滩、河滩、、沙洲、湿地等自然生态系统和强化生态工程进行生态净化后，排放水体。这样，有利于分清投资、施工、水环境长期维护管理的责任关系，有利于水环境改善及可持续利用。

2. 城市污水再生利用的意义

城市污水虽然含有一定量的污染物质，但其主体仍然为珍贵的淡水资源，可以作为城市日常生活、生产使用的资源，污水再生利用的目的就是回收淡水资源以及

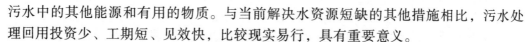

污水中的其他能源和有用的物质。与当前解决水资源短缺的其他措施相比，污水处理回用投资少、工期短、见效快，比较现实易行，具有重要意义。

（1）作为第二水源，可以缓解水资源的紧张问题

城市污水水量大，水质相对稳定，就近可得，易于收集，处理技术成熟。据粗略估计，城市供水量的80%变为污水排入城市排水管网中，收集起来再生处理后70%可以安全回用，即城市供水量的一半以上可以变成再生水，返用于城市水质要求较低的用户，替换出相应供水量，节省宝贵的新鲜水，实现"优水优用，劣水差用"对解决水资源危机具有重要的战略意义。

（2）减轻江河、湖泊污染，保护水资源不受破坏

污水经过一定程度的处理，污染物含量大大降低，但其污染物含量仍大大高于自然环境的本底值，如排入江河、湖泊、水库等水体，仍然可能会造成水体的污染。污水经过处理后加以回收利用，可以降低江河湖泊等受纳水体的污染负荷。

（3）减少用水费用及污水净化处理费用

以污水为源水的再生水净水厂的制水成本要低于以天然水为原水的自来水厂，其省却了水资源费用、取水及远距离输水的能耗和建设费用。

（4）可以替代长距离跨流域调水、海水淡化。长距离跨流域调水不仅投资大，而且干旱年份可能无水可调，且经长距离输送后，水质难以保证；虽然海水是沿海城市取之不尽、用之不竭的水源，但是海水淡化基建投资及制水成本过高，在经济上和规模上不可能解决城市缺水问题。

3. 城市污水再生利用的途径

（1）工业生产

再生水在工业中主要用于：循环冷却系统的补充水、直流冷却用水、工艺用水、冲洗和洗涤水、杂用水等。工业用水一般占城市供水量的80%左右，而冷却水占工业用水的70%～80%甚至更多。冷却水用水量大，但水质要求不高，从而可以充分利用再生水。因此，工业用水中的冷却水是城市污水回用的主要对象。

（2）农业生产

农业用水包括农作物灌溉、林地灌溉、牧业和渔业用水，是用水大户。城市污水经适当处理后用于农业灌溉，一方面可以供给作物需要的水分，减少农业对新鲜水的消耗；另一方面，再生水中含有氮、磷和有机质，可以作为农作物的营养物质。污水回用于农业，应按照相关要求安排好其使用频次和使用量，避免对农作物、土壤和地下水带来的不利影响，取得了多方面的经济效益。

（3）城市杂用

目前城市污水回用于城市生活用水的对象一般局限于两个方面：市政用水，包括浇洒、绿化、景观、消防、补充河湖等用水；杂用水，即汽车冲洗用水、建筑施工防水和公共建筑用水等。城市污水回用于城市杂用时，应考虑供水范围不能过度分散，最好以大型风景区、公园、苗圃、城市森林公园为回用对象。再生水用于厕所洁具冲洗、城市绿化、洗车、清扫等生活杂用时，应符合现行规定。

（4）回注地层

地下回灌是扩大再生水用途的最有益的一种方式，表现在：地下水回灌可以减轻地下水开采与补给的不平衡，减少或防止地下水位下降，水力拦截海水及苦咸水入侵，控制或防止地面沉降，还可以加快被污染地下水的稀释和净化过程；将地下含水层作为贮水池，扩大地下水资源的贮存量；利用地下流场可以实现再生水的异地取用；地下水回灌过程中，通过土壤的渗透进一步进行处理，改善水质。回灌地下的关键是防止地下水资源的污染以及土壤孔隙的堵塞。

（5）回用于景观娱乐和生态环境

再生水回用于景观娱乐和生态环境用水主要包括以下几个方面：供游泳和滑水的娱乐湖、供钓鱼和划船的娱乐湖、公园或街心公园中公众不能接近的湖、天然河道中增加流量和流动的用水、野生动物栖息地和湿地等。

《城市污水再生利用技术政策》规定：城市景观环境用水要优先利用再生水；工业用水和城市杂用水要积极利用再生水；再生水集中供水范围之外的具有一定规模的新建住宅小区或公共建筑，提倡综合规划小区再生水系统及合理采用建筑中水；农业用水要充分利用城市污水处理厂的二级出水。

当再生水回用多种用途时，其水质标准应按最高要求确定。对于向工业区多用户成片供水的城市再生水厂，可按用水量最大的工业冷却用水水质标准考虑。个别水质要求高的用户，可自行补充处理，直到达到该用户的回用水质标准。

二、城市雨水处理处置及资源化利用

随着水资源危机的日益严重，污水回用、海水淡化和雨水利用均成为城市解决水资源短缺的重要途径。其中雨水是继中水、海水之后，作为"第三水源"加以开发利用的。另一方面，随着城市化水平的提高，城市雨水问题愈发凸显出来，主要表现为以下几个方面：①雨水径流污染严重（针对屋面和路面径流水质的大量分析数据表明其污染十分严重，初期雨水的污染程度甚至超过城市污水）；②雨水资源大量流失（植被的大量破坏，绿地的减少，不透水面积的增加，导致城市雨水流失量增大，城市水循环系统平衡遭到破坏，由此引发一系列环境与生态问题）；③洪涝灾害风险加大（城市化改变了地貌情况和流域排水性能，使雨水径流特性也发生了巨大的变化，增加了发生城市洪涝灾害的几率）；④城市生态环境恶化、地下水位降低（缺水导致过量开采地下水，而地下水又要不到雨水的及时补充，会导致形成"地下水漏斗"，进而导致地面沉降及海水入侵）。

我国雨水资源丰富。随着城市化建设的不断发展，不透水面积日益增多，大量的雨水径流未加以利用就直接排放，加大了城市排水设施的负担。因而，对雨水加以适当处理后合理利用，不仅可节约水源，还可减轻城市排水设施的负担。

针对城市雨水的利用应包括对城市汇水面产生的径流进行有效收集、调蓄和输送，之后根据需要进行相应的净化处理。雨水收集、蓄存以及处理技术是雨水利用重点要解决的问题。

（一）城市雨水收集和输送

1. 城市雨水的收集

目前城市雨水利用收集技术主要包括屋顶雨水收集、广场雨水收集、污染较轻的路面雨水收集和城市绿地、花坛和园林雨水蓄集等。应该根据不同径流收集面，采取相应的雨水收集和截污调蓄措施。

（1）屋顶雨水收集

普通屋面雨水收集系统由檐沟、收集管、水落管、连接管等组成。按雨水管道的位置可分为外收集系统和内收集系统，一般情况下，应尽量采用外收集方式。

（2）路面雨水收集

城市道路路面是良好的雨水收集面。降雨后自然产生径流，只要修建一些简单的雨水收集和贮存工程，就可将雨水资源化。城市道路的雨水收集可以采取分路段于绿地下修建贮水池的工程模式；由于人行便道面积小，分散性强，可以采用在人行便道上铺设可渗透路面砖的工程模式，雨水直接渗入地下，回补地下水。可渗透路面砖的强度应大于 30MPa，渗水能力保证在 1mm/s 降雨情况下及时地下渗。

（3）停车场、广场雨水收集

停车场、广场等汇水面的雨水径流量一般较集中，收集方式与路面类似。但要注意，由于人们的集中活动和车辆的泄漏等原因，如管理不善，这些场地的雨水径流水质会受到明显影响，需要采取有效的管理和截污措施。

（4）绿地雨水收集

绿地既是一种有效的汇水面又是一种雨水的收集和截污措施，还可以直接作为一种雨水的利用单元。在绿地、花坛等地收集雨水，应采用下凹式绿地，即在建造绿地时，应调查好绿地周边高程、绿地高程和集贮水池高程的关系，使周边高程高于绿地高程，雨水口设在绿地上，集贮水池高程略高于绿地高程而低于周边高程。

雨水径流有明显的初期冲刷作用，即在多数情况下，污染物是集中在初期的数毫米雨量中，因此，控制初期雨水成为雨水利用系统和城市径流污染控制的一项主要举措。由于初期雨水污染程度高，处理难度大，因此对初期雨水的收集、处理是城市雨水收集利用过程中应重点考虑的问题之一。

2. 城市雨水的输送

城市雨水的输送可大概分为雨水收集后集中输送至雨水处理设施以及经处理后雨水输送至回用设施（场所）等两个大的方面。前者的建设应充分结合已有城市雨水排放设施以及雨水收集、利用的类型来考虑，后者应该结合雨水利用的用途和方式确定，在此不再赘述。

（二）城市雨水利用途径

根据雨水利用的各种用途，城市雨水利用可以分为雨水直接利用（回用）和间接利用（渗透）、雨水综合利用等，其具体利用方式也多种多样。洗厕所对雨水水质要求：从使用价值观点看，冲洗厕所的雨水只要看上去干净，没有不良气味即能满足使用要求。雨水中的重金属和盐类冲厕使用影响关系不大，但是应注意部分无机离子的影响，如铁离子含量过高会导致卫生器皿着色。

洗衣用雨水水质要求：洗衣用水应能保证良好的洗涤效果，不应在衣物上留下任何会影响外观和人体健康的物质，例如会引起皮肤过敏的物质。由于雨水有硬度低的优点，就此而言它比源自地下水、地表水的城市给水系统的饮用水水质更适合衣物清洗，如此可减少洗衣时洗衣剂的用量，也可不再用织物柔软剂。但是冶金厂附近的雨水中含有铁和镁，若用于洗衣会使衣物发黄，公路近的雨水含有害健康的芳香烃物质，当这类有害物含量高时也不适合洗衣，若雨水中落入很多鸟兽粪，会造成细菌污染，同样不能使用。

灌溉用雨水水质要求：目前对观赏植物浇灌用水无特殊水质要求，对于农作物浇灌用水水质应防止芳香烃类物质及重金属物质在植物中聚积，通过生物链进入人体，而城市绿化使用雨水应是较佳的选择。

（三）城市雨水处理技术

1. 城市雨水的水质

雨水在降落过程中，空气中的溶解性气体、溶解或悬浮状固体、重金属及细菌等会溶入其中，所以城市大气污染程度对降雨的水质有直接影响。地表径流中的污染物主要来自降雨对地表的冲刷，所以地表沉积物是地表径流中污染物的主要来源，其组成决定着地表径流污染的性质。地表沉积物包括许多污染物质，有固态废弃物碎屑（城市垃圾、动物粪便、城市建筑施工场地堆积物）、化学药品（草坪施用的化肥农药）、车辆排放物等，具有不同土地使用功能的地表沉积物的来源也不同。因而，雨水的水质会因地点、时间的不同而有差异。

根据雨水的用途及其相应的水质标准，城市雨水一般需要通过一定的处理后才能满足使用要求。一般而言，常规的各种水处理技术及其原理均可用于雨水的处理。无论是不同国家，还是同一城市不同地点的雨水水质都有很大差别。因而，我们应根据不同的雨水水质以及不同的使用目的选择恰当的净化工艺。

研究结果表明屋面和道路雨水水质可生化性较差，应用物化处理。雨水处理可以分为常规处理和非常规处理。常规处理指经济适用、应用广泛的处理工艺，主要有混凝、沉淀、过滤、消毒和一些自然净化技术；非常规处理则是指一些效果好但费用较高或适用于特定条件下的工艺，如活性炭技术、膜技术等。雨水净化工艺的选择应根据其水质和使用目的确定，若出水作为杂用水，则处理工艺的选择应以简便、实用为原则，优先考虑混凝、沉淀、过滤等物化处理方案。

2. 初期雨水控制与弃流装置

由于初期雨水的冲刷作用，多数情况下，污染物主要集中在降雨初期的数毫米雨量中，因此，初期雨水控制对城市雨水利用和城市径流污染控制具有重要的意义。目前针对初期雨水的处置多采用弃流处理，然而对应的弃流装置也有多种形式，可以根据流量或初期雨水排除水量来进行设计。

（1）优先流法弃流池

这是目前最常用的弃流方法，原理是将需作弃流处理的初期径流部分优先排入相应容积的空间内，后期雨水流入收集系统的下游。弃流池可用砖砌、混凝土现浇或预制，形式可为在线或旁通方式，截留下来的雨水排入污水管道，流入污水处理厂进行处理。该装置简单有效，可准确控制初期雨水截留量。但是当汇水面积较大、收集效率不高时需要较大的池容。

（2）自动翻板式初雨分离器

该装置利用自动翻转的翻板来进行弃流。没有雨水时，翻板处于弃流管位置，降雨初期，雨水经弃流管排走，随着降雨的增多，翻板依靠重力自动反转，雨水经雨水收集管进入雨水收集系统，而当降雨停止后翻板依靠重力作用自动恢复原位。翻板的翻转时间和停雨后自动复位时间可根据具体情况在安装时调节。该装置主要安装在雨落管上，无需建设土建弃流池，可灵活地将初期雨水分离出去，整个过程自动完成。

（3）旋流分离式初雨弃流设备由雨水管道收集的雨水浩切线方向流入旋流筛网，筛网由一定目数的合金材料制成

降雨初期筛网表面干燥，在水的表面张力和筛网坡度作用下，雨水在筛网表面以旋转的状态流向中心的排水管，初期雨水即被排入雨水或污水管道。随着降雨延续，筛网表面不断被浸润，水在湿润的筛网表面上的张力作用将大大减少，中后期雨水就会穿过筛网汇集到集水管道，最终接入贮水池。这种装置的主要特点是通过改变筛网的面积和目数控制初期雨水弃流量；初期雨水来临时，可以将上次残留在筛网上的树叶等滤出物冲入雨水或污水管道中，自行清洁。

（4）切换式或小管弃流井

切换式弃流井是通过在雨水检查井中同时埋设连接到下游雨水井和污水井的2根连接管，在连接管入口设置截流装置来实现初期雨水弃流目的；小管弃流法是利用降雨过程和径流过程中均表现出的初期水质差而流量小的特点，将初期雨水弃流管设计为小分支管，初期水质差的小流量雨水通过小管排走，超过小管排水能力的后期径流进入雨水收集系统。该方法通常适用于汇水面较大，有足够收集水量的状况。

3. 常规雨水水质处理工艺

（1）筛网与格栅

雨水径流过程中的冲刷作用使其含有部分较大的漂浮物与悬浮物，如树叶、果皮、纤维等。为降低后续处理负荷，保证后续工艺的处理效果，需采用格栅或筛网等装置对其进行截留。格栅一般采用金属栅条，可用型钢直接焊接制成，以细格栅为宜（栅条间距为 2 ~ 5mm）；筛网采用平面条形滤网，倾斜或平铺放置，滤网间隔应在 0.5 ~ 2mm 之间。对于屋顶径流，因为大颗粒物质含量较少，可不设格栅，直接采用筛网过滤；而对于道路径流雨水，需设格栅与筛网组合使用来确保雨水中较大的悬浮物质的去除。

（2）混凝沉淀

对于悬浮物含量较高的雨水，可增设混凝设备提高处理效率。混凝剂可根据雨水水质状况加以选择，助凝剂可用生石灰、活化硅酸等；一般采用液体投加方式，将固体溶解后配成一定浓度的溶液投入水中；沉淀池可有效降低雨水泥沙与悬浮物的含量，其形式宜采用平流式沉淀池，沉淀池停留时间最小不应小于10min。对于屋顶径流（去除初期雨水后）等较清洁的雨水在沉淀后能去除70%的悬浮物、40%的有机污染物质，可直接回用于绿地灌溉；对于道路径流等污染程度较严重的雨水，混凝沉淀能去除60%~80%的污染物，但仍然需进一步过滤处理。

（3）过滤

过滤可进一步去除前处理中剩余的悬浮物固体颗粒、胶体物质、浊度及有机污染物等物质，提高出水水质。对于道路径流，在过滤之间应增加沉淀工艺来降低滤池负荷。雨水过滤池采用单层滤池和双层滤池均可，采用单层滤料时宜采用细砂，滤料粒径以0.5~1.2mm为宜，也可粗至1.5~2.0mm，滤层厚度为80~120mm；双层滤料采用无烟煤和细砂，滤料粒径与厚度与单层滤池接近。由于使用率低及操作简易的考虑，雨水过滤一般不设反冲洗装置，而是通过定期清理更换上层滤料的做法防止滤池堵塞。

4. 消毒

雨水中的病原体主要包括细菌、病毒及原生动物抱囊、卵囊三类。目前常用的消毒方法可分为物理法和化学法：物理法主要有加热、冷冻、辐射、紫外线和微波消毒等；化学法是利用化学药剂进行消毒，常用的化学药剂有各种氧化剂（氯、臭氧、溴、碘、高锰酸钾等）。雨水的水量变化大，水质污染较轻，同时具有季节性、间断性、滞后性的特点，宜选用价格便宜、消毒效果好、具有后续消毒作用以及维护管理简便的消毒方式。建议采用技术最为成熟的漂白粉消毒方式，较小规模雨水利用工程也可考虑紫外线消毒。

4. 自然净化技术

（1）植被浅沟与缓冲带

植被浅沟既是一种雨水截污措施也是一种自然净化措施。当径流通过植被时，污染物由于过滤、渗透、吸收及生物降解的联合作用被去除，植被同时也降低了雨水降速，使颗粒物得到沉淀，达到雨水径流水质控制的目的。植被浅沟缓冲带对污染物的去除效果主要取决于雨水在浅沟或过滤带内的停留时间、土质、淹没水深、植物类型与生长情况。其设计要素包括：浅沟和过滤带的断面尺寸（宽度、边坡等）、长度、纵坡、水源流速、植被的选择和种植等，设计原则是尽量满足最大的水力停留时间及最佳的处理效果。

（2）生物滞留系统

生物滞留设施（Bioretention）类似于植被浅沟和缓冲带，是在地势较低的区域种植植物，通过植物截流、土壤过滤滞留处理小流量径流雨水，并可对处理后雨水加以收集利用的措施。生物滞留适用于汇水面积小于1hm2的区域，为保证对径流雨水污染物的处理效果,系统的有效面积一般为该汇水区域的不透水面积的5%～10%。生物滞留系统由表面雨水滞留层、种植土壤覆盖层、植被及种植土层、砂滤层和雨水收集等部分组成。生物滞留系统的设计应易手维护,在运行期间需要周期性的景观美化维护。多数情况下,在植物长成的初期需要精心照料,后期在很长时期内则几乎不用维护。

（3）雨水土壤渗透技术

人工土壤—植被渗滤处理系统应用土壤学、植物学、微生物学等基本原理,建立人工土壤生态系统,改善天然土壤生态系统中的有机环境条件和生物活性,强化人工土壤生态系统的功能,提高处理的能力和效果。特别是把雨水收集、净化、回用三者结合起来,构成一个雨水处理与绿化、景观相结合的生态系统。是一种低投资、节能、运行管理简单、适应性广的雨水处理技术。适用在城市住宅小区、公园、学校、水体周边等。

（4）雨水湿地技术

城市雨水湿地大多为人工湿地（Constructed Wetland）,是一种通过模拟天然湿地的结构和功能,人为建造和控制管理的与沼泽地类似的地表水体,它利用自然生态系统中的物理、化学和生物的多重作用来实现对雨水的净化作用。此外,湿地还兼具削减洪峰、调蓄利用雨水径流和改善景观的作用。雨水人工湿地作为一种高效的控制地表径流污染的措施,投资低、处理效果好、操作管理简单、维护和运行费用低,是一种生态化的处理设施,具有丰富的生物种群,可取得较好的环境生态效益。

（5）雨水生态塘

是指能调蓄雨水并具有生态净化功能的天然或人工水塘。雨水生态塘按常态下有无水可分为三类:干塘、延时滞留塘和湿塘。雨水生态塘的主要目的有:水质处理、削减洪峰与调蓄雨水、减轻对下游的侵蚀。在住宅小区或公园,雨水生态塘通常设计为湿塘,兼有贮存、净化与回用雨水的目的,并可以按照相关设计标准收集和排放暴雨。设计良好的湿塘同时可兼具水景观的效果,适合大量动植物的繁殖生长,改善城市和小区环境。

（6）生物岛

是指在水中修建的供动植物生息、并具有一定的净化、生态动能的场所和设施。作为雨水的净化利用设施,生物岛属于一种终端处理措施,特别适用于一些缺乏自净能力、硬化设计的人工水体或雨水塘。其主要功能可以归纳成四个方面:水质净化、创造生物的生息空间、改善景观、消波作用及保护河岸等。

5. 其他处理技术

大型的雨水利用工程,可考虑处理效果好、技术较先进的处理技术,如活性炭技术、微滤技术、各种膜技术等。经这些处理技术一般能获得很好的水质,但由于这些技术投资较高,设备、运行等也相对复杂,从目前发展和经济水平看,同时考虑到雨水处理系统的间断性、经济性,这些技术不作为推荐性适用技术,但可以作为城市雨水处理的储备性技术，当雨水回用水质要求较高或大规模雨水利用工程时慎重考虑采用。

（四）城市雨水渗透技术

雨水渗透是采用各种雨水渗透设施，让雨水回灌地下，补充涵养地下水资源，是一种间接的雨水利用技术，是合理利用和管理雨水资源，改善生态环境的有效途径之一。与城区雨水直接排放和雨水集中收集、贮存、处理和利用的技术方案相比，它具有设计灵活、技术简单、使用方便、适用范围大、投资少、环境效益显著等优点。通过雨水的有效渗透可以达到回灌地下水、补充涵养地下水资源、改善生态环境、缓解地面沉降及减少水涝等目的。

1. 雨水渗透设施种类

根据渗透的方式不同，雨水渗透可分为分散式和集中式两大类，表6-37列出了雨水渗透不同方式的优缺点。

分散式渗透方式适用于生活小区、公园、道路、广场、绿地及工厂厂区等各种场所，规模大小因地制宜，设施简单，大大降低雨水收集、输送系统的压力，同时可有效补充地下水，还可充分利用表层植被和土壤的净化功能减少径流带入水体的污染物。但其应用中也存在一些问题，主要包括：通常渗透速率较慢；在地下水位高、土壤渗透能力差或雨水水质污染严重时应用受到限制。集中式深井虽然回灌容量大大提高，可直接向地下深层回灌雨水，但对地下水位、雨水水质有更高的要求，尤其对用地下水作饮用水源的地区应慎重采用。

2. 雨水渗透系统流程与方案选择

雨水渗透系统流程一般比较简单，主要包括截污或预处理措施、渗透设施和溢流设施。渗透设施可以是一种或者几种的组合。

渗透方案的选择和规模确定主要根据工程项目的具体要求和现场条件。

根据渗透目的的不同，大致可分为三种情况：一是以控制初期径流污染为主要目的；二是为减少雨水的流失，减少径流系数，增加雨水的下渗，但没有调蓄利用雨水量和控制峰值流量的严格要求；三是以调蓄利用或控制峰值流量为主要目标，要求达到一定的设计标准。三种情况下设计渗透系统会有很大的不同。对第一种情况，主要利用汇水面或水体附近的植被，涉及植被浅沟、植被缓冲带或低势绿地，吸收净化雨水径流中的污染物，保证溢流和排水的通畅，一般不需要进行特别的水力和调蓄计算，对土质要求也较低；第二种情况有些类似，也是尽可能利用绿地或多采用透水性地面，对土壤的渗透性有一定的要求，但对渗透设施规模没有严格要求，或进行适当的调蓄和水力计算，保证溢流和排水的通畅；第三种情况则不同，应该首先根据暴雨设计标准确定要调蓄的径流量或削减的峰值流量，确定当地土壤的渗透系数并符合设计要求，根据现场条件选择一种或多种适合的渗透设施，通过水力计算确定渗透设施的规模，以实现调蓄利用和抑制洪峰流量的目标，同样也需要考虑超过设计标准的雨水径流的溢流排放。

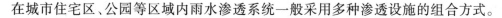

在城市住宅区、公园等区域内雨水渗透系统一般采用多种渗透设施的组合方式。

（五）雨水综合利用技术

雨水综合利用系统是利用生态学、工程学、经济学原理，通过人工净化和自然净化的结合，雨水集蓄利用、渗透与园艺水景观等相结合的综合性设计，从而实现建筑、园林、景观和水系的协调统一。技术特点为：具有良好的可持续性，能实现效益最大化；雨水集蓄、渗透、处理排放系统等与绿化、水景完美结合。其主要的应用领域包括生活小区、工业园区、公园社区、旅游景区、大型停车场等的雨水利用。目前比较常用的形式为屋顶绿化。

屋顶绿化是指在各类建筑物、构筑物、桥梁等的屋顶、露台或者天台上种植草、木、花卉等绿色植物，利用绿色植物的作用来集蓄、处理及利用雨水的综合处理技术。由于绿色植物的作用，屋顶绿化除具有调节城市气温和湿度、削减城市非点源污染、削减城市雨水洪峰径流量外，还具有提高城市绿化率和改善城市景观的功能。

屋顶绿化的设计主要涉及屋顶的建筑构造及其基质材料的选择、植物的选择以及坡度、防水和排水等。屋顶绿化的基本构造大致相同，由下到上分别由防护层、排水层、过滤层和植被种植层组成。防护层是屋面的防水层和对植物根系的防护层，以及在绿化屋顶的维护时防止机械损坏。保护层可以由塑料、水泥砂浆抹面等铺设；排水层的作用是吸收种植层中渗出的降水，并将其输送到排水装置中，同时防止种植层淹水。一般可用天然沙砾、碎石、陶粒、浮石、膨胀页岩等，也可使用塑料编制垫、泡沫塑料板、碎煤渣等，厚度一般可采用 5 ~ 15cm；过滤层的主要作用是滤除由种植层冲走的泥沙，防止排水层堵塞和排水管泥沙淤积；植被种植层土壤的选择非常关键，既要满足植物生长的条件、保证良好渗透性还要有一定空间稳定性。

植物的选择应根据当地的气候条件、种植层土壤类型、厚度等来确定，表面的倾斜度、表面积大小、光照既水分等条件也会成为植物生长的限制因素。

目前在我国大量推广屋顶绿化，尚有许多问题有待解决，如：人工种植土层材料的选择、制备；不同气候条件的地区适宜植物的选择培养；绿色屋顶对建筑结构的影响及相应措施；屋面防渗防漏问题的解决；涉及施工所需标瓶规范的研究制定。

第二节　城市污泥处理处置技术

一、城市污泥的性质与特点

污泥含水率、固体含量、污染物成分和污泥理化性质及污泥安全性等是科学的、合理的处理处置污泥的重要前提。

污泥中所含水分的重量与污泥总重量之比的百分数称作污泥含水率，相应的固体物质在污泥中所含的重量百分数，称为固体含量。污泥含水率一般都很高，比重接近于 L 城市污水处理厂初沉污泥固体含量在 2% ～ 4%，而剩余活性污泥固体含量在 0.5% ～ 0.8%。

二、城市污泥处理处置的原则和方法

污泥及时处理与处置的目的是使污水处理厂能够正常运行，确保污水处理效果；使有害有毒物质得到妥善处理或利用；使容易腐化发臭的有机物得到稳定处理；使有用物质能够得到综合利用，变害为利。总之，污泥处理的目的是使污泥减量、稳定、无害化及资源化利用。

（一）减量化

污泥的含水率高，一般大于 95%，因而体积很大，不利于贮存、运输和消纳，减量化十分重要。污泥含水率由 96% 降低到 92%，体积只有原来的 1/2；降低到 65%，体积只有原来的 1/9。可以用泵输送的污泥，一般含水率均在 85% 以上。含水率为 70% ～ 75% 的污泥呈柔软状，60% ～ 65% 的污泥几乎为固体状态，10% ～ 15% 的污泥则成粉末状态。因此可根据不同的污泥处理工艺和装置要求，确定合适的减量化程度。

（二）稳定化

污泥中有机物含量 60% ～ 70%，会发生厌氧降解，极易腐败并产生恶臭。采用生物好氧或厌氧消化工艺能使污泥中有机组分转化成稳定的最终产物；也可添加化学药剂，终止污泥中微生物的活性，从而稳定污泥。如投加石灰提高 pH 即可实现对微生物的抑制。pH 在 11.0 ～ 12.2 时可使污泥稳定，同时还可杀灭污泥中病原体微生物。

（三）无害化

污泥中，尤其是初沉污泥中，含有大量病原菌，寄生虫卵及病毒，易造成传染病大面积传播。肠道病原菌可随粪便排出体外，并进入废水处理系统。感染个体排泄出的粪便中病毒多达 106 个 /g。研究表明，污泥悬浮液中的病毒能与活性污泥絮体结合，故在水相中残留很少，病毒与活性污泥絮体结合符合 Freundlich 吸附等温式，表明污泥絮体去除病毒是一种吸附现象。污泥中还含有多种重金属离子和有毒有害的有机物，这些物质可从污泥中渗滤出来或挥发，污染水体和空气，造成了二次污染。因此，污泥处理处置过程必须充分考虑无害化原则。

（四）资源化

污泥中含有大量氮、磷、微量元素和有机质等可利用成分，对污泥进行减量化和资源化，能实现物质的充分利用、变废为宝，促进循环经济的建立和可持续发展。

污泥处理方法主要有浓缩、消化、调理（预处理）、脱水及干燥等。目前污泥处理处置的基本工艺可分为以下几类：

①浓缩—前处理—脱水—好氧消化—土地还原；

②浓缩—前处理—脱水—干燥—土地还原；

③浓缩—前处理—脱水—焚烧（或热分解）—灰分填埋；

④浓缩—前处理—脱水—干燥—熔融烧结—建材利用；

⑤浓缩—前处理—脱水—干燥—做燃料；

⑥浓缩—厌氧消化—前处理—脱水—土地还原；

⑦浓缩—蒸发干燥—做燃料：

⑧浓缩—湿法氧化—脱水—填埋。

常用的污泥处置方式主要有填埋、焚烧和土地利用等，每种处置方式都有相应的适用条件，与地区的经济技术水平、环境条件、土地资源、污泥泥质与产生量等密切相关，因此各地区应根据因地制宜的原则选择合适的技术路线并且制定相应的管理政策，真正实现污泥的"减量化、稳定化、无害化"发展。

三、城市污泥浓缩和脱水技术

（一）重力浓缩

重力浓缩法是应用最多的污泥浓缩法。重力浓缩是利用自然的重力沉降作用，使污泥中的间隙水得以分离，其特征是区域沉降。在实际工程应用中，用于重力浓缩的构筑物为重力浓缩池，根据其运行方式不同，可以分为连续式和间歇式两种。前者主要用于小型污水处理厂或工业企业的污水处理厂，后者用于大、中型污水处理厂。

（二）气浮浓缩

密度大于 $1g/cm^3$ 的污泥可以利用与水的密度差进行重力浓缩。污泥与水的密度差愈大，重力浓缩的效果愈好。初沉污泥的密度平均为 $1.02 \sim 1.03g/cm^3$，

因而初沉污泥容易实现重力浓缩。而剩余活性污泥的密度约在 $1.0 \sim 1.005g/cm^3$，当污泥处于膨胀状态时，其密度甚至会小于 $1g/cm^3$，重力浓缩的效果比较差。

气浮浓缩与重力浓缩相反，该法是依靠大量微小气泡附着于悬浮污泥颗粒上，减小污泥颗粒的密度强制其上浮，使污泥颗粒与水分离的方法。气浮浓缩适合于浓缩剩余污泥和生物滤池污泥等颗粒密度较小的污泥，和重力浓缩法相比，气浮浓缩的优点主要表现在：

①浓缩度高，可以使活性污泥的含水率从 99.5% 浓缩成 94% ~ 96%，使出流污泥达到较高的固体含量。

②水力停留时间短，浓缩速度快。其处理时间为重力浓缩所需时间的 1/3 左右，设备简单紧凑，占地面积较小。

③操作弹性大，对于污泥负荷变化及四季气候变化均能稳定运行。

④由于污泥混入空气，造成好氧环境，不易腐败发臭。

⑤管理操作简单。

气浮浓缩的主要缺点是基建费用和运行费用较高。

污泥气浮浓缩广为使用的是加压上浮法。该装置主要是由三部分组成，即压力溶气系统、溶气释放系统及气浮分离系统。压力溶气系统包括水泵、空压机、压力溶气罐及其他附属设备。其中压力溶气罐是影响溶气效果的关键设备。溶气释放设备一般由溶气释放器及溶气水管路组成。溶气释放器的功能是将压力溶气水通过消能、减压，使溶入水中的气体以微气泡的形式释放出来，并且能迅速均匀地附着到污泥絮体上。泥水分离后，刮泥机将上浮到表面的浮渣刮送到浮渣室。澄清液则通过集水管汇集排出，沉淀下来的污泥经污泥斗排出。

影响气浮浓缩的因素主要有污泥性质、压力、循环比、流入污泥浓度、停留时间、气固比、固体负荷、水力负荷、絮凝剂品种等。

空气压力决定空气的饱和状态和形成微气泡的大小，是影响浮渣的浓度和分离液水质的重要因素。压力提高，浮渣的固体浓度增大，但是压力过高，絮凝体容易破坏。目前大部分设备在 0.3 ~ 0.5MPa 下运行。

循环水量应控制在合适的范围，水量太小，释放出的空气量太少，不能发挥

气浮效果；水量增加，释放的空气量多，可以将流入的污泥稀释，减少固体颗粒对分离速度的干涉效应，对浓缩有利，但是水量过大，不仅能耗高，也可能影响微气泡形成。

（三）离心浓缩

离心浓缩法是利用污泥中的固体、液体密度及惯性差，在离心力场所受到的离心力不同而被分离，由于离心力远远大于重力或浮力，因此分离速度快，浓缩效果好。该法占地面积小，造价低，但运行管理与机械维修费用高，经济性较差。

第三节 城市河湖水环境质量改善

一、点源污染控制技术

（一）生活污水处理厂升级改造技术

①一级 A 排放标准是城镇污水处理厂出水作为回用水的基本要求。当污水处理厂出水引入稀释能力较小的河湖作为城镇景观用水和一般回用水等用途时，执行一级 A 标准。

②城镇污水处理厂出水排入地表水 m 类功能水域（规定的饮用水水源保护区和游泳区除外）、海水二类功能水域和湖、库等封闭或半封闭水域时，执行一级 B 排放标准。

为解决这些重点地区的污水综合治理、污水回用或城市景观用水的需求，要求新建的污水处理厂必须在二级处理（脱氮、除磷）的基础之上增加深度处理，一次

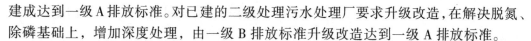

建成达到一级 A 排放标准。对已建的二级处理污水处理厂要求升级改造,在解决脱氮、除磷基础上,增加深度处理,由一级 B 排放标准升级改造达到一级 A 排放标准。

污水处理厂升级改造的主要技术选择要点包括:

第一,对原有污水处理厂二级工艺进行改造,最大限度地保证生物脱氮、除磷过程,达到一级 B 排放标准。

第二,二级处理后,可以采用过滤技术以达到一级 A 排放标准:

①采用曝气生物滤池进一步去除氨氮和 CODcr。

②采用物理过滤去除 SS,也可结合化学除磷,物理过滤包括砂滤池、高效混凝过滤、滤布滤池、膜过滤技术(UF/MF)和转盘过滤。

③新建污水处理厂可采用 MBR、BAF 等工艺直接达到一级 A 排放标准,膜生物反应器(MBR)和曝气生物滤池(BAF)都是污泥浓度高、泥龄较长的工艺,占地少,出水水质好,特别适用于占地紧张,出水水质要求高的地区。

④为达到再生水标准,可考虑反硝化生物滤池进一步去除 TN,可采用臭氧高级氧化技术除味、除色和消毒,并进一步去除 COD。

(二)工业废水处理技术

工业废水污染物组成复杂多变,据废水中污染物的性质采取相应的控制技术是保证工业废水得以有效处理的前提和基础。

1. 工业废水的物理处理技术

(1)均质调节技术

工业尤其是中小型企业废水的水质和水量波动大,对排水设施及处理设备的净化产生不利影响,经常需要在废水处理系统之前设均质调节池,减小或控制波动,为后续处理提供有利条件。其主要目的包括:①提高废水处理系统对污染负荷的缓冲能力,防止高浓度有毒物质进入生物处理单元;②保持物化处理单元运行的稳定性和减少化学药剂的用量(如酸碱中和);③在企业间歇式排水时,保持污水处理系统运行的连续性;④稳定向市政排水系统中的废水排放,用来缓解工业废水负荷变化对城市污水处理厂运行的影响。

均质调节技术主要包括均量池和均质池以及可实现二者功能的均化池。

均量池的主要作用是均化水量,均量池的容积占周期内总水量的比例在10%～20%,水量调节分线内调节和线外调节两种方式。有时为同步实现均质目的,会在均量池中设置搅拌设施(机械搅拌或曝气),但作用有限。

均质池的作用是对不同时间或不同来源的废水进行混合,使流出水质比较均匀;并且通过混合与曝气防止固体悬浮物在池中的沉淀和降解进水中部分有机物。均质池调节方式有两种:一种是利用外加动力(如水泵循环、叶轮搅拌、曝气搅拌)进行调节,该方式设备较简单,效果较好,但运行费用高;另一种为重力流式也称异程式均质池,其特点为均质池中水流每一质点的流程由短到长都不相同,结合进出水槽的配合布置,使不同时刻的进水得以相互混合,取得随机均质的效果。

均化池兼有均量和均质作用,利用仪表控制出水水泵流量;在池中设置搅拌装置、也可采用表面曝气或鼓风曝气。当废水水量较小时，可设间歇贮水池，即间歇贮水、间歇运行的均化池。

（2）机械筛滤

筛滤截留是指利用具有孔眼的装置或由某种介质组成滤层，截留废水中粗大的悬浮物和杂质。筛滤常见设备包括平行的棒、条、金属格网或者穿孔板等。格栅是用一组平行的刚性栅条制成的框架，通常设置在水处理工艺的最前端以防漂浮

物阻塞后续构筑物的孔道、闸门和管道或损坏水泵等机械设备，具有净化水质和保护设备的双重作用。某些工业废水中含有粒径在几毫米至几十毫米的细小悬浮物，它们不能被格栅有效截留。为去除这类悬浮物尤其是分离和回收废水中的纤维类悬浮物和食品加工中的动植物残体碎屑，常用筛网进行分离。筛网通常用金属丝或用化学纤维编织而成，其形式有转鼓式或转盘式、振动式、回转帘带式和固定斜筛等多种，筛孔尺寸可根据需要进行选择，筛网具有简单、高效、运行费用低廉等优点。

（3）过滤

过滤是去除废水中的微细悬浮物质，常作为保护措施用于活性炭吸附或离子交换设备之前。某些炼油厂的含油废水经气浮或混凝沉淀后，再经滤池进一步过滤处理。过滤过程如下所述：废水进入滤料层后，悬浮物颗粒通过接触絮凝、静电引力、表面吸附作用或分子引力等被滤料层截留；同时一些附着不牢的被截留物质在水流作用下发生脱附，随水流迁入下一层滤料中去。因此，随着过滤时间的增长，滤层深处被截留的物质逐渐积累，最终会穿透滤层使出水水质恶化，为保障出水水质的达标，需要在积累物质穿透滤层之前进行滤池的反冲洗。

滤池的类型很多，按滤速高低可分为慢滤池（滤速 < 0.4m/h）、快滤池（4 ~ 10m/h）和高速滤池（10 ~ 60m/h）；以填充滤料可分为砂滤池、煤滤池、煤—砂滤池等；按滤料配比可分为单层滤料滤池、双层滤料滤池和多层滤料滤池；依据水在滤料层中的流向可分为上向流、下向流、双向流和径向流等；常用滤池形式有普通快滤池、双阀滤池、虹吸滤池、无阀滤池、V 型滤池和翻板滤池等。

（4）离心分离

离心分离是利用离心力使水相和固相进行分离的处理方法，如含悬浮物（或油）的废水作高速旋转时密度大于水的悬浮固体被抛向外围，而密度小于水的悬浮物（如乳化油）被推向内层，利用不同的出口分别引出，使水／固两相得以分离。按照离心力产生的方式不同，离心分离设备可分为水旋和器旋两类。水旋式离心器如水力旋流器和旋流沉淀池，其特点是反应器固定不动，废水沿切线方向高速进入反应器，其流速可达 6 ~ 10m/s；沿器壁形成向下作螺旋运动的涡流，其中直径和密度较大的悬浮固体颗粒被甩向器壁，在下旋水流推动和重力作用下沿器壁下滑，在底部形成浓缩液连续排除。水力旋流器具有体积小、结构简单和便于安装检修等优点，适用于分离废水中密度较大的无机杂质；其缺点是设备容易磨损，水头损失及动力消耗较大。

离心机是常见的器旋式离心器，离心机运行时乳油液沿中心管自上而下进入下部的转鼓空腔，并由此进入锥形盘分离区。中、低速离心机多用于分离纤维类悬浮物和污泥脱水等固液分离；高速离心机则适用于分离乳化油和蛋白质等密度较小的细微悬浮物。

（5）沉砂池与沉淀池

沉砂池一般用以分离废水中密度较大的砂粒等无机固体颗粒，减轻之后续沉淀池的无机物负荷，同时使污泥具有良好的流动性、便于输送。平流式沉砂池是最常用的一种形式，具有截留效果好、工作稳定等特点。普通沉砂池因池内水流分布不均致使对无机颗粒的截留率不高，且沉砂容易厌氧分解而腐败发臭。曝气沉砂池集曝气和除砂功能于一体，在通过曝气作用提高除砂效果的同时，还具有预曝气、脱臭、防止污水厌氧分解功能。

沉淀是水中固体物质在重力作用下沉降，从而和水分离的过程。按照水在池内的流向可分为平流式、辐流式和竖流式三种形式。在平流沉淀池内水是按水平方向流过沉降区并完成沉降过程；辐流式沉淀池中废水经进水管进入中心布水筒后，通过筒壁上的孔口和外围的环形穿孔整流挡板，沿径向呈辐射状流向池周，经溢流堰或淹没孔口汇入集水槽排出；竖流沉淀池多为底部中心管进水，澄清水则由上部周边的溢流堰汇入集水槽排出，这个池多用于小流量废水中絮凝性悬浮固体的分离。

（6）除油

含油废水处理主要是去除浮油和乳化油。浮油易上浮、可以通过隔油池回收利用；乳化油比较稳定，不易上浮，常用浮选、过滤、粗粒化等方法去除。通过自然上浮法去除浮油的构筑物称为隔油池，目前常用的隔油池有平流式隔油池和斜板式隔油池两类。吸附法是利用比表面积较大的亲油疏水多孔吸油材料，从水面吸附浮油，然后再从吸附剂中回收浮油。根据吸附剂的性质可将其分为炭质吸附剂、无机吸附剂和有机吸附剂三种。炭质吸附剂以活性炭处理含油废水的效果为最好。天然的无机吸附剂有沸石、珍珠岩、滑石粉、二氧化硅、硅藻土等；人工合成的无机吸附剂主要是铝、钙、镁、锌的化合物和一些磁性物质。有机吸附剂分为天然改性有机吸附剂和人工合成有机吸附剂两大类，纯天然有机吸附剂用得较少，大部分需经过改性；有机合成吸附剂为烯类，如聚乙烯、聚丙烯，其中聚丙烯应用最广。

2. 工业废水的化学处理技术

（1）酸碱中和处理

含酸和含碱废水是两种重要的工业废液。酸性废水中常见酸性物质有硫酸、硝酸、盐酸、氢氟酸、氢氧酸、磷酸、醋酸、甲酸、柠檬酸等有机酸，并常溶解有重金属盐；碱性废水中常见的碱性物质有苛性钠、碳酸钠、硫化钠及胺等。酸性废水的危害程度比碱性废水要大。中和处理发生的主要反应是酸与碱生成盐和水的中和反应，中和药剂的理论投量可按等量反应的原则进行计算。由于酸性废水中常有重金属盐，在用碱处理时还可生成难溶的金属氢氧化物。投药中和法的工艺过程主要包括：中和药剂的制备与投配、混合与反应、中和产物的分离、泥渣的处理与利用。

酸性废水投药中和最常采用的碱性药剂是石灰（CaO），最常采用的方法是石灰乳法，即将石灰消解成石灰乳后投加，其主要成分是 Ca（OH）$_2$。Ca（OH$_2$）对废水中的杂质具有凝聚作用。

碱性废水酸中和主要是采用工业硫酸，因为硫酸价格较低；而使用工业盐酸最大优点是反应产物的溶解度大，泥渣量少，但是出水溶质的浓度高。

（2）化学沉淀反应

化学沉淀法是指向废水中投加化学药剂，使之与废水中溶解态的污染物发生化学反应，形成难溶的固体生成物，然后进行固液分离。废水中的重金属离子（如汞、镉、铅、锌、镍、铬、铁、铜等）、碱土金属（如钙和镁）及某些非金属（如砷、氟、硫、硼）均可通过化学沉淀法去除。

氢氧化物沉淀法：除了碱金属和部分碱土金属外，其他金属的氢氧化物大都是难溶的。采用氢氧化物沉淀法处理重金属废水最常用的是石灰。石灰沉淀法不仅可沉淀去除重金属，而且可沉淀去除砷、氟、磷等。石灰来源广、价格低、操作简便、处理可靠且不产生二次污染；主要缺点是劳动卫生条件差，管道易结垢堵塞、泥渣体积大（含水率高达 95%～98%）、脱水困难。此外，在铵盐存在下，利用氨水将溶液的 pH 值调整为 8～10，使某些氢氧化物析出沉淀的方法称为氨水法。氢氧化钠是一种强碱，两性金属离子的氢氧化物能在其溶液中溶解。由于氢氧化钠吸收空气中的二氧化碳而生成碳酸根，因此有部分钙、钼等碳酸盐沉淀。

硫化物沉淀法：向废液中加入硫化氢或碱金属的硫化物，使待处理物质生成难溶硫化物沉淀，以达到分离纯化的目的。硫化物沉淀法多用于除砷、除汞和去除含其他重金属的废水。应用硫化物法去除金属离子应注意 S2- 能与许多金属离子形成络合阴离子，从而使金属硫化物的溶解度增大，不利于重金属的沉淀去除，因此必须控制字一的浓度。其他配位体如卤离子、CN- 和 SCN- 能和重金属离子形成各种可溶性络合物，从而干扰金属的去除，应通过预处理去除。

碳酸盐沉淀法：钙、镁碱土金属和大部分重金属的碳酸盐都难溶于水，可用碳酸盐沉淀法将这些金属离子从废水中去除。碳酸盐沉淀法的主要应用有以下三种形式：投加石灰使水中钙镁重碳酸盐硬度形成难溶碳酸盐沉淀；投加可溶性碳酸盐（如碳酸钠）使水中金属离子生成难溶碳酸盐而沉淀析出；利用沉淀转化原理，投加难溶碳酸盐（如碳酸钙）使废水中重金属离子生成溶解度更小的碳酸盐而析出。

卤化物沉淀法：氯化物的沉淀用于去除含银废水；当废水中含有比较单纯的氟离子时，则可投加石灰调 pH 值至 10～12，形成了氟化钙沉淀。

磷酸盐沉淀法：对于含可溶性磷酸盐的废水可以通过加入铁盐或铝盐以生成不溶的磷酸盐沉淀除去。pH 值对沉淀剂有影响，当用铁盐来沉淀正磷酸时，最佳的反应的 pH 值是 5；当用铝盐时，pH 值为 6；而用石灰时，pH 值在 10 以下。

（3）氧化还原法

一些有毒有害的污染物质可利用其在化学反应过程中能被氧化或还原的性质，改变污染物的形态，将它们变成无毒或微毒的新物质或者转化成容易与水分离的形态，从而达到处理的目的，这种方法称为氧化还原法。

氧化处理：废水处理中最常采用的氧化剂是空气、臭氧、氯气、次氯酸钠及漂白粉。利用空气中的氧气作氧化剂使一些有机物和还原性物质氧化，因为空气氧化能力较弱，所以它主要用于含还原性较强物质的废水处理，如硫氢、硫酸、硫的钠盐和铵盐等，臭氧的氧化性很强，可用臭氧氧化多种有机物和无机物，如酚、氰化物、有机硫化物、不饱和脂肪族和芳香族化合物等。影响臭氧氧化法处理效果的主要因素有污染物的性质、浓度、臭氧投加量、溶液 pH 值、温度、反应时间以及臭氧的投加方式等。在当前，由于制备臭氧的电能消耗较大，臭氧的投加与接触系统效率低，使其在废水处理中的应用受到限制，主要用于低浓度、难氧化的有机废水的处理和消毒杀菌。水和废水处理中常用的氯系氧化剂主要有：液氯、氯气、次氯酸钠、二氧化氯和漂白粉等。液氯、氯气、次氯酸钠的氧化过程受到废水中氮类化合物的影响，如当废水中有氨存在时，通入氯气将生成氯胺。二氧化氯氧化力比氯强，且不会与氨结合，但由于二氧化氯的成本高，其使用受到限制。高锰酸盐氧化法已经进入废水处理领域，用以去除酚、硫化氢和放射性污染物等。高锰酸盐通常对有机物的特种官能团进行选择性氧化，而不是对整个有机物分子进行氧化，同时反应过程中产生新生态水合二氧化锰具有催化氧化和吸附作用。

还原处理：还原法可用于处理一些特殊的废水，如含重金属离子铬、汞、铜等的废水，也用于一些特殊的纯化。例如可用硫代硫酸钠将游离氯还原成氯化物，用初生态氢或铁屑还原硝基化合物。含铬废水常用硫酸亚铁和亚硫酸盐还原处理，含铬废水中投加硫酸亚铁还原剂使六价铬还原成三价铬，然后再用碱中和将 pH 值调节至 7.5 ~ 8.5，生成氢氧化铬和氢氧化铁沉淀。硫酸亚铁盐法与其他方法联合使用往往可以达到更好的效果，若用硫酸亚铁—粉煤灰法处理含铬电镀废水，六价铬去除率可达 99% 以上。

3. 工业废水的物化处理技术

（1）混凝法

在混凝剂的离解和水解产物作用下使水中的胶体污染物和细微悬浮物脱稳，并凝聚为可分离的絮凝体过程称为混凝。混凝剂通过压缩双电层、电性中和（铝盐、铁盐）、吸附架桥（高分子絮凝剂）和网捕卷扫等作用使水中胶体脱稳。根据混凝剂的组成将其分为无机混凝剂和有机混凝剂；根据它们分子量的高低、官能团的特性及其离解后所带电荷的性质，可分为高分子、低分子、阳离子型、阴离子型和非离子型混凝剂等。混凝的处理过程包括混合和反应部分。混合阶段的作用是将药剂迅速、均匀地分配到废水中，以压缩废水中胶体颗粒的双电层，降低或消除胶粒的稳定性，使这些微粒能互相聚集为较大的微粒絮体。反应阶段的作用是促使已失去稳定的胶体粒子由于碰撞、吸附、架桥作用生成较大的矾花絮体，最终通过沉淀去除。混凝澄清法是给水和废水处理中广泛使用的办法。它可降低原水的浊度、色度等感官指标，又可以去除多种有毒有害污染物；既可以自成独立的处理系统，又可以与其他单元过程组合。

（2）气浮法

气浮法是指向废水中通入空气并形成微小气泡载体，废水中的乳化油、微小悬浮颗粒等附着在气泡上，随气泡上浮到水面，形成气、水、颗粒（油）三相混合体，通过收集泡沫或浮渣以达到分离杂质和净化废水的目的。气浮法广泛应用于含油废水的处理，含油废水经隔油池处理后能去除颗粒大于 $30 \sim 50 \mu m$ 的油珠，但难以去除乳化油。利用气浮法使乳化油附于微气泡上，其上浮速度可以增加 900 倍，进一步去除乳化油。产生微气泡的方法主要有电解、分散空气和溶解空气再释放三种。其中溶解空气再释放法净化效果好，应用广泛。其工作原理为使空气在一定压力下溶于水中呈饱和状态，然后通入废水后压力骤然降低，这时溶解的空气便以微小的气泡从水中析出并进行气浮。为了增加废水中悬浮颗粒的可浮性，以提高气浮去除效果，有时需向废水中投加各种化学药剂，这种化学药剂称为浮选剂。浮选剂根据其作用可分为以下几种：捕收剂可降低污染物表面亲水性，改善颗粒—水溶液界面、颗粒—空气界面自由能，提高可浮性；起泡剂可降低液体表面作用能，产生大量微细且均匀的气泡，防止气泡相互兼并，造成相当稳定的泡沫；为提高浮选过程的选择性，加强捕收剂的作用并改善浮选条件的调整剂。

（3）吸附法

固体表面的分子或原子因受力不均衡而具有表面能，当某些物质碰撞固体表面时受到这些不平衡力的吸引而停留在固体表面上，称为吸附。产生吸附的固体称吸附剂，被吸附的物质称吸附质。据固体表面吸附力的不同，吸附可分为物理吸附和化学吸附，吸附剂和吸附质之间通过分子间力产生的吸附称为物理吸附，吸附剂和吸附质之间发生由化学键引起的吸附称为化学吸附。吸附是个可逆过程，一方面吸附质被吸附剂吸附；另一方面部分已经被吸附的吸附质由于热运动的结果能够脱离吸附剂的表面回到液相中去。当吸附速度和解吸速度相等时达到吸附平衡，此时吸附质在液相中的浓度称为平衡浓度。影响吸附的因素主要包括吸附剂和吸附质的物理化学性质，废水的 pH 值、温度、共存物和接触时间等。目前在废水处理中应用的吸附剂有：活性炭、活化煤、白土、硅藻土、活性氧化铝、焦炭等。与其他吸附剂相比，活性炭具有巨大的比表面积和发达的微孔结构使其吸附能力强和吸附容量大，而受到广泛应用。活性炭的吸附中心点有两类：一种是物理吸附活性点，数量很多，没有极性，是构成活性炭吸附能力的主体部分；另一种是化学吸附活性点，主要是制备过程中形成的一些具有专属反应性能的含氧官能团，例如羧基和羟基等，它们对活性炭的吸附特性有一定影响。

（4）离子交换

利用固相离子交换剂功能基团所带的可交换离子，与其接触溶液中相同电性的离子进行交换反应，以达到离子的置换、分离、去除和浓缩的目的，称为离子交换。在工业废水处理中，主要用以回收贵重金属离子，也用于放射性废水和有机废水的处理。根据母体材质不同，离子交换剂可分为无机和有机两大类。无机离子交换剂如天然沸石和人造沸石等；有机离子交换剂是一种高分子聚合物电解质，也称为离子交换树脂，其在工业废水的处理中使用最为广泛。离子交换树脂按照活性基团中酸碱的强弱分为强酸性阳离子交换树脂、弱酸性阳离子交换树脂、强碱性阴离子交换树脂和弱碱性阴离子交换树脂。离子交换树脂的性能对处理效率、再生周期及再生剂的耗量等都有较大影响。离子交换性能的几个重要指标包括：树脂的交换选择性即离子交换树脂对水溶液或废水中某种离子优先交换的性能、离子交换树脂的交换容量、树脂的溶胀性、含水率、物理化学稳定性、粒度及密度。

（5）膜分离技术

膜分离法包括扩散渗析、电渗析、反渗透、超滤和隔膜电解等技术。根据膜的种类及其功能和推动力的不同，各种膜分离技术的特点也不相同。

电渗析是指利用离子交换膜的选择透过性，以电位差作为推动力的一种膜分离过程，其中阳离子交换膜能选择透过阳离子而不让阴离子透过；阴离子交换膜能选择透过阴离子而不让阳离子透过。由一系列阴阳膜交替排列于两电极之间组成许多由膜隔开的水室，在直流电场的作用下溶液中的离子作定向迁移，电渗析膜的选择性透过功能使一些水室的离子浓度降低而成为淡水室，与之相邻的小室则成为浓水室，原水中的离子得到了分离和浓缩，水质得到了净化。超滤（UF）是介于微滤和纳滤之间的膜过滤系统，通过在膜两侧压力差为推动力，以机械筛分作用实现溶液的分离。在静压差的作用下，溶液中的溶剂（水）和小分子的溶质粒子从高压侧透过膜到低压侧，而大分子的溶质粒子组分被膜所阻截。超滤设备主要有管式、板框式、螺旋卷式、中空纤维式等，在含油废水、含乙烯醇废水、纸浆废水、颜料和染色废水、放射性废水、食品废水回收蛋白质和淀粉等方面应用广泛。反渗透的基本原理利用高选择性和高透水性的半透膜将淡水和浓盐水分隔，在浓盐水一侧施加大于溶液渗透压的操作压力使得溶液中的水分子透过半透膜流向淡水一侧，实现浓盐水的浓缩和淡水的富集。反渗透装置主要有板框式、管式、螺旋卷式和中空纤维式 4 种，在海水和苦咸水的脱盐、锅炉给水和纯水制备和废水的处理与再生及有用物质的再生和浓缩等方面得到广泛应用。

4. 工业废水的生物处理技术

利用微生物的新陈代谢作用对废水中污染物质进行降解的处理方法称为生物处理技术。从微生物的代谢形式可分为好氧处理和厌氧处理两大类型，其中好氧生物处理法包括活性污泥法和生物膜法等。

活性污泥法是废水生物处理中使用最广泛的一种方法。废水经初次沉淀池固液分离后，进入活性污泥反应池（又称曝气池）与活性污泥混合并进行曝气，污水中的悬浮固体和胶体物质在很短的时间内即被活性污泥所吸附。污水中有机物被微生物利用作为生长繁殖的碳源和能源，大部分通过代谢转化为生物细胞并氧化成为最终产物（主要是二氧化碳和水）。含活性污泥和污水的混合液最终从反应池内排出，在二沉池内进行固液分离，上层出水即为净化出水。分离浓缩后的生物固体返回反应池，使池内始终保持一定浓度的生物相，来保证连续不断降解有机物的需要。由于微生物进行连续的合成和增殖，因此产生多余的活性污泥必须将其排出系统，这部分污泥既可从二次沉淀池排出，也可从反应池排走，可以通过设计和运行予以调节和控制。按运行方式活性污泥法可分为以下几种：传统活性污泥法、渐减曝气法、分步曝气法、阶段曝气法、生物吸附法、完全混合法、延时曝气法、克劳斯法、高负荷曝气法、氧化沟法、纯氧曝气法和间歇活性污泥法等。

活性污泥法通过曝气池中悬浮态的活性污泥来分解有机物，但生物膜法则主要依靠固着于载体表面的微生物膜来降解有机物。生物膜法处理废水通过废水与生物膜接触，进行固、液相的物质交换，利用膜内微生物将有机物氧化使废水获得净化；同时生物膜内微生物则不断生长与繁殖。为了保持好氧性生物膜的活性，除了提供废水营养物外，还应创造一个良好的好氧条件，常采用自然通风或强制自然通风供氧。生物膜法设备类型按生物膜与废水的接触方式可分为封底式和浸渍式两类。在封底式生物膜法反应器中，废水和空气沿固定的填料或转动的盘片表面流过，与其上生长的生物膜接触，典型工艺有生物滤池和生物转盘。在浸渍式生物膜法中，生物膜载体完全浸没在水中，通过鼓风曝气供氧，如载体固定称为生物接触氧化法；如载体流动则称为生物流化床法。

废水厌氧生物处理指在无氧条件下通过厌氧微生物（包括兼氧微生物）的作用将废水中的各种复杂有机物分解转化成甲烷和二氧化碳等物质过程，也称厌氧消化。和好氧生物处理的区别在于：好氧处理以分子态的氧作为受氢体，而厌氧处理以化合态的氧、碳、硫、氢等为受氢体。废水的厌氧生物处理主要依靠三大类细菌完成：水解产酸细菌、产氢产乙酸细菌和产甲烷细菌，因而可以大致将厌氧消化过程划分为三个连续阶段：水解酸化阶段、产氢产乙酸阶段和产甲烷阶段。在厌氧反应器中三个阶段是同时进行的，并保持某种程度的动态平衡。这种动态平衡一旦被 pH 值、温度和有机负荷等外在因素所破坏，则首先将使产甲烷阶段受到抑制，其结果会导致低级脂肪酸的积存和厌氧进程的异常变化，甚至导致整个厌氧消化过程停滞。细菌对温度的适应性可分为低温、中温和高温三个区，低温消化 10 ~ 30℃、中温消化 30 ~ 35℃和高温消化 50 ~ 56℃。在 0 ~ 56℃范围内甲烷细菌并没有特定的温度限制，然而在一定温度范围被驯化以后，温度的变化就会妨碍甲烷细菌的活动，尤其是高温消化对温度的变化更为敏感，因此在消化过程中要保持相对稳定的消化温度。甲烷细菌生长适宜的 pH 值范围约在 6.8 ~ 7.2 之间，如 pH 值低于 6 或高于 8，其生长繁殖将受影响。产酸细菌对酸碱度不及甲烷细菌敏感，其适宜的 pH 值在 4.5 ~ 8 之间。所以在厌氧法处理污泥或者废水的应用中，由于有机物的酸性发酵和碱性发酵在同一构筑物内进行，为了维持产生的酸和形成的甲烷之间的平衡，应维持处理构筑物内的 pH 值在 6.5 ~ 7.5。有机负荷随工艺类型、运行条件以及废水种类及其浓度而不同。通常情况下采用中温消化时，有机负荷为 2 ~ 3kgCOD/（$m^3 \cdot d$），高温下为 4 ~ 6kgCOD/（$m^3 \cdot d$）；上流式厌氧污泥床反应器、厌氧滤池、厌氧流化床等新型厌氧工艺有机负荷在中温下为 5 ~ 15kgCOD/（$m^3 \cdot d$），甚至可达 30kgCOD/（$m^3 \cdot d$）。随着高浓度有机工业废水厌氧处理的广泛应用，厌氧生物处理法有了很大的发展，厌氧消化工艺由普通消化法逐渐演变发展为厌氧接触法、

厌氧生物滤池法、上流式厌氧污泥床反应器法、厌氧流化床法及复合厌氧法等。

二、城市非点源污染控制技术

在城市点源污染得到有效的控制后，城市非点源污染在城市水环境中的污染作用就日趋明显。与点源污染相比，非点源污染的产生具有随机性和不确定性，因此其控制技术也必将具有更强的针对性和适应性。按照非点源的类型大致可分为城市地表径流污染和近郊农业污染两大类。

（一）城市地表径流污染控制技术

城市地表径流的控制可分为非工程措施及工程措施两大类。

1. 非工程措施

（1）城市环境管理

城市环境管理包括城市建设项目施工过程的环境管理、城市垃圾的管理、城市运输车辆的管理及动物粪便等。加强城市环境卫生管理可从根本上降低城市地表径流中污染物含量。

（2）路面清扫

长期以来，路面清扫一直被认为是一种控制径流污染的有效措施。但近年来国外许多学者的研究发现，路面清扫在减缓路面径流对受纳水体影响方面的作用有限：路面清扫对粒径较大的颗粒物（$> 200 \mu m$）有较好的去除效果，对粒径较小但污染潜力较大的细小颗粒则难于去除，常规的路面清扫最多只能去除 30% 的污染物。但是，在某些大气降尘严重、交通繁忙的路段加大清扫频率是十分必要的，在某些特定时段如早春积雪融化、秋天落叶以及雨季来临之前加强路面清扫也是十分有效的。此外，路面清扫必须同其他方法结合使用，尤其在半干旱地区加强路面清扫并结合其他工程措施如渗滤系统等，可有效减少排入水体中的悬浮物、石油类、重金属等物质。

3. 控制除冰剂的应用

为了在冬季冰雪季节创造良好的交通条件，除冰剂被大量使用以加速冰雪的溶解，常用的有 NaCl、CaCl 等盐类和砂粒、煤渣等研磨物。除去冰盐加剧了路面和轮胎的磨损，形成了更多的颗粒物质，且其本身溶解于冰雪水中随径流排出，使径流水中氯离子含量增加。据研究报道，在除冰剂使用 7 个月后径流水中仍有少量残存的氯离子。可见除冰剂的大量使用会对地表水环境造成严重的污染，限制除冰剂的使用可以有效减缓这种污染。

2. 工程措施

（1）渗滤系统

渗滤系统是使地表径流中雨水暂时存储起来，并渗透到地下的一种暴雨径流管理方法，可单独使用也可与其他方法结合使用。渗滤系统通常包括渗坑、渗渠、渗井等，主要以过滤、颗粒吸附和离子交换等作用去除溶解性污染物．渗滤系统适用于：

①土壤有很好的渗透性；

②地下水位低于渗滤系统最低点至少 3m；

③渗流中的悬浮固体含量小；

④渗滤过程中有足够的存储空间存储地表径流。

多孔路面也可归为渗滤系统的一种应用形式，它由多孔沥青或有空隙的混凝土修筑，能够允许径流水通过并使水渗透或存储在其下的碎石垫层中并最终慢慢渗入土壤。多孔路面能够有效地去除径流水中溶解的或颗粒状的污染物质，多孔路面去除污染物的机理除了过滤外，还有生物吸附及生物降解作用。据研究，多孔路面最高可去除 92% 的碳氢化合物、85% 的悬浮固体、78% 的总铅，可将碳氢化合物和重金属的浓度控制在法国饮用水标准之下。但多孔路面易于堵塞，通常在使用 1 ~ 3 年后会被堵塞，除冰剂的使用更会加速其堵塞进程，所以日常的清扫工作对维护多孔路面的径流效果是十分必要的。

工程实践：在我国，渗滤系统主要是用于暴雨径流量的控制及地下水的补充，对径流水中污染物的去除只是附带功效。西安至宝鸡高速公路和西安至铜川一线公路设置了几十座渗坑，大部分渗坑深 2 ~ 4m，长宽约 3 ~ 10m，设计目的主要是控制路面暴雨径流，即路基排水，但同时起到了补充地下水资源、控制污染的功效。西安地区常年干旱少雨，地下水位较低，土壤的渗水性较好，且其土壤表层有一层较厚的黏土层（20 ~ 50m），一定程度上能够去除径流水中的污染物且不会污染地下水。

（2）湿地系统

湿地是一种高效的控制地表径流污染措施，它可同化入流中大量的悬浮物或溶解态物质。湿地处理系统去除地表径流污染物的主要机理是沉淀截留和植物吸附。湿地系统可分为人工湿地及天然湿地。由于天然湿地一般不会出现在可利用的位置，所以人工湿地则显得尤为重要。地下水位位于地表或接近地表的滞留池，或有充足空间形成浅水层的洼地都可以做人工湿地系统。实践证明，湿地具有可有效地减少径流量、对各种污染物具有良好的去除能力且其效力持久、与其他径流控制方法相比所需费用较省等优点。

（3）植被控制

植被控制是利用地表植物对地表径流中污染物进行截流的方法，它能够在径流输送过程中将污染物从径流中分离出来，使受纳水体的径流水质获得明显的改善。地表的植被不仅有助于减小径流的流速，提高沉淀效率，过滤悬浮固体，提高土壤的渗透性，而且能够减轻径流对土壤的侵蚀。植被控制包括植草渠道和漫流两种：植草渠道即在输送地表径流的沟、渠中密植草皮以防止土壤侵蚀并提高悬浮颗粒的沉降效率。地表植被去除污染物的机理为：吸附、沉淀、过滤、共沉淀和生物吸收过程。草是植被控制中常用的植物，其对污染物的去除效率比其他植物如灌木、树等高。草的种类、密度、叶片的尺寸、形状、柔韧性、结构等会影响污染物的去除效率。研究证明，在较为平缓的坡度上（＜5%）种植高于地面至少 15cm 的草，保

持植草渠道内较小的流速（＜50cm/s）对保障去除效率十分重要。

（二）城市近郊农业面源污染控制技术

1. 近郊农田面源污染控制

农业非点源对水系的污染是农业生产过程中受到气候及栽培影响造成的环境问题。其中主要是降水对土壤的溶出和侵蚀，导致农田地表径流使土壤中水溶性氮、磷物质和土壤颗粒随水外流而污染水体。降水形成地表径流是农业非点源污染物流出农田的外在动力。农田土壤中氮磷元素来自三个方面，一是降水中的氮磷物质，由于受工业尘埃、农田挥发氨和闪电的影响，其浓度往往变化不定且难于控制；二是河、湖水中氮磷物质随灌溉进入农田，大部分用作灌溉水的河水中氮、磷含量较低；三是农田施用的肥料和土壤颗粒的流失，这是农业非点源污染源中最大污染来源。

合理控制城市近郊农业污染的措施包括以下几个方面。

（1）合理灌溉

为了降低因地表径流所造成的氮磷污染负荷量，力求施肥后使土壤充分吸附氮、磷，减少其存留于农田土壤中含量；同时实行合理、有效的灌溉技术。农田在第一次灌溉时应控制水量，灌溉水以浸透土坎的1/2时应停水耕耙，待土壤沉实水层有3～6cm时即可栽插水稻，视水层情况再适当补充水量。适量的灌水泡田，既保肥节水又不污染水体。在水稻生长过程中，水田要保持薄水层，做到了薄层勤灌，以便有足够的空间来积蓄降水量，减少排出量。

（2）合理施肥和使用农药

合理施肥是指通过选用合适的肥料品种和合理的施肥方式以获得最高的氮、磷肥料的利用率和最佳经济效益，同时也可减少肥料的流失。近年来，农田有机肥料施用量减少，但过量的施用化肥和不科学的施用方法，造成肥料流失、利用率降低。应大力宣传氮素化肥分次施用，以减少氮素损失，提高氮肥的利用率，降低氮素对环境污染的负荷量。同时为了减少氮素的流失，科学氮肥的深施技术是有效的施肥方式。将化肥制成粒肥深施，增加氮肥的利用率，减少肥料的流失，可降低农田对水体的氮素污染负荷量。在水旱轮作中磷肥施在旱季上，流失量较小。

有效减少由杀虫剂造成危害的源头污染是一项非工程性措施，一般通过最小量的合成杀虫剂来促进产量。此项措施的原则是只有当有害物危害的成本超过使用杀虫剂成本时，杀虫剂才被采用。此项措施主要包括生物学控制的最大使用量、使用过程的有关规定、杀虫剂的严格说明、作物轮作、抗有害物的作物、专家和农民的监测。在此项措施下，杀虫剂使用量下降，农业收益大为增加，大规模推广此项措施，最主要的障碍是使用者缺乏足够的知识。

（3）坡耕地改造技术

通过减缓底面坡度和缩短坡长可以有效地降低土壤流失、控制农田径流污染。在耕地改造时，坡耕地改造工程类型主要包括坡面水系整治和坡改梯两种类型。坡面水系整治是指在坡耕地上建立相互配套的防洪、灌溉及蓄水、排水系统，因地制宜开挖排洪沟，顺坡直沟改为截流横沟，减少冲刷。坡改梯是将坡耕地改造成梯地和梯田，减缓坡度和坡长，从而减轻水土流失。梯田可分为水平梯田、斜坡梯田和相隔坡梯田等。梯田是从源头减少非点源污染的非常有效的管理措施。据报道，水平梯田可以减少土壤流失94%～95%，营养物流失56%～92%。梯田通过存贮水分、控制泥砂沉淀和水分侵蚀而达到这些效果。梯田也有不少缺陷，在确定措施时需要加以考虑，例如大量建造梯田将会占用很多的土地。因此考虑采用这一措施时费用是应重点考虑的问题。

（4）水土保持农业技术

水土保持农业技术有等高耕作、沟垄耕作、间作及套种和混播、改良轮作制度和单田轮作、深耕、中耕或少耕、免耕、收割留茬、增施肥料和改良土壤等。其中保护性轮作是一项应用较多的减少污染物来源的管理措施，利用保护性作物轮作的目的是管理营养物过多或不足的问题。当营养物过多时，则当作覆盖植被使用；当营养物短缺时，一种物质可以为另一种物质提供营养物质。当一种植物需要高营养时（如谷类），通常与豆科（如大豆）轮作。一般选用的植物必须是能在地上、地下生长出一定的生物量，能控制土壤侵蚀。

（5）农田田间控制技术

主要包括收集系统，如田间渠道、田间坑、塘等；缓冲调控系统，主要包括闸门、渠道、田间坑、塘等；净化系统，主要有渠道沉砂池、田间坑、塘以及其中的生物如草、水生植物。

在流域中存在许多天然或人工水塘。这些水塘不断地与河流进行水、养分的交换使流速降低，悬浮物得到沉降。增加水流与生物膜的接触时间，水塘对非点源污染物的滞留和净化作用很大，在我国南方大部分农业区域就存在着许多用来拦截雨水、灌溉农田的水塘。多水塘系统的作用主要是滞留污染径流，循环利用水和营养物质，该系统能截留来自居民、农田的磷、氮污染负荷94%以上。

此外，水道种满植被以利于水流的稳定，植草水道对沟道侵蚀有很好的防治作用。长年长满草的水道能控制水流的速度，减少水道的侵蚀。实践中选用的草必须是有利于最优化保护目的，建造水道的土地从生产性土地中分离出来。

2. 城市河网地区渔业污染控制

河网城市周边湖内网箱养鱼通过投饵和鱼体代谢废物的排泄，使局部水体中营养盐大量累积致使水体迅速富营养化。因此从长远和整体来看，湖内网箱养鱼应当限制。对于大多数湖泊（除以养鱼功能为主的以外）网箱养鱼不是一项应当提倡的产业。以供水水源为主要功能的湖泊或水域应当禁止网箱养鱼活动。对允许适当养殖的湖泊，也应控制其规模，做到合理规划、严格管理。

（1）合理的养殖密度

在允许发展网箱养殖的湖泊中，网箱密度以及网箱养鱼负荷力是两个关键因素。网箱密度应依照不同湖泊类型对水质的不同要求标准来确定。在我国常见的城市浅水湖泊（平均水深5m左右）网箱均匀分布的情况下，投饵网箱养殖负荷力约为3000kg/hm2，面积比为0.4%；同时考虑到水域的污染，湖泊网箱养殖最大负荷力应

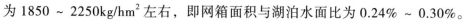

为 1850 ～ 2250kg/hm^2 左右，即网箱面积与湖泊水面比为 0.24% ～ 0.30%。

（2）鱼种的选择

湖内网箱养殖的鱼种选择十分重要，除了渔业和经济上对鱼种的要求外，从环境方面应当遵循如下原则：单位水体经济效益高的鱼种，以减少养殖水面面积；摄食浮游植物或兼食性的种类；易接受颗粒性饵料的种类，来减少人工饵料在湖内的累积；不对水体产生持续污染的种类。

（3）饵料的选择

选择理想的饵料是网箱养殖污染控制的最重要的环节。除养殖上对饵料要求以外，如下原则应在湖内网箱养殖污染控制中予以充分考虑：饵料新鲜、干净、漂浮性好、易被鱼类摄取；饵料外形牢固，不易溶解，利用率高，沉降率低。

（4）科学管理

对允许适当网箱养鱼的湖泊，应当做到合理规划、科学投饵、严格管理。

网箱残饵清除措施：网箱中鱼的数量多、密度大、人工投饵量大等原因会造成残饵及鱼类粪便从网箱沉入湖底。采取措施收集网箱饵料的废料，可有效减少养殖污染。国内外采用的收集装置如大型过滤漏斗形收集器、计算机控制的大型 PVC 漏斗和采用在网箱下挂吊布兜装置。

三、内源污染控制技术

我国城市湖泊多为浅水型湖泊，底泥被认为是城市湖泊内源污染的主要来源。许多水体在外源性磷、氮污染被截断后，底泥中营养盐的释放能持续发挥作用使水体仍保持富营养化状态。因此，合理且有效地控制水体内源污染是实现水环境长治久安的必要措施。

（一）内源污染疏浚技术

作为城市湖泊内源污染的控制措施，底泥环境疏浚技术已经被认为是治理底泥污染的主要方法。底泥环境疏浚在美国、欧洲有较为普遍的使用，国内一些大型富营养化湖泊如太湖的五里湖、云南草海、安徽巢湖和一些小型的城市湖泊如南京玄武湖、杭州西湖、北京颐和园昆明湖等也相继采用这种技术。湖泊环境疏浚的目的是通过底泥的疏挖去除底泥所含的污染物，减少水体中内源性污染的释放。因此，环境疏浚工程实施需要考虑技术的可行性、经济性及疏浚过程中的环

第一，常规疏浚设备与改进。

常规疏浚设备的疏挖方式有耙吸式、绞吸式和抓斗式等。

①采用耙吸式挖泥船清除污染底泥，一般采取抽舱的施工方法并保持泥门的密闭，不允许溢流和漏泥。在疏浚过程中对耙吸船的装舱系统、卸载系统进行监控并采用防扩散的环保型耙头等措施。耙吸船一般用于沿海和大江且污染底泥分布范围较大的地区，具有通航条件湖泊的底泥疏浚也可采用小型耙吸船施工。耙吸式清理污染底泥的最大缺点是平面和垂直定位精度差，不适用小面积、水下地形变化大和

多种不同疏浚深度的工程。

②采用绞吸挖泥船清除污染底泥是湖泊环境疏浚中最多采用的方法。绞吸船用于湖泊环境疏浚，一是要对绞刀进行改进以减少由于绞刀搅动污染底泥产生的水体二次污染；二是应采取措施提高泥浆浓度以减少堆场余水的处理和排放量；三是必须提高施工精度，包括了平面定位精度及疏挖精度。

③采用抓斗式挖泥船清除污染底泥。当污染区域距离底泥处理场较远，绞吸式挖泥无法满足输送距离时，可采用抓斗式挖泥船配以泥驳装载。此方法宜在底泥分布集中且厚度较大时采用，但应对泥斗造成的二次污染采取改进措施。由于斗式船性能有限，当底泥厚度较薄、密度较小、有机质含量较大时不宜采用。

④目前国内外的许多企业正在致力于常规疏浚设备的改进。日本从 1975 年开始陆续研制了多项专用的环保疏浚设备，如螺旋式挖泥装置和密闭旋转斗轮挖泥设备。前者挖泥设备埋没在泥中进行挖泥，后者挖泥时在密闭的半圆筒形罩内均匀缓慢地转动斗轮挖掘泥土。由于阻断了水侵入土中，故均可高浓度挖泥且污浊和扩散现象发生得极少。意大利研制出气动泵挖泥船用于疏浚水下污染底泥，它利用静水压力和压缩空气清除污染底泥，此装置疏浚质量分数可以达 70% 左右，对湖底无扰动、不污染周围水域。

第二，专用环保挖泥船。

近十年来专门用于特定环境疏浚的挖泥船不断地被研究和设计，其技术特点在于：

①由于底泥疏浚对平面和垂直定位的高精度要求，动态差分全球卫星定位系统（DGPS）已普遍在环保挖泥船上应用，目前的使用精度已达厘米级。

②传感器、计算机与 DGPS 的配合使用，实现了挖掘头的精确定位，并通为宜。

第三，当水深小于 10m 时水深测量的精度不宜超过 10cm；当底泥采样器获得的污染底泥顶部高程高于水深测量值时，按取样器的结果为准；当底泥顶部高程低于水深测量值时，以水深测量数据为准。

第四，对堆场区的平面地形进行分析，考虑隔搜的布置，以延长泥浆的流程、减缓流速，增加泥浆颗粒的碰撞，加快其沉淀，使余水达标排放，避免造成水体二次污染；堆场围堤结构形式除严格按照有关地基规范进行设计施工外，还应考虑堆场区的承载能力和透水性能。

第五，当污染底泥中含有大量的重金属与有毒污染物需要进行封闭处理时，应对处理区的地质情况进行调查，以便采取工程措施，防止它们扩散；当污染底泥中的主要污染物是磷和氮而不含重金属及有毒物质时，堆场是否设置防渗层，应该在对有关地形、地质资料调查后决定，必要时应进行淋溶试验。

第六，疏挖深度的确定应综合考虑清除内源性污染、恢复水生植物的生长以及有利于生态恢复等问题，底泥的深度随着水体的形态、水力状况、调度运用情况等而变化：在富营养化发展的湖泊中，表层底泥的营养盐通常高于下层；底泥中营养盐的释放与温度、pH 值、细菌、溶解氧等诸多因素有关。并非任意的疏浚深度以及

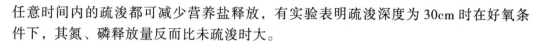

任意时间内的疏浚都可减少营养盐释放，有实验表明疏浚深度为 30cm 时在好氧条件下，其氮、磷释放量反而比未疏浚时大。

底泥环保疏浚方法与设备

在疏浚过程中应该选用何种疏浚工艺、环境疏浚关键设备及相应的二次污染防治技术（如避免扩散及细颗粒物再悬浮、底泥及余水处置等）是底泥环保疏浚可行性研究的重要内容，不同的疏浚方式和设备对底泥疏浚的效果影响较大。目前国内外湖泊底泥疏浚的方法主要有两种，一种是抽干湖水后的干水疏浚；另一种是直接从水下挖泥的带水疏浚。干水疏浚是先将水抽干，然后使用推土机和刮泥机将底泥挖除。这种方法多应用在小型水体中，由于清淤前必须将所有的水放空或用水泵抽干，且湖底需要脱水以便机械化操作，技术实施的难度较大。另外，干水疏浚方式对底栖生物的生存环境干扰较大，南京玄武湖曾采用此方式进行底泥疏浚，效果较差。不抽干湖水的带水疏浚施工方法对湖泊各种功能影响最小，是当前底泥环境疏浚的发展方向。带水疏浚湖泊底泥的输送有驳船输送和管道输送两种方式。驳船输送为间歇式输送，挖掘的泥装入驳船，运到岸边，再由抓斗或运泥船将泥排出。这种输送方式的工序繁杂，生产效率较低，一般用于输送距离过长的施工区域。

环境疏浚工程要求疏浚精度高，在疏浚过程中需要采取措施防止二次污染，并对清除的污染底泥进行安全处理处置等。环境疏浚的关键和难点在于如何科学地确定重要的疏浚参数，如疏浚区的位置、有效疏浚深度以及污泥量等。

湖泊污染底泥环境疏浚技术的现场调查与勘测可为工程设计提供可靠依据，通过现场调研和勘测主要完成以下任务：确定污染底泥中污染物的特性（种类及含量分布）和污染底泥的分布、厚度和数量；分析污染底泥疏挖区的地质情况、物理力学特性，确定现场施工及协作条件；污染底泥疏浚设备的选择；分析污染底泥处置的利用价值，确定污染底泥处置场地。

此外按照环保疏浚的要求，在现场调研与勘测过程中还需注意以下环节。

①对于疏挖面积超过 0.5km2 边长超过 1km 或离岸距离大于 1km 的工程，应在疏挖区内建立 GPS 局域网进行测量，以确保施工阶段与勘测、设计阶段平面控制的一致性。尤其在富含污染物或有毒物质的地段及水下地形复杂的区域进行加密测量（并在图纸上做出明显的标识）。

②对于底泥属有机质含量高、密度小的湖泊如嘉兴南湖、无锡五里湖等，水深测量应采用 200kHz 测深仪对浮泥底部进行探测，来判别污染底泥的厚度及高程。

③疏浚区的底泥取样宜与地质钻孔同步进行，前者是判别污染底泥的厚度及高程，后者判别疏浚区的土质疏浚分类；污染底泥的取样深度精度应小于 10cm，一般宜控制在 5cm 以内；疏浚地质钻探的深度以大于污染底泥底部 1.5m 过显示器实现了挖掘底泥精确位置的可视化。

（二）内源污染其他控制技术

1. 磷的沉淀和钝化

磷的沉淀和钝化目的是通过沉淀去除水体中的磷，通过钝化延缓内源性的磷从底泥中释放。沉淀中通常使用硫酸铝加入水中形成磷酸铝或者胶体氢氧化铝沉淀，磷去除的机制主要包括形成磷酸铝沉淀物（A1：P 在 500 以上）、吸附在氢氧化铝絮体表面以及含磷颗粒的网捕过程等。沉淀效率与水体 pH 和碱度等有关：当硫酸铝投加进水体中时，水体 pH 决定铝的存在形态。在 pH6 ~ 8 范围内主要是可沉淀的聚合性氢氧化铝，碱性条件主要是铝酸根离子而酸性条件主要是游离的铝离子。当投药量比较大时，水体的 pH 可能发生比较大的变化，这种变化随之影响水体其他生命的生存以及游离铝离子的毒性。沉淀技术发挥作用比较快，但是难以发挥长效作用。因此一般建议作为临时措施使用。如果将大量氢氧化铝投加覆盖在底泥表面可以吸附从底泥中释放的磷或者形成铝酸盐，起到底泥的钝化作用。通过这种途径内源性磷可在比较长的时期内（如几年）得到抑制，从而抑制湖泊的富营养化。

钝化的投药量有两种确定方式：一种是以去除水体中磷的比例来确定，如向湖水表面撒投药剂直到水中磷的去除达到要求为止，几乎所有的早期湖水处理都采用这种方法。这种方法类似于废水处理中确定投药量的方法，根据烧杯实验结果进而计算出这个湖泊水体处理所需要的投药量。第二种是尽可能多的投加药量与底泥磷的去除相匹配，从而达到长期控制内源性磷的目的。为水体中生物的安全，一般将药直接投加在深层水，避免和浅层水生物相接触。

2. 底泥氧化

氧化底泥中的有机物，将亚铁转化为氢氧化铁使底泥中磷与铁的氢氧化物紧密结合，达到控制内源性磷的目的，氧化深度可达 10 ~ 20cm。底泥氧化可视为一种代替铝盐的钝化处理技术。铝盐仅是被施加在底泥的表面，而底泥氧化药剂是注入底泥内部，对水体生物影响小而且氧化技术的效果更加长久。常用的药剂包括硝酸钙、氯化铁和石灰。硝酸钙用来作为电子受体，其液体状态比氧气更容易渗透至底泥内部，强化脱氮过程；氯化铁用来和硫化氢反应形成更多的氢氧化铁，提高对磷的钝化效果；石灰用来提高 pH，使其维持在适宜微生物脱氮的水平。底泥氧化适用于铁氧化还原控制内源性磷的情况，不适应于底泥高 pH 和温度控制内源性磷的情况。

3. 底泥覆盖

采用沙子、卵石和黏土等能够控制内源性污染物质磷的释放，此外一些高聚合物如聚乙烯被证明也是非常有效的覆盖材料，但是成本相对比较高。采用高聚合物覆盖材料的优点包括可以针对特殊的区域而不会影响其他区域且安装方便；主要的缺点包括：治标不治本、成本高、难以用于大面积覆盖、碰到尖锐物可能撕裂或者被底泥释放的气体鼓起和在太阳辐射下老化失效等。常用的聚合物材料包括聚乙烯、聚氯乙烯、聚丙烯和尼龙等。聚乙烯和聚丙烯比较结实、柔软、不易穿孔、成本相对低，但是对天气变化适应性差；聚氯乙烯相对强度比较高，耐天气变化，成本也较低；

尼龙虽然柔软具有比较高的强度，但是不耐天气变化；硫化橡胶也可以使用，且耐天气变化和化学物质作用，但比较昂贵。底泥覆盖首先应该勘察覆盖现场，实验底泥打桩的可行性：如果底泥流动性大就需要打比较深的桩；如果底泥太稀就可能需要先用砖或者水泥块覆盖，在施工过程当中覆盖材料应该紧贴底泥，不可以留有气泡。

第七章　城市水环境中雨水利用

第一节　城市雨水利用的含义与意义

一、城市雨水利用的含义

城市雨水利用可以有狭义和广义之分，狭义的城市雨水利用主要指对城市汇水面产生的径流进行收集、储存及净化后利用。我们说的是广义的城市雨水利用，可做如下定义：在城市范围内，有目的地采用各种措施对雨水资源进行保护和利用，主要包括收集、储存和净化后的直接利用；利用各种人工或者自然水体、池塘、湿地或低洼地对雨水径流实施调蓄、净化和利用，改善城市水环境和生态环境；通过各种人工或自然渗透设施使雨水渗入地下，补充地下水资源。

二、城市雨水利用的用途

现代意义上的城市雨水利用和传统而古老的（农业）雨水利用有很大的不同，主要体现在技术的复杂程度、产生的效益和影响、雨水的用途、雨水水质的污染性与处理要求、涉及的各种复杂因素等。现代意义上的城市雨水利用在我国发展较晚。之前，城市水资源主要着眼于地表水资源和地下水资源的开发（严格说也是来自雨水资源），不重视对城市汇集径流雨水的利用，而任其排放，造成大量宝贵雨水资源的流失，随着城市的扩张，雨水流失量也越来越大。因此，一方面出现严重缺水，地下水过量开采，地下水位逐年下降，另一方面又大量地排放雨水并带来城市水涝、城市生态环境恶化等一系列严重的环境问题，还花巨资长距离甚至跨流域调水。

根据用途的不同，雨水利用可以分为雨水直接利用（回用）、间接利用（渗透）、综合利用等。

雨水利用的用途应根据区域的具体条件和项目要求而定。一般首先考虑补充地下水、涵养地表水、绿化、冲洗道路和停车场、洗车、景观用水和建筑工地等杂用水，有条件或需要时还可作为洗衣、冷却循环、冲厕和消防的补充水源，在严重缺水时也可作为饮用水水源。

由于我国大部分地区降雨量全年分布不均，故直接利用往往不能作为唯一的水源满足要求，一般与其他水源互为备用。在许多情况下，如果雨水直接利用的经济效益不明显，雨水间接利用往往成为首选的利用方案。最好根据现场条件将二者结合起来，建立生态化的雨水综合利用系统。

现代城市雨水利用是一种新型的多目标综合性技术，其技术应用有着广泛而深远的意义。可实现节水、水资源涵养与保护、控制城市水土流失和水涝、减轻城市排水和处理系统的负荷、减少水污染和改善城市生态环境等目标。

城市雨水利用是解决城市水资源短缺、减少了城市洪灾和改善城市环境的有效途径。具体包括：

①雨水的集蓄利用。可以缓解目前城市水资源紧缺的局面，是一种开源节流的有效途径。

②雨水的间接利用。将雨水下渗回灌地下，补充涵养地下水资源，改善生态环境，缓解地面沉降和海水入侵，减少水涝等。

③雨水综合利用。利用城市河湖和各种人工和自然水体、沼泽、湿地调蓄、净化和利用城市径流雨水，减少水涝，改善水循环系统和城市生态环境。

④对于城市合流制排水管道，会减轻污水处理厂的负荷和减少污水溢流而造成的环境污染。对于分流制排水管道，会减轻市政雨水管网的压力，减轻雨水对河流水体的污染，同时也会减轻下游的洪涝灾害。

三、城市雨水利用的优点

（一）城市雨水利用可以减洪免涝

城市防洪历来是我国防洪的重中之重。原因也很简单，一是我国城市多处于暴雨水高风险区，不仅城市的地理分布铸就了城市遭受暴雨袭击的必然性，而且城市化改变了城市暴雨水规律，加大了洪涝强度。二是城市化加大了洪涝灾害的损失，不仅城市是人口和财富的聚集地，而且灾害损失主要集中在东部发达地区。三是城市防洪标准偏低已成为保障我国国民经济可持续发展的制约因素之一。四是内涝的威胁日趋增大。。

从以上分析可以看出，我国城市洪涝灾害主要来自弃水，即市区暴雨和江河洪水。拦蓄、储存了雨水，就等于减少了暴雨汇流的速度和水量，避免或减少内涝发生几率和损失；拦蓄、分流了洪水，就等于减少了洪水的流速和流量，削减洪水，避免和减轻洪灾发生的几率和损失程度。而城市雨水利用的目的恰恰是拦蓄、储存和利用这一部分时空分布不均的弃水的部分水量，使之由弃水转化成资源水、产品水或商品水。尽管它的数量有限，但在某一时间差、空间差内还是可以起到错峰、调峰、削峰的作用，减轻洪涝灾害损失，尤其是内涝不仅可以减轻，还可以避免。如果整个流域的城市都是如此，那么作用就更大了，不仅仅可以削峰，还可以避洪。

（二）城市雨水利用可以增水添优

我国大部分地区干旱缺水问题尤为明显，这不仅是就农村而言，而且针对城市。假如说农村表现是干旱的话，那么城市的表现就是缺水。在北方缺水城市中，主要是资源型短缺，即城市人口发展规模已超过当地水资源的承受力，如大连、西安等城市虽采取了调水工程缓解了供需矛盾，但并没得到根本解决，供需矛盾依然存在；南方地区城市主要是工程型短缺或污染型短缺。

从分析可以看出，缺水和严重缺水的城市，主要是资源型缺水、工程型缺水和污染型缺水。资源型缺水的原因是人口多，水资源少。这也可以说是我国的国情、水情。我国是个人口大国，又是一个水资源贫国。加之，水资源时空上的分布不均，更加重了资源型短缺。尤其是北方地区，不仅降水量偏少，而且高度集中在夏季，尤其是强度较大的暴雨。这就必然会导致大量的弃水，不仅难以利用，而且还会造成洪涝灾害。城市雨水利用就是利用工程性和非工程性措施加以拦蓄、储存雨水，以丰补枯，以夏储冬，变废为宝，化害为利。因为雨水不仅可以作为资源水、产品水或商品水利用，而且是价廉物美的优质水，完全可以与矿泉水媲美。天然的降水微带酸味，经过混凝土蓄水池中和后酸性物质会转化成矿物盐，含钙 40 ~ 60 mg/L，同软化过的自来水一样。经过反渗透过滤后，降到 10 ~ 20 mg/L，和市场上销售的优质矿泉水（16 ~ 32 mg/L）相当。但一般自来水矿物盐含量都超标，有的竟达 500 ~ 1 200 mg/L。而且雨水的生物电指标也比较优良，具有可生物相容性，即 pH 为 5 ~ 7，电阻率大于 5 000Ω·cm；矿物盐干残留物为 10 ~ 150 mg/L。而纯净水多低于 10 mg/L，最好不饮用。

（三）雨水利用是修复城市生态的需要

我国改革开放以来，经济的迅速发展，极大地改善了人民的生活水平。但同时，城市化步伐的加快、城市人口的增多，加上一向"重视经济，忽视环境"的观念，城市生态不断受到破坏。由于硬化地面造成土壤含水量降低，空气干燥热岛效应加剧；硬质地面代替了原有的植被和土壤，加速雨水的汇集，让洪峰迅速形成，城市洪涝灾害越来越严重。城市雨水利用有利于生态景观。

1. 保护水面，恢复水域空间

我国城市防洪比较重视外水，忽视内水，城市排涝标准普遍较低，一般不足10

年一遇，一遇大雨，到处是水。因此，今后在城市规划时，应积极重视保留市内原有河流、湖泊、洼地及排水通道，尽可能恢复原有河道的拦蓄空间，甚至退堤，恢复漫滩。并重视其利用，制造以水与绿为空间基质的亲水环境。

2. 生态河堤，自然型护岸

生态河堤是融现代水利工程学、环境科学、生物科学、生态学、美学等为一体的水利工程。它以保护、创造良好的生物生存环境和自然景观为前提，以具有一定强度、安全度和持久性为技术标准，把过去的混凝土人工建筑改造成水体，适合生物生长，仿自然护坡。

3. 分流集雨，增供、削洪、减污

分流集雨，即采用屋顶集雨饮用、马路分流集雨杂用、林草集雨下渗等方式，增加优质水供应，削减暴雨汇流，减少雨水污水混流。这方面我国已有成熟技术，虽用于农村，但亦可用于城市，而且更加方便。今后城市小区规划和建设时，都应尽量要求增设屋顶集雨设施；城市公共设施也应在改造时增设分流集雨的项目。

4. 全河统筹，上下同治

城市雨水利用不是一个城市的事，也是全流域城市的事，可以全河统筹，上下兼治，达到全流域避洪免涝、增水添优、营造生态景观，恢复了水生态系统的自然功能。

5. 以人为本，思路有所创新

城市和流域水环境综合整治规划都要贯彻"以人为本"的思想，改变过去那种单一的防洪、供水、重防轻管、重大轻小的工程性治理，统筹规划，综合整治，还河流优美、宜人、充满生机的原貌，营造一个安全、舒适、富于情趣的水生态环境。

（四）节水的需要

雨水利用作为开源和节流并举的一项措施，是缓解或解决上述水问题的一项重要措施，它具有节水、防洪及生态环境三个方面的效益。

四、雨水利用的意义及必要性

随着社会经济的发展，城市规模和数量迅速扩大，水资源短缺的局面也日趋严峻，有近百座城市缺水或严重缺水。与此同时，城市化也带来了环境污染和洪涝灾害等一系列问题。特别是不透水性的地表铺砌面积的不断扩大和建筑密度的大幅度提高，使地面径流形成时间缩短，峰值流量不断加大，排水系统的雨季流量大量增加，产生洪涝灾害的机会增加、危害加剧。同时，城市雨水也是城市水体的一种污染源。据有关资料报道，在一些污水点源得到二级处理的城市水体中，BOD5，（生物氧化量）负荷约有 40% ~ 80% 来自于降雨产生的径流。

要推广雨水利用技术，必须有系列化的成套设备。国外已经有许多成套的相关设备，并在全球范围推广使用。我国近些年通过研究已经取得了一些成果，形成了一些较成熟的技术，但设备方面还没有专业的生产厂家。急需结合有关研究和示范成果，加快雨水利用技术的产业化。

我国早在秦汉时期就有修建池塘拦蓄雨水用于生活的记录，而西北地区水窖的修筑已有几百年的历史。而真正现代意义上的雨水收集利用尤其是城市雨水的收集利用是从 20 世纪 80～90 年代约 20 年时间里发展起来的。随着城市化进程的进一步加快，城市缺水的矛盾也进一步加深，环境与生态问题也同步扩展。为了解决缺水、环境、生态等一连串的矛盾，人们把注意力放到雨水的收集和利用。雨水的收集和利用解决的并不仅仅是水的问题，它还可以减轻诸如上海地区日显巨大的自来水的供水压力、路面积水等问题。对水土流失、河水污染等问题也有一定的缓解作用。

城市绿地、园林和花坛等是现代化城市基础设施的重要组成部分。随着市民生活水平的提高和环保意识的增强，城市绿化建设不仅可以为市民提供娱乐、休闲、游览和观赏的场所，

而且是改善和美化城市环境的重要措施。绿地在空间上是成片、分散分布的，这一特点为雨水利用创造了条件。降雨不仅在空间上分布是分散的，而且水质清洁，没有异味，弥补了再生水的不足。所以，雨水是城市生态用水的理想水源。根据城市生态环境用水和建筑物分布的特点，因地制宜地建造雨水积蓄工程，以达到充分利用雨水、提高雨水利用能力和效率的目的。其利用途径有下列几种：

①城市绿地、花坛和园林雨水集蓄。在城市绿地规划设计和建设时，应根据周边降雨产流的特点，确定绿地的高低、坡度和集蓄水池的位置、大小与结构，以充分收集和蓄存雨水，为就地利用雨水创造条件。在建造绿地时，应调查绿地周边高程、绿地高程和集蓄水池高程的关系，使周边高程高于绿地高程。为节省紧张的城市用地，把集蓄水池做成肚大口小的蓄水窖。即蓄水池急需的雨水既可用来灌溉绿地，又可作为城市清洁用水。窖水的利用可配合移动式滴灌或者喷灌，使有限的水资源发挥最大的环境效益。

②城市道路、广场和停车场雨水集蓄。城市道路、广场和停车场等是良好的雨水收集面。雨后自然产生径流，只要修建一些简单的雨水收集和蓄存工程，就可将雨水资源化，用于城市清洁、绿地灌溉，维持城市的水体景观等。如在集蓄水池基础上进行装饰建造美观的喷泉，可解决喷泉用水和绿地用水的矛盾。集蓄水池要根据集流面积、降水量和用水方式进行设计和建造。

③雨污分流，集中蓄水。目前一些城市将雨水和污水排到同一条沟渠或排水道，这些沟渠得不到足够的清水补充，在源源不断的污水排入下变的又脏又臭，使水质较好的雨水白白浪费和流失。为了利用雨水资源，应采取措施，如采用双层排水管，下层排泄污水，上层排泄雨水，实现雨污分流。分流之后的雨水经排水管道排出，排入排泄点（如人工湖、蓄水池等），用于维持和改善城市的生态环境。

雨水集蓄利用工程在经济上是可行的，对水环境和水循环不会造成负面影响。因为雨水量占整个雨水资源量的比例很小，从远景看，即使是最乐观的估计，开发利用的雨水也只可能占全部雨水。

目前，人们越来越认识到雨水利用在节水、防洪、环境方面的重大效益，全国各地，

特别是北方地区的城市开始逐步实施雨水利用工程。同时，由于我国在城市雨水利用的研究和应用方面还处在起步阶段，没有专业的设备及生产厂家。对于环保型雨水口，由于当前国内道路传统的雨水口没有截断垃圾、污水等功能，对城市水环境污染负荷的贡献率较小。急切需要开发新型的环保型雨水口产品，以解决雨水口污染问题。因此，首先以较成熟的透水地面砖、环保型雨水口和填充式蓄水池为突破口，建设生产基地，进行雨水利用系列设备的生产，实现雨水利用的产业化，在国内将具有十分广阔的市场和应用前景。

五、城市绿色生态中雨水利用的总体目标

（一）雨水资源化

雨水收集利用以及各种滞留、促渗、调控措施；地表径流调控就地消纳雨水，减少外排雨水量，实现雨水资源化。

（二）实现节水目标

充分利用水质良好的雨水资源和再生水资源，实现了节水目标。

（三）径流流量、径流系数的控制

控制雨水径流的排放，实现项目开发后雨水的径流系数不超过开发前雨水的径流系数（以原始状态计）。

（四）改善景观与生态环境

保证对水资源有效、合理的再利用，并且减少对市政水的需求，改善景观与生态环境。

第二节　雨水利用与处理技术

一、雨水利用系统

城市雨水利用系统是指对城区降雨进行收集、处理、存储、利用的一套系统。主要包括集雨系统、输水系统、处理系统、存储系统、加压系统及利用系统等。

（一）集雨系统

集雨系统主要是指收集雨水的集雨场地。雨水利用首先要有一定面积的集雨面。在城市雨水利用方面，屋顶、路面等不透水面都可以作为集雨面来收集雨水，城市绿地也可以作为雨水集水面。

（二）输水系统

输水系统主要是指雨水输水管道。在整个城市的雨水利用系统中输水系统还包括城市原有的雨水沟、渠等。收集屋面雨水用雨水斗或天沟集水；收集路面雨水用雨水口；绿地雨水可先埋设穿孔管或挖雨水沟的方法收集，地面上的雨水经雨水口流入街坊、厂区或街道的雨水管架系统。

（三）处理系统

处理系统是由于雨水水质达不到标准而设置的处理装置。天然降雨通过对大气的淋洗以及冲洗路面、屋面等汇集大量污染物，使雨水受到污染。但总体来说，雨水属轻污染水，经过简单处理即可达到杂用水标准。

（四）存储系统

存储系统以雨水存储池为主要形式，我国降雨时间分布极不平衡，特别是在北方，6～9月份汛期多集中全年降雨的70%-80%，且多以暴雨形式出现。要想利用雨水必须以一定体积的调节池存储雨水，其体积应根据具体的集雨量和用水量确定。

（五）加压系统

雨水调节池一般设于地下，这样可以减少占地面积及蒸发量。由于用水器水位高于调节池水位，而且用水器具还要求一定的水头以及补偿中间管道损失，所以需要设加压系统。

（六）利用系统

为实现雨水的高效利用，用水器具应推广采用节水器具。

二、雨水收集与截污工程

（一）雨水收集

在城市，雨水收集主要包括屋面雨水、广场雨水、绿地雨水和污染较轻的路面雨水等。应根据不同的径流收集面，采取相应的雨水收集和截污调蓄措施。

当项目汇水面较大，雨水量充沛，地面雨水主要应该考虑渗透利用，就近通过植被浅沟、渗透沟渠、生物滞留系统等措施对雨水截污后下渗，同时设溢流口以便雨水较大时排涝。

根据小区高程条件及规划，雨水系统主要以近自然的方式利用地面组织排水，例如，深圳信息学院（大运会期间为运动员宿舍）保留1/3面积的山体，在汇集输送过程中同时完成截污净化和调蓄、渗透利用。

停车场、广场的地面雨水径流量较大，水质也较差，因此可考虑采用透水材料铺装路面或广场面以增加雨水下渗量，沿着道路铺设渗管或渗渠，地面雨水经雨水口进入渗管、渗渠。

1. 屋面雨水收集

（1）屋面雨水收集方式和组成

屋面是城市中常用的雨水收集面，屋面雨水的收集除了通常的屋顶外，根据建筑物的特点，有时候还需要考虑部分垂直面上的雨水。对斜屋顶，汇水面积应按垂直投影面计算。

屋面雨水收集利用的方式按泵送方式不同可以分成直接泵送雨水利用系统、间接泵送雨水利用系统、重力流雨水利用系统三种方式。

屋面雨水收集方式按雨水管道的位置分为外收集系统和内收集系统，雨水管道的位置通过建筑设计确定。普通屋面雨水外收集系统由檐沟、收集管、水落管、连接管等组成。

在实际工程中应该与建筑设计师进行协调，根据建筑物的类型、结构形式、屋面面积大小、当地气候条件及雨水收集系统的要求，经过技术经济比较来选择最佳的收集方式。一般情况下，应尽量采用一种最佳收集方式或两种收集方式综合考虑。对一些采用雨水内排水的大型建筑，最好在建筑设计时就考虑处理好与雨水收集利用的关系。

从水力学的角度可将屋面雨水收集管中的水流状态分成有压流和无压流状态，有些情况下还可表现为半有压流状态。设计时应按雨水管中的水流分类选择相应的雨水斗。重力流雨水斗用于半有压流状态设计的雨水系统和无压流状态设计的雨水系统，虹吸式雨水斗用于有压流状态设计的雨水系统。

当采用雨水收集利用时需要根据利用系统的设计方案和布置重新设计或改造屋面雨水收集系统。水落管多用镀锌铁皮管、铸铁管或者塑料管。镀锌铁皮管断面多为方形，尺寸一般为 80 mm×100 mm 或 80 mm×120 mm；铸铁管或塑料管多为圆形，直径一般为 70 mm 或 100 mm。根据降雨量和管道的通水能力确定一根水落管服务的屋面面积，再根据屋面形状和面积确定水落管间距。对长度不超过 100 m 的多跨建筑物可以使用天沟，天沟布置在两跨中间并坡向端墙。雨水斗设在伸出山墙的天沟末端，排水立管连接雨水斗并沿外墙布置，天沟坡度一般在 0.003 ~ 0.006 之间。天沟一般以建筑物伸缩缝或沉降缝为屋面分水线，在分水线两侧分别设置。天沟的长度应根据地区暴雨强度、建筑物跨度、天沟断面形式等进行水力计算确定，一般不超过 50 m。

屋面内收集系统是指屋面设雨水斗，建筑物内部有雨水管道的雨水收集系统。对于跨度大、跨度多、立面要求高的建筑物，可以使用内收集系统。内收集系统由雨水斗、连接管、悬吊管、立管、横管等组成。

按雨水排出的安全程度，内排水系统分为敞开式及密闭式两种。前者是重力流，后者是压力流。雨水斗包括进水格栅、进水小室、出水管三部分。为减少雨水斗进水时的掺气量，应加设一个整流器。一个屋面上的雨水斗个数不少于 2 个。虹吸式雨水斗系统同一排水悬吊管上的多个雨水斗宜布置在同一水平面上。天沟内布置多个虹吸式雨水斗时，天沟不需做坡度；如雨水斗为重力式，则宜有坡向雨水斗的坡度。

在屋面雨水收集系统沿途中可设置一些拦截树叶等大的污染物的截污装置或初期雨水的弃流装置。截污装置可以安装在雨水斗、排水立管与排水横管上，应定期进行清理。

（2）屋面雨水集水管的设计

屋面雨水集水管的设计，主要内容包括管径确定和配管系统的设计。集水管管径根据计算屋面面积或集雨区的面积和前述屋面雨水流量来计算。雨水配管系统应注意下列问题：

第一，雨水集水管不得与建筑物的污水排水管或通气管并用，必须独立设置配管；

第二，不同楼层的集雨区域，应设置各自独立的排水路径，避免混用造成低层的泛水溢流；

第三，雨水集水横管的端部或转弯处，应适当地设置清除口，以利清洁维修；

第四，应确保雨水管系统中检查井设施易于维护和清洁，并且避免地表水和垃圾等流入。

2.其他汇水面雨水收集系统

（1）路面雨水收集

路面雨水收集系统可以采用雨水管、雨水暗渠、雨水明渠等方式，水体附近汇集面的雨水也可以利用地形通过地表面向水体汇集。

需要根据区域的各种条件综合分析，确定雨水收集方式。雨水管设计施工经验成熟，但接入雨水利用系统时，由于雨水管埋深影响，靠重力流汇集至贮水池会使贮水池的深度加大，增加造价，有些条件下会受小区外市政雨水管衔接高程的限制。雨水暗渠或明渠埋深较浅，有利于提高系统的高程和降低造价，便于清理和与外管系的衔接，但有时受地面坡度等条件的制约。利用道路两侧的低绿地或有植被的自然排水浅沟，是一种很有效的路面雨水收集截污系统。雨水浅沟通过一定的坡度和断面自然排水，表层植被能拦截部分颗粒物，小雨或初期雨水会部分自然下渗，使收集的径流雨水水质沿途得以改善。但受地面坡度的限制，还涉及与园林绿化和道路等的关系；浅沟的宽度、深度往往受到美观、场地等条件的制约，所负担的排水面积会受到限制；可收集的雨水量也会相应减少。

（2）停车场、广场雨水、绿地雨水的收集

停车场、广场等汇水面的雨水径流量一般较集中，收集方式和路面类似。但由于人们的集中活动和车辆等原因，如管理不善，这些场地的雨水径流水质会受到明显的影响，需采取有效的管理和截污措施。

绿地既是一种汇水面，又是一种雨水的收集和截污措施，甚至还是一种雨水的利用单元。

（3）低势绿地

为促进雨水下渗减少雨水排放，建议将区域内的绿地（不含微地形）在景观上能够接受的情况下尽可能设计为低势绿地，周边地表径流雨水首先进入绿地下渗，不能及时下渗的雨水由设置的溢流雨水口排放，溢流口与周边铺装区应有50 mm的高差。

为保证积水在 24 h 内渗透完全，种植土宜采用沙壤土，渗透系数不小于 10 ~ 6 m/s；植物应该选择喜水耐淹（24 h 积水不会影响其生长）植物；绿地平均下凹深度不大于 90 mm。

（4）雨水花园

种植土厚度根据种植植物生长要求确定。为保证积水在 24 h 内渗透完全，种植土宜采用沙壤土，渗透系数不小于 10-6 m/s；植物应选择喜水耐淹（24 h 积水不会影响其生长）植物，雨水花园平均下凹深度不大于 90 mm。

（5）微地形的收集

微地形坡度较大，径流速度快，为了减少径流排放，微地形周边应建成低势渗透铺装。

（二）雨水径流截污措施

1. 控制源头污染

源头污染控制是一种成本低、效率高的非点源污染控制策略。对城市雨水利用系统也应首先从源头入手，通过采取一些简单易行的措施，可改善收集雨水的水质和提高后续处理系统的效果。源头控制应该包括以下一些方面：

（1）控制污染材料的使用

屋面材料对雨水水质有明显的影响，城市建筑屋面材料主要有瓦质、沥青油毡、水泥砖和金属材料等，污染性较大的是平顶油毡屋面，应尽量避免用这种污染性材料直接做屋面表层防水。对新建工程应规定限制这类污染性屋顶材料的使用。限制及合理使用杀虫剂、融雪剂和化肥肥药等各种污染材料，尽量地使用一些无毒、无污染的替代产品。

（2）加强管理和教育

应该重视环境管理和宣传教育等非工程性的城市管理措施，包括制定严格的卫生管理条例、奖惩制度，规范的社区化管理，专门的宣传教育计划和资料等。这些措施可以有效地减少乱扔垃圾、施工过程各种材料的堆放、垃圾的堆放收集等环节产生的大量污染，提高雨水利用系统的安全性。

（3）科学地清扫汇水面

主要针对城市广场、运动场、停车场和路面等雨水汇集面。可以通过加强卫生管理，及时清扫等措施有效地减少雨水径流污染量，因为大部分污染物都直接来自于地面积聚的污物。它们的主要来源有：大气污染沉降物、人们随意丢弃的垃圾和泼洒的污水、汽油的泄漏和洒落、轮胎的磨损、施工垃圾、路面材料的破碎与释放物、落叶、冬季抛洒的融雪剂等。其中大部分可以通过清扫去除。

地面维护工作对减少污染物从街道表面进入雨水径流能起到积极的作用。国外有资料介绍，落叶和碎草的清除可减少 30% ~ 40% 的磷进入水体。加利福尼亚州的一个城市经过检测，表明每天一次的路面清扫可以去除雨水中 50% 的固体悬浮物和重金属。

科学的清扫方式对清扫效率很关键。因为清扫对大的颗粒物（大于 200 μm）有较好的去除效果，而对污染成分含量较多的细小颗粒则效率较低，街道清扫效率取决于路面颗粒的尺寸，总的清扫效率最高可达到 50%。

一般人工清扫常常忽略细小的污染物，所以清洁工作应注意清扫沉积在马路台阶下积聚的细小污染物，实际的清扫效率与清扫方法有直接关系。

需要特别注意避免的是直接把路面的垃圾扫进雨水口，其污染后果非常严重。这也是目前国内城市比较普遍的现象，应该严加管理，否则，会让大量的垃圾污染物进入雨水收集系统或城市水体，堵塞管道造成积水，并带来灾难性的水污染后果。

2. 源头截污装置

为保证雨水利用系统的安全性和提高整个系统的效率，还应考虑在雨水收集面或收集管路实施简单有效的源头截污措施。

雨水收集面主要包括屋面、广场、运动场、停车场、绿地甚至路面等。应根据不同的径流收集面和污染程度，采取相应的截污措施。

（1）截污滤网装置

屋面雨水收集系统主要采用屋面雨水斗、排水立管、水平收集管等。沿途可设置一些截污滤网装置拦截树叶、鸟粪等大的污染物，一般滤网的孔径为 2 ~ 10 mm，用金属网或塑料网制作，可以设计成局部开口的形式以方便清理，格网可以是活动式或固定式的。截污装置可以安装在雨水斗、排水立管和排水横管上，应定期进行清理。这类装置只能去除一些大颗粒污染物，对细小的或者溶解性污染物无能为力，用于水质比较好的屋面径流或作为一种预处理措施。

（2）花坛渗滤净化装置

可以利用建筑物四周的一些花坛来接纳、净化屋面雨水，也可以专门设计花坛渗滤装置，既美化环境，又净化雨水。屋面雨水经初期弃流装置后再进入花坛，能达到较好的净化效果。在满足植物正常生长要求的前提下，尽可能选用渗滤速率和吸附净化污染物能力较大的土壤填料。要注意进出口设计，避免冲蚀及短流。一般 0.5 m 厚的渗透层就能显著地降低雨水中的污染物含量，使出水达到较好的水质。

（3）初期雨水弃流装置

初期雨水弃流装置是一种非常有效的水质控制技术，合理设计可控制径流中大部分污染物，包括细小的或溶解性污染物，弃流装置有多种设计形式，可以根据流量或初期雨水排除水量来设计控制装置。国内外的研究都表明，屋面雨水一般可按 2 mm 控制初期弃流量，对有污染性的屋面材料，如油毡类屋面，可以适当加大弃流量。国外已有一些定型的截污装置和初期雨水弃流装置。下面介绍一些弃流方式。

①弃流池。在雨水管或汇集口处按照所需弃流雨水量设计弃流池，一般用砖砌、混凝土现浇或预制。弃流池可以设计为在线或旁通方式，弃流池中的初期雨水可就近排入市政污水管，小规模弃流池在水质条件和地质、环境条件允许时也可就近排入绿地消纳净化。在弃流池内可以设浮球阀，随水位的升高，浮球阀逐渐关闭，当设计弃流雨量充满池后，浮球阀自动关闭。弃流后的雨水将沿旁通管流入雨水调蓄池，

再进行后期的处理利用。降雨结束后打开放空管上的阀门就排入附近污水井。

②切换式或小管弃流井。在雨水检查井中同时埋设连接下游雨水井和下游污水井的两根连通管，在两个连通管入口处通过管径和水位来自动控制雨水的流向，也可设置简易手动闸阀或自动闸阀进行切换。可根据流量或水质来设计切换方式，人工或自动调节弃流量。这种装置可以减小弃流池体积，问题是对随机降雨难以准确控制初期弃流雨量。当弃流管与污水管直接连接时，应有措施防止污水管中污水倒流入雨水管线，可采用加大两根连通管的高差或逆止阀等方式。

③雨落管弃流装置。屋面上安装在雨落管上的弃流装置，是利用小雨通常沿管壁下流的特点进行弃流。但弃流雨水量和效果难以保证，尤其遇到大雨时，会使较多的污染物直接进入调蓄池，对目前流行的屋面雨水有压流雨水管也不宜采用这种方法。

（4）路面雨水截污措施

由于地面污染物的影响，路面径流水质一般明显比屋面的差，必须采用截污措施或初期雨水的弃流装置，一些污染严重的道路则不宜作为收集面来利用。在路面的雨水口处可以设置截污挂篮，也可在管渠的适当位置设其他截污装置。路面雨水也可以采用类似屋面雨水的弃流装置。国外有把雨水检查井设计成沉淀井的实例，主要去除一些大的污染物。井的下半部为沉渣区，要定期清理。

三、雨水调蓄

（一）雨水调蓄的概念

雨水调蓄是雨水调节和储存的总称。传统意义上雨水调节的主要目的是削减洪峰流量。利用管道本身的空隙容量调节流量是有限的，如果在城市雨水系统设计中利用一些天然洼地和池塘作为调蓄池，将雨水径流的高峰流量暂存其内，待雨流量下降后，从调蓄池中将水慢慢地排出，则可降低下游雨水干管的尺寸，提高区域防洪能力，减少洪涝灾害。此外，当需要设置雨水泵站时，在泵站前设置调蓄池，可降低装机容量，减少泵站的造价。雨水利用系统中的雨水调蓄，是为满足雨水利用的要求而设置的雨水暂存空间，待雨停后将储存的雨水净化后再使用。通常，雨水调蓄兼有调节的作用。当雨水调蓄池中仍有部分雨水时，那么下一场雨的调节容积仅为最大容积和未排空水体积的差值。

在雨水利用尤其是雨水的综合利用系统中，调节和储存往往密不可分，两个功能兼而有之，以下称之为雨水调蓄池。在雨水利用系统中还常常作为沉淀池；一些天然水体或合理设计的人造水体还具有良好的净化和生态功能。有时可根据地形、地貌等条件，结合停车场、运动场、公园、绿地等建设集雨水调蓄、防洪、城市景观、休闲娱乐等于一体的多功能调蓄池。

（二）雨水调蓄的方式与设施

1. 雨水调蓄池

雨水调蓄池的方式有许多种，根据建造位置不同，可以分为地下封闭式、地上封闭式、地上开敞式等。地下封闭式调蓄池的作法可以是混凝土结构、砖石结构、玻璃钢结构、塑料与金属结构等；地上封闭式调蓄池的常见作法有玻璃钢结构、塑料与金属结构等，地上开敞式常利用天然池塘、洼地、人工水体、湖泊、河流等进行调蓄。

雨水调蓄池的位置一般设置在雨水干管（渠）或有大流量交汇处，或靠近用水量较大的地方，尽量使整个系统布局合理，减少管（渠）系的工程量。

（1）地下封闭式调蓄池

目前地下调蓄池一般采用钢筋混凝土结构或砖石结构，其优点是：节省占地，便于雨水重力收集；避免阳光的直接照射，保持较低的水温和良好的水质，藻类不易生长，防止蚊蝇滋生；安全。由于该调蓄池增加了封闭设施，具有防冻、防蒸发功效，可常年留水，也可季节性蓄水，适应性强，可用于地面用地紧张，对水质要求较高的场合。但施工难度大，费用较高。

（2）地上封闭式调蓄池

地上封闭式调蓄池一般用于单体建筑屋面雨水集蓄利用系统中，常用玻璃钢、金属或塑料制作。其优点是：安装简便，施工难度小，维护管理方便。但需要占地面空间，水质不易保障。该方式调蓄池一般不具备防冻功效，季节性较强。

（3）地上开敞式调蓄池

地上开敞式调蓄池属于一种地表水体，其调蓄容积一般较大，费用较低，但占地较大，蒸发量也较大。地表水体分为天然水体和人工水体。一般地表敞开式调蓄池体应结合景观设计和小区整体规划以及现场条件进行综合设计。设计时往往要将建筑、园林、水景、雨水的调蓄利用等以独到的审美意识和技艺手法有机地结合在一起，达到完美的效果。

地表水体的一个突出问题是由于阳光的照射和光合作用，容易生长藻类，使水质恶化，许多保护不好的景观水体存在这方面的严重问题。最重要的是严格控制进入水体的氮、磷含量，保证一定的水深和循环水量，种植足够的水生植物，使水体具有较强的自净功能。

2. 雨水管道调蓄

雨水也可直接利用管道进行调蓄。管道调蓄可以与雨水管道排放结合起来一起考虑，超过一定水位的水可以通过溢流管排出。溢流口可以设置在调蓄管段上游或下游。由于雨水管系设有溢流口，因此对调蓄管段上游管系不会加大排水风险。

3. 雨水调蓄与消防水池的合建

雨水水质等条件满足要求时，雨水调蓄水池可以与消防水池合建，但由于雨水的季节性和随机性，此时必须设计两路水源给消防水池供水。其他用水严禁使用消防储备水。一般可设置自动控制系统，在用水过程中，当池中水位到达设定的消防储备水位时，其他用水供水系统应自动停泵。当水位低于设定的消防水位时应自动启动自来水补水系统，还可设定自来水补水高水位，控制自来水补水系统自动停泵，自来水补水高水位可以和雨水进水低水位平齐，其上是雨水调蓄空间。

对城市雨水利用系统，一般的雨水储存最大的问题是储存池容积受到限制，不容易达到明显调蓄暴雨水峰的目的。为了更多地调蓄雨水，占地和投资都会很大，调蓄设施的闲置时间很长，影响雨水利用系统的经济性，在我国许多降雨比较集中、暴雨又较多的城市，这个问题尤为突出。

我国许多的城市都同时面临严重缺水、雨水径流对城市水系的严重污染和城区多发性水涝的困扰，土地资源也越来越紧缺和昂贵。因此，开展多功能调蓄技术研究和应用无疑符合城市可持续发展的战略思想，对于我国许多城市生态环境的保护和修复，都具有重大意义。

四、雨水处理与净化技术

根据雨水的不同用途和水质标准，城市雨水一般需要通过处理后才能满足使用要求。常规的各种水处理技术及原理都可以用于雨水处理。同时要注意城市雨水的水质特性和雨水利用系统的特点，根据其特殊性来选择、设计雨水处理工艺。

雨水处理可以分常规处理和非常规处理。常规处理指经济适用、应用广泛的处理工艺，主要有沉淀、过滤、消毒和一些自然净化技术等；非常规处理则是指一些效果好，但费用较高或适用于特定条件下的工艺，如活性炭技术、膜技术等。

（一）沉淀技术

1. 雨水沉淀机理

（1）雨水沉淀类型

沉淀通常可分为四种类型：自由沉淀、絮凝沉淀、成层沉淀及压缩沉淀，关于沉淀的理论分析与描述可参考其他水处理书籍。雨水水质的特点决定其主要为自由沉淀，沉淀过程相对比较简单。雨水中密度大于水的固体颗粒在重力作用下沉淀到池底，与水分离。沉淀速率主要取决于固体颗粒的密度和粒径。

但雨水的实际沉淀过程也很复杂，因为不同的颗粒有不同的沉降速率，一些密度接近于水的颗粒可能在水中停留很长时间。而且，对降雨过程中的连续流沉淀池，固体颗粒不断随雨水进入沉淀池，流量随降雨历时和降雨强度变化，水的紊流使颗粒的沉淀过程难以精确描述。

在雨水利用系统中，若不考虑降雨期间进水过程，雨停后池内基本处于静止沉淀状态，沉淀的效果很好。

（2）雨水的沉淀性能

城市雨水有较好的沉淀性能。但由于各地区土质、降雨特性、汇水面等因素的差异，造成雨水中的可沉悬浮固体颗粒的密度、粒径大小、分布及沉速等不同，其沉降特性和去除规律也不尽相同。

沉淀的去除率和初始浓度有关，初始浓度越高，沉淀去除率也越高。不同初始浊度的径流雨水达到相同去除率时所需沉淀时间不同。

2. 雨水沉淀池的设计

雨水沉淀池可以按照传统污水沉淀池的方式进行设计，如采用平流式、竖流式、辐流式、旋流式等，其目的是将雨水中固体颗粒在流动过程中从水中分离。考虑降雨的非连续性，也可根据雨水沉淀的特点设计为静态沉淀池，与调蓄池共用，以减少投资。在降雨过程中首先将雨水收集至调蓄池，等到雨停后再静沉一定时间，将上清液取出使用或排入后续处理构筑物。当雨水中含有较多的砂粒等颗粒物且雨水利用系统规模较大时，也可以在调蓄池之前设计旋流式沉砂池。具体设计时应根据系统设计目的、场地、水质、后续工艺和运行要求等情况加以选择。由于城市用地紧张和收集雨水的高程关系要求，雨水沉淀池多建于地下。根据规模的大小和现场条件，雨水沉淀池一般可采用钢筋混凝土结构、砖石结构等。如果选用塑料等有机材料，在酸雨较多的地区可添加适量的硅、钙以中和雨水的酸性。有条件时，最好能利用已有的水体作调蓄、沉淀之用，可大大降低投资。如景观水池、湿地水塘等，后者还有良好的净化作用。如水质较差，可考虑设计前置沉淀塘来保护整个系统的正常运行和维护。

在污水沉淀池设计中，颗粒沉速（或表面负荷）是关键设计参数。但在雨水沉淀之中，由于雨水的随机性、非连续性等，流量、水质等都不稳定，沉淀池的形态、工作方式等也不完全同于污水沉淀池，故在许多场合下难以用颗粒沉速进行设计计算。

对雨水沉淀池（塘），将沉淀时间作为设计和控制参数更便于应用。国内目前还没有雨水沉淀池的设计规范和标准。间歇运行的雨水收集沉淀池（兼调蓄），可按沉淀时间不小于2h来控制。有条件的可根据当地雨水沉淀试验确定设计运行参数。实际应用中，雨水沉淀时间应根据项目所在地的汇水面特性、雨水水质情况、降雨情况、工艺流程及用水要求等具体情况而定。

（二）过滤

1. 雨水过滤机理

过滤可以去除雨水中悬浮物，同时部分有机物、细菌、病毒等将随悬浮物一起被除去。残留在滤后水中的细菌、病毒等在失去悬浮物的保护或依附时，在滤后消毒过程中也容易被杀灭。雨水过滤是使雨水通过滤料或多孔介质等，以截留水中的悬浮物质，从而使雨水得到净化的物理处理法。这种方法即可作为用以保护后续处理工艺的预处理，也可用于最终的处理工艺，雨水过滤的处理过程主要是悬浮颗粒与滤料颗粒之间黏附作用和物理筛滤作用。在过滤过程中，滤层空隙中的水流一般属于层流状态。被水流携带的颗粒将随着水流运动。当水中颗粒迁移到滤料表面上时，在范德华引力和静电力相互作用及某些化学键和某些特殊的化学吸附力下，被黏附于滤料颗粒表面，或者滤料表面上原先黏附的颗粒上。此外，也会有一些絮凝颗粒的架桥作用；在过滤后期，表层筛滤作用会更明显。

直接过滤对 COD 的去除率较低，根据水质的不同有时可能仅为 25% 左右，而接触过滤可达 65% 以上，接触过滤对 SS 的去除率可达 90% 以上，对雨水中的 TN 去除率达 30% 以上，金属去除率达 60% 以上，细菌去除率达可 35%~70%。

2. 雨水过滤池类型与方式

（1）雨水过滤池的类型

①表面过滤。表面过滤是指利用过滤介质的孔隙筛截留悬浮固体，被截留的颗粒物聚积在过滤介质表面的一种过滤方式。根据雨水中固体颗粒的大小及过滤介质结构的不同，表面过滤可以分为粗滤、微滤、膜滤。粗滤以筛网或类似的带孔眼材料为过滤介质，截留粒径约在 100μm 以上的颗粒；微滤所截留的颗粒粒径约为 0.1~100μm，所用的介质有筛网、多孔材料等，在截污挂篮中铺设土工布属于此类；膜滤所用过滤介质为人工合成的滤膜，电渗析法、纳滤法即属于这一类。膜滤在雨水净化中较少采用，仅在雨水回用有较高水质要求和有相应的费用承受能力时采用。

②滤层过滤。滤层过滤是指利用滤料表面的黏附作用截留悬浮固体，被截留的颗粒物分布在过滤介质内部的一种过滤方式。过滤介质主要是砂等粒状材料，截留的颗粒主要是从数十微米到胶体级的微粒。

③生物过滤。生物过滤是指利用土壤-植物生态系统的一种技术，是机械筛滤、植物吸收、生物黏附和吸附、生物氧化分解等综合作用截留悬浮固体和部分溶解性物质的一种过滤方式，因此效果较好。

（2）雨水过滤的方式

用粒状材料的雨水滤池有多种方式，有代表性的是直接过滤和接触过滤。雨水水质较好时可以采用直接过滤或接触过滤。直接过滤即雨水直接通过粒状材料的滤层过滤；接触过滤是在进入过滤设施之前先投加混凝剂，利用絮凝作用提高过滤效果。根据工作压力的大小可以选用普通滤池或压力过滤罐。滤池由进水系统、滤料、承托层、集水系统、反冲洗系统、配水系统及排水系统等组成。

（三）消毒

1. 雨水消毒方法选择

雨水经沉淀、过滤或滞留塘、湿地等处理工艺后，水中的悬浮物浓度和有机物浓度已较低，细菌的含量也大幅度减少，但细菌的绝对值仍可能较高，并有病原菌的可能。因此，根据雨水的用途，应考虑在利用前进行消毒处理。

消毒是指通过消毒剂或其他消毒手段灭活雨水中绝大部分病原体，让雨水中的微生物含量达到用水指标要求的各种技术。雨水消毒也应该满足两个条件：经消毒后的雨水在进入输送管以前，水质必须符合相关用水的细菌学指标要求；消毒的作用必须一直保持到用水点处，以防止出现病原体危害或再生长。

雨水中的病原体主要包括细菌、病毒及原生动物胞囊、卵囊三类，能在管网中再生长的只有细菌。消毒技术中通常以大肠杆菌类作为病原体的灭活替代参数。消毒方法包括物理法和化学法。物理法主要有加热、冷冻、辐照、紫外线和微波消毒等。化学法是利用各种化学药剂进行消毒，常用的化学药剂为各种氧化剂（氯、臭氧、双氧水、碘、高锰酸钾等）。

雨水的水量变化大，水质污染较轻，而且利用具有季节性、间断性、滞后性，因此宜选用价格便宜、消毒效果好、具有后续消毒作用以及维护管理简便的消毒方式。建议采用技术最

为成熟的加氯消毒方式，小规模雨水利用工程也可以考虑紫外线消毒或投加消毒剂的方法。根据国内外实际的雨水利用工程运行情况，在非直接回用不与人体接触的雨水利用项目中，消毒可以只作为一种备用措施。不应采用加热消毒、金属离子消毒。

2. 雨水消毒方式

（1）液氯消毒

液氯与水反应所产生的 CUT 是极强的消毒剂，可以杀灭细菌与病原体。消毒的效果与水温、pH 值、接触时间、混合程度、雨水浊度及所含干扰物质、有效氯浓度有关。

①投加氯气装置必须注意安全，不允许水体与氯瓶直接相连，必须设置加氯机。

②液氯汽化成氯气的过程需要吸热，常采用水管喷淋。

③氯瓶内液氯汽化及用量需要监测，除采用自动计量外，可以将氯瓶放置在磅秤上。

④加氯量一般应根据试验确定。

⑤氯与消毒雨水的接触时间不小于 30 min。

（2）臭氧消毒

臭氧具有极强的氧化能力，是氟以外最活泼的氧化剂，对具有顽强抵抗能力的微生物如病毒、芽孢等都有强大的杀伤力。臭氧除具有很强的杀伤力外，还具有很强的渗入细胞壁的能力，从而破坏细菌有机体链状结构，导致细菌的死亡。

（3）次氯酸钠消毒

从次氯酸钠发生器发出的次氯酸可直接注入雨水当中，进行接触消毒。不同厂家技术参数不同，有效氯产量一般为 50 ~ 1 000 g/h。

（4）紫外线消毒

水银灯发出的紫外光，能穿透细胞壁并与细胞质反应而达到消毒的目的。紫外线消毒器多为封闭压力式，主要由外筒、紫外线灯管、石英套管和电气设施等组成。紫外光波长为 2 500 ~ 3 600 A 的杀菌能力最强。因为紫外光需要照透水层才能起消毒作用，故水中的悬浮物、有机物和氨氮都会干扰紫外光的传播，水质越好，光传播系数越高，紫外线消毒的效果也越好。紫外线消毒也可以作为规模较大的雨水利用工程的选择方案。

为使水流能接触光线、有较好的照射条件，应在设备中设置隔板，使水流产生

紊流。设备中水流力求均匀，避免产生死角，使水流处在照射半径范围之内。照射强度为 0.19 ~ 0.25 W·s/cm²，水层的深度为 0.65 ~ 1.0 cm。

（5）二氧化氯消毒

二氧化氯（ClO₂）以自由基单体存在，对大肠杆菌、脊髓灰质炎病毒、甲肝病毒、兰泊氏贾第虫胞囊等均有很好的杀灭作用，效果优于自由性氯消毒，pH 值在 8.5 ~ 9.0 范围内的杀菌能力比 pH 值为 7 时更有效；二氧化氯的残余量能维持很长时间。

第三节　雨水综合利用系统

一、雨水综合利用系统

雨水综合利用系统是指通过综合性的技术措施实现雨水资源的多种目标和功能，这种系统将更为复杂，可能涉及包括雨水的集蓄利用、渗透、排洪减涝、水景及屋顶绿化甚至太阳能利用等多种子系统的组合。

雨水综合利用系统的设计是一个更为复杂的过程。关键是要处理好子系统间的关系、收集调蓄水量与渗透水量的关系、水质净化处理的关系、投资的关系、直接的经济效益与环境效益的关系等。组合的子系统越多，需要考虑和处理的关系也越多，设计也就越复杂，有时利用计算机辅助设计和水环境专家系统是一种有效的手段。

在新建生活小区、公园或类似的环境条件较好的城市园区，将区内屋面、绿地和路面的雨水径流收集利用，达到显著削减城市暴雨径流量和非点源污染物排放量、优化小区水系统、减少水涝和改善环境等效果。因这种系统涉及面宽，需要处理好初期雨水截污、净化、绿地与道路高程、建筑内外雨水收集排放系统、水量的平衡等各环节之间的关系。具体做法和规模依据园区特点的不同，一般包括水景、渗透、雨水收集、净化处理、回用与排放系统等。有些还包括集屋顶绿化、太阳能、风能利用和水景于一体的生态区及生态建筑。

对包括雨水利用子系统的小区水景观复杂体系，需要进行综合性的规划设计和科学合理的设计流程来保证整个系统的成功，避免常见的环节缺失、赶进度或程序不当等造成的设计和工程失误。

项目资料收集主要包括建设场地的水文地质资料、气象资料、水资源和水环境状况资料、市政设施资料等尽可能详细的基础资料，这些资料有助于按实际条件对水景观的建设规模或目标设计一个合理的初步意向。

作为小区总体规划的一部分，在水景观的立项阶段，开发商应对水体的大致面积、生态性、经济性等提出具体的指导性意见和要求，避免对"水"的盲目追求，导致后续设计上的败笔或此后对总体规化做大的调整。立项后，规划设计者在小区的总体规划中对水景进行概念规划，给出水体的类型、位置及规模等。

在水景观规划设计阶段，设计者需要对水景观概念方案进行评估和方案的细化设计，主要工作内容包括水量平衡分析，水景的补水、雨水收集利用、再生水利用等方案设计，水景的面积、水深与防洪调蓄能力的调整，水体结构考虑，水生动植物选择与分布等生态系统设计，污染控制措施与水质保障设计等。显然，这是一个涉及多学科专业的复杂的系统工程，并涉及一些新的设计理念和技术，又直接关系到水景观实施的投资、运行费用和最后效果，因此，需要认真和反复地进行方案比选和调整，力争实现最优设计方案。这项工作最好由有经验并具有多学科综合规划设计能力的设计者或公司来完成。

当水景观规划设计完成之后，还应该形成水景观分项设计任务书，再由各专业设计公司分别进行实施方案或施工图设计。

二、屋顶绿化

城市化进程的加速使城市生态环境不断遭受破坏。营造用崇尚自然、回归自然为主旨的绿色生态型城市，已成为城市人居环境建设的发展趋势。目前城市用地日趋紧张，城市绿地的发展受到限制，屋顶绿化已受到越来越多的重视。

屋顶绿化是指在各类建筑物、构筑物、桥梁等的屋顶、露台或者天台上进行绿化和种植树木花卉的统称。

屋顶绿化对改善城市环境的作用如下：

（一）提高城市绿化率和改善城市景观

城市人均绿化面积是衡量城市生态环境质量的重要指标。据国际生态和环境组织的调查：要使城市获得最佳环境，人均占有绿地需达到 60 m2 以上。屋顶绿化使绿化向空间发展，为提高城市绿化面积提供了一条新的途径。

（二）调节城市气温与湿度

城市"热岛效应"是指城市中心地带比市郊夜晚的温度高出很多的现象，该现象正在大城市中逐步扩散。传统的深色屋面，尤其是直晒的屋面，吸热量大却很难冷却，对"热岛效应"具有加强的作用，屋顶绿化能够缓解这个现象。有试验表明，屋顶绿化对"热岛效应"的减弱量可达 20%，如果普遍推广，就有助于调节改善城市的气温。屋顶绿化对城市环境湿度也有显著改善：一方面，绿色植物的蒸腾和潮湿土壤的蒸发会使空气的绝对湿度增加；另一方面，因为绿化后温度有所降低，其相对湿度也会明显增加。

（三）改善建筑物屋顶的性能及温度

没有屋顶绿化覆盖的平屋顶，夏季阳光照射，屋面温度很高，最高可达 80℃ 以上；冬季冰雪覆盖，夜晚温度最低可达 −20℃，较大的温度梯度使屋顶各类卷材和黏结材料经常处于热胀冷缩状态，加之紫外线长期照射引起的沥青材料及其他密封材料的老化现象，屋顶防水层较易遭到破坏造成屋顶漏水。我国部分城市的"平改坡"

工程主要解决的就是这一问题。

屋顶绿化为保护屋面防水层、防止屋顶漏水开辟新的途径。经过绿化的屋顶由于种植层的阻滞作用，屋面内外表面的温度波动较小，减小了由于温度应力而产生裂缝的可能性。有资料表明，夏季绿化较好的屋顶种植层下表面的温度仅为20～25℃。同时，由于屋面不直接接受太阳直射，延缓各种防水材料的老化，也增加了屋面的使用寿命。

（四）削减城市雨水径流量

屋顶经绿化后，由于植物对雨水的截留、蒸发作用以及人工种植土对雨水的吸纳作用，屋面汇流的雨水量可大幅降低。有资料介绍，绿化的屋顶径流系数可下降到0.3。屋顶绿化削减雨水径流量，有利于城市的防洪排涝，相应提高防涝标准；同时，随着绿化屋顶的日益增多，可减少雨水资源的流失，调节雨水的自然循环和平衡。

（五）削减城市非点源污染负荷

第一，减轻大气污染。屋顶绿化减轻大气污染主要表现在两方面：减少灰尘和吸收二氧化碳。

屋顶绿化对大气中灰尘的降低有两条途径：①降低风速。种植植物可增大屋面的粗糙程度，增大风的摩擦阻力；同时，屋顶绿化对"热岛效应"的减弱，在一定程度上也减弱了热岛环流，使风速减小。随着风速的降低，空气中携带的灰尘也随之下降。②吸附作用。绿色植物叶片表面生长的绒毛有皱褶且能分泌黏液，能够阻挡、过滤和吸附各种尘埃。与地面植物相比，屋顶植物生长位置较高，能在城市空间中多层次地拦截、过滤和吸附灰尘，提高了减尘效果。

第二，削减雨水污染负荷。屋面雨水污染负荷包括两部分：降雨污染负荷和屋面径流污染负荷。降雨污染负荷是指降雨过程中雨水与大气中污染物质接触所形成的污染负荷。屋面径流污染负荷是指雨水在屋面汇流冲刷过程中所形成的污染负荷。未经绿化的屋面径流雨水尤其是初期径流污染会比较严重。

屋顶绿化主要可以从三个方面削减雨水中的污染物质：①通过屋顶绿化层截留、吸纳部分天然雨水，并逐渐利用植物和人工种植土层中微生物的作用降解所蓄集的污染物质。②利用土壤渗透过程净化天然雨水中的部分污染物质。③杜绝了沥青等屋面材料对径流雨水的污染。

绿化屋面产生的径流具有更好的水质，有利于后续的收集和利用。事实上，绿化屋面也是一种特殊的雨水收集净化设施。

第四节　雨水水文循环途径的修复

从地球系统的水循环与水量平衡来看，天然降水是维持整个陆地生态系统的基础，是地表、地下径流的来源。

传统的城市规划及建筑设计习惯于将雨水当作"洪水猛兽"，都以"将地面降雨尽快排入城市雨水管网、尽快入河入海"为首要原则，贯彻的是使雨水尽快远离城市这一传统的防水思路。这就忽略了蓄存、调节雨水是涵养地下水和补充地表枯水流量的水文循环规律。随着城市化进程的不断深入，市区原有的自然环境（如森林、农田、牧场等）被建筑物、构筑物及硬化地面所取代，原有疏松透气的地表被混凝土、沥青、砖石等坚硬密实的不透水材料所取代。在现代城市中，除了散布于市区的公园绿地及天然水体以外，整个市区几乎被一张不透水的大网所笼罩，它阻隔了雨水向市区下部土壤的渗透，截断了地下水径流，严重地影响了城区雨水的水文循环。造成雨季市区雨水成灾，枯水期小河干涸的局面。

我国绝大多数城市是以地下水资源和天然降水资源作为城市水资源供应的主渠道，而地下水资源主要借助于包括雨水在内的天然降水加以补充。目前城市地下水的过量开采造成城市市区下层地下水降落漏斗，越靠近市区中心漏斗越深。因此，充分利用天然降水特别是雨水的渗透是有效补充城市地下水及解决城市水资源短缺的重要途径。所以，雨水水文循环的修复是建立健康水循环的重要方面。

一、雨水水文循环途径修复措施

雨水水文循环途径的修复主要是通过雨水渗透和贮存来完成的。屋面、庭院、道路上的降雨经收集系统进入渗水设施 —— 渗透井与渗水沟可将雨水渗入地下。设施的渗透能力是以 m3/h 或 L/min 来表示的，如果除以集水区域的面积（比如屋顶面积或庭院面积）就称为渗透强度，与降雨强度单位相同（mm/min）。雨水渗透设施设计时，常应用雨水渗透率的概念，即渗入土壤中的雨水占总雨量的比例。

雨水贮存设施主要有市区水面的雨水径流调节，用庭院中和建筑物地下修建的贮水池来贮留雨水，达到抑制暴雨径流和雨水利用的目的，目前雨水贮留利用在世界上已经越来越受到重视。

二、雨水渗透利用效果

雨水渗透利用对于维持城市水资源供需平衡，增加了当地溪流和地下水枯水季节补给水量，保护城市水环境具有重要意义。

第八章 城市水资源建设

第一节 城市用水模式

一、创新的水资源利用模式

几乎所有的人类活动都依赖于可靠、充足的供水。纵观人类历史长河，人类社会往往都是在滨水地区繁荣昌盛、发展壮大起来的，在人类历史的绝大部分时间里，河流、湖泊是全人类发展的基础与前提。在古代文明中，对水的认识和利用主要处于受自然支配的状态，人们总是主动逐水而居，寻找可以方便使用的淡水资源，同时又可以较易避开洪涝灾害。并逐渐发展成为人口聚集、各类活动集中的聚居地，演化成为不同规模的城镇。

城镇的产生和发展，除人类活动的主导作用外，和当地的自然地理条件紧密相连。水资源条件作为重要自然因素在城市出现的早期就得到重视，这在很大程度上决定和影响着城市的布局、生存和发展。

（一）传统用水模式

城镇、村落最初利用的水源是当地就近清澈的湖水、河水、泉水、浅井水等。井水作为一种重要的水源，在古代文明中维持用水需求占据重要地位，这已在考古学上得到证明。随着人口的增长和人类活动强度的加大，聚居地范围不断扩展，部分用户与水源之间的距离也就越来越远。随着人类科技的发展，也产生了人工运河（人工输水渠道），许多输水渠的建设水平、稳固程度都达到了一个很高的境界。例如著名古罗马输水渠，其中一些部分至今还在发挥作用。再后，科技的进步使我们能利用深层地下水作为供水水源。人工运河的出现以及地下水源的开采，使得水源的供给扩展到了比原来距离远得多、面积大得多的广阔的地域上，进而也使得城市的规模不断扩大，城市可以建设在离水源更远的地方。

虽然不少城市将河流引入运河改变流向，使人们能够方便取用，但是这种供水方式仍存在若干问题：首先居民的供水难以得到有效的保障。这些河流和运河并非总是能够轻易取得的，即使它们穿城而过，也会存在距离水源较远的街区。由于缺乏发达的配水系统，生活在那里的居民的供水就很难得到满足。

传统水利建设出现了三个方面的问题：一是流域水循环的短路化。随着大量堤防和水库建成后，降雨迅速汇入河道，其水量大部分被贮存在水库内，河道内的汇流又因为河道的疏浚和堤防的修建而快速地排入大海，流域的水循环时间过程加快。二是流域水循环的绝缘化。由于河流防洪工程体系的建设，河流不再泛滥，洪泛区的水循环与河流的水循环无关，在杜绝了洪水灾害的同时也中断了洪泛区的生态过程，使整个洪泛区的生态系统难以维持。三是流域生态系统的孤立化。水库的建设破坏了河流的连续性，堤防的建设破坏了水陆的连续性，使大量湿地消失。加上陆地渠道、公路、铁路等大型连续性的工程也割断了流域生态系统的连续性，流域内的动物难以自由移动觅食，生物通道被阻隔，连续的生态系统被分割成一个个孤立的区域，生态系统的食物链被破坏，生态系统难于保持平衡。正是由于这些问题的存在使流域水循环状况恶化，从而导致流域生态系统恶化。

更加严重的是污染问题，水污染使得再多的水也不能使用。因为河流和运河除了供给饮用水之外还有多种用途，例如，运输货物、农业灌溉和手工业作坊用水，从而使水质易受到污染。当然，也存在生活污水进入自然水体的风险。河流和运河网络千丝万缕，被无数的城市和村庄所共享，因此，上游的污染将会影响下游居民的用水。虽然航运和农业灌溉会使得污染物进入水中，但天然水体存在一定的自净能力，那时的航运和农业灌溉相当分散，强度也较今天低得多，并不一定会使水体污染至不能使用的程度。工业用水量集中、强度大，是当时最大的污染源。例如制革业，制革需要大量的用水，同时用后水需要排放，在污水处理观念尚未出现和重视的那个年代，除了排放到河流或者运河之外，还能排放到哪里去呢？除工业用水之外，第二个主要的污染源就是人类生活废弃物。考古学证据表明，在远古美索不达米亚的城市中，缺乏家庭厕所、公共厕所这类卫生设施，污水横流，导致水源污染。

城市人口迅猛增长，全球城市化的进程越来越快，城市需水也日渐增加。水污染状况有增无减，给城市水源带来了更大的供给压力。许多城市周边适于取水的河流已经基本开发殆尽，河流开发利用程度不断提高，为满足供水，人类不断地从周边和越来越远的地方获取水资源，修建了越来越多的长距离、跨流域供水工程。很多引水工程发展成为跨越几个流域甚至是一个国家的巨型工程。总的来看，城镇发展取用水一直沿用这样一种线性思维：先从近处取水，不足时从上游或周围地区调水，用后水即排放、废弃；水资源仍不足时，考虑从更远一些的地方去调水。这种思维方式的流行，促使很多地方建设的引水工程规模越来越大且距离越来越远。

（二）传统用水模式的反思

直到现在，世界上许多城市的取水策略仍是基于从远处取水的思想。动辄几十公里、上百公里乃至数百公里的引水工程早已是司空见惯之事。然而，这种用水策略越来越依赖于城市内陆腹地河流上游地区水源的可用性，这种可用性面临着越来越大的挑战。尤其是在各地用水普遍增长的今天，河流上游地区的用水增加也将在所难免，下游地区可利用水资源将不断下降，从而给这种传统的城市取水模式的前景蒙上了一层阴影。在进入 21 世纪的今天，面临的严峻水危机迫使我们必须对这种取水策略进行反思，以便更好地利用地球上有限的及宝贵的淡水资源。

1. 日益增长的巨额费用，造成越来越重的财政负担

修建远距离引水工程就意味着是一笔巨额的投资，因此，采用远距离调水的供水方式会引起供水成本的剧增。一方面，建立新的水库会淹没大量的土地、房屋和森林，随时间的推移，支付给受淹地区居民的补偿费用越来越高，从而相应地引起水坝建设成本和供水成本的上升。另一方面，引水工程的日常运行、管理和维护费用通常也是一笔相当可观的开支，受水地区需要支付较高的水资源费，相应地增加了城市供水成本。

由于供水成本上升，而自来水一直是作为社会公共福利事业来运营的，因此，大部分依靠远距离引水工程供水的自来水售价都会低于其实际的制水费用。为了维持城市供水的正常运转，政府财政不得不为之提供相应的差额补贴。

引水工程除了巨额的投资之外，还要占用大量土地，且存在被引水地区的生态环境危害等问题。但是引水工程所引起的生态环境问题及由此产生的成本，由于难以定量计算，通常只是简单加以论述，并没有真正计入项目的投资成本之中。因此，在实际的成本计算中，目前很多跨流域调水工程没有把工程投资费用以及被引水地区的间接经济损失计算在内，仅以日常运行费用、管理费计算其成本，这与引水的真正成本相去甚远。

而且，随着引水工程建设的增加，很多河流已基本没有了筑坝蓄水的条件，使得开发新的水源和修建引水工程的难度越来越大。未来建设远距离引水工程的造价将会越来越高。城市供水成本的上升反过来又增加了城市居民的水费支出，虽然现在由政府实施补贴政策，但是，归根到底，政府财政收入仍旧是所有纳税人的钱，也就是说，尽管补贴这种支付形式不同于自来水收费，但实际上这部分差额补贴仍旧是城市居民来分担的。对于城市中的低收入阶层，对这种水价提高的承受力较低，在实际运行管理中，如何制定合理的水价政策或补贴政策，使得这些阶层可以负担得起基本的用水需求，也是一个不小的挑战。

同时，我国是最大的发展中国家，社会经济能力还不高，财政实力毕竟有限，在有限的资金情况下，越来越高的引水投资和运行费用，使得新增单位供水量的边

际成本不断上升，必然会降低城市开发水源总量的能力，对于城市满足未来供水需求也埋下了潜在的隐患。

2. 水量不足与水质安全

城市取水距离越远，跨越的流域数量越多，受到的风险和威胁就越大。

首先是水量的减少问题。随着各地用水的增长，能否保证引水工程的水量是值得重视的问题。退一步说，即使水资源外调区的经济发展用水不至于影响调出水资源的数量，但是在干旱年份这种威胁还是相当大的。在汛期或丰水年这个问题可能还不明显，但是如果碰上都是枯水年或干旱季节，这种引水的水量就会受到极大的威胁，难以保证城市供水。

其次是水质的污染问题。长距离的输水工程，一般很难采取全线铺设管道的方式。为了降低造价，通常会尽量利用已有的河道和渠道作为输水渠。但是这样一来，沿途经过的村庄、农田等排水造成的污染也是令人头疼的问题。

3. 河流生命的丧失，景观和地貌的改变

河流是地球上物质和能量交换的重要载体，地表径流有补给两岸地下水和湖泊池沼的水源、塑造河床和地表景观、输送泥沙等作用，是维持河流、湖泊等水生生态系统功能不可缺少的因素。河流冲积平原的形成就得益于河流上游向下游输送泥沙的沉积，而中下游河道也因每年汛期的洪水冲刷，避免泥沙过度沉积，才可以保持一定的河道断面。

引水工程对工程所在地的上、下游会产生一定的影响，引起下游水量下降、流速变缓，进而影响河口地区。河口三角洲是河流与海洋潮流共同作用所形成的生产力丰富的生态系统富集地。由于河流径流量的下降，势必使得原来河口水量平衡的关系发生变化，从而导致地表景观和地貌发生变化，咸水入侵、河口萎缩。

黄河断流与中上游耗用水量逐年增加、下泄流量逐年减少有一定关系，但主要原因还在于黄河下游引黄灌溉用水量剧增，两岸的引水规模过大，引水量超过黄河的负载能力。黄河季节性断流后，黄河三角洲地区缺乏足够的泥沙沉积与水量输入，地下水位下降，海水入侵，土壤盐碱化速度加快，降低生物种群多样性，破坏了黄河下游原来的生态环境状况。

4. 城市、地区之间的冲突和潜在纠纷

流域是地球上天然的水文地理单位，在一个大流域内，经常存在不同的城市或者国家。目前世界上有240条以上的河流流域由两个或更多的国家共享，5条河流由至少7个国家共享。尤其是那些跨国河流，这种情况更加严重。

在某些地方，因用水的竞争而引起的内部争端已达到白热化的程度。仍旧以印度为例，由于水资源缺乏，其水资源供应一直很紧张。

不同国家之间，城市化和工业化的进程也加剧了水源紧张的局面。以尼罗河为例，埃及用水中约有97%来自这条河流，尼罗河水大多发源于尼罗河上游的盆地，包括苏丹、埃塞俄比亚、肯尼亚、卢旺达、布隆迪、乌干达、坦桑尼亚和扎伊尔等国家。当流域上游国家的人口继续增加，经济继续发展时，他们就需要截流更多的尼罗河水。

从而减少了尼罗河进入埃及的流量，且严重影响到它的农业生产，这一状况显然埋下了冲突的种子。

5. 新世纪呼唤建立用水伦理

河流是由源头、支流、干流、湖泊、池沼、河口等组成的完整生态系统。奔腾不息的河流是人类及众多生物赖以生存的生态链条，是哺育人类历史文明的摇篮。但是，由于长期以来人们过度开发利用，当今全球范围内的河流已经普遍受到污染或面临耗竭的危机。这一严峻的现实，迫使我们重新思考人类社会的用水模式和策略。同时，确保一个流域之间用水的公平性和可持续性也成为今天水资源开发利用的重大挑战。对于一个流域的用水而言，需要流域上、中、下游城市用水的合理分配和优化，以保证河流生态系统得以生存和持续发展。

水资源可持续利用就是人类对水资源的开发利用既要满足当代经济和社会发展对水的需求，又不损害未来经济和社会发展对水需求的能力；既要满足本流域（区域）经济和社会发展对水的需求，又不危害其他流域（区域）经济和社会发展对水需求的能力。水资源可持续利用本质上是建立一种人和自然和谐相处、兼顾代际和代内公平的水资源开发利用模式。

在一个流域中，水资源可持续利用公平性原则的具体表现就在于流域上下游之间用水的公平合理，上游不能影响中、下游城市的用水。要想实现这种公平性，当然需要建立一系列的水资源分配法律和制度。例如借鉴国外发达国家的水权理论，建立合理的水价体系，进行水交易的市场机制等。

此外，建立一种新的用水伦理也是非常重要和必需的选择。因为伦理是人与人之间的道德行为规范，是人类社会赖以稳定发展的重要力量。伦理学根源于人与人之间的社会关系，它尊重所有人的利益。伦理学从大多数人的利益出发，制定人类行为的道德准则和道德规范，并在人类社会活动中，使个人的行为受这些准则和规范的调节和约束。在人类社会中，习惯和传统往往具有极其强大的力量。当一种认识逐渐成为社会遵循公认的道德准则和规范，形成一种行为习惯的准则时，它就会对我们每个个体形成强大的约束力，使我们的行为遵循这种准则。

目前的城市用水模式已经导致了河流生命的丧失、供水成本的急剧上升以及上下游城市之间的潜在争端。原本流域用水中天然的水利用循环是上游城市的排水成为下游城市的水源。这就要求上游城市的用水不应该破坏下游城市用水的功能，应将排入河道的污染物进行妥善处理，实现河流生命的延续和水资源的可持续利用。这是每个城市不可逃避的义务与责任。

在一个流域中，我们应该提倡一种新的取水伦理。这种用水伦理的基本特点是：①城市的用水立足于依靠本地区河流的水资源来解决；②在保证生态用水量的情况下进行取水。. 在不同气候、地理、水文地质条件下，河流的生态用水量并不相同，但是一般认为取水量不超出径流量的 40% 是较为合适的；③城市节约和有效地利用水资源，充分利用污水再生水，实现社会用水的健康循环，尽量减少淡水取水量；④在缺水严重地区，在取水量不得已超出径流量的 40% 时，必须根据河流生态需水的质和量要求，利用再生水补给河湖，增加相应份额的生态用水量；⑤上游城市的用水和排水不影响下游城市的用水，实现水源的共享。每个城市既需要限制取水的数量，也要控制排水的数量和质量，不至于污染下游河段，进而保证整条河流的水资源利用是可持续的。

它要求我们在水资源的使用观念上做出新的改变，不能停留在能取得多少便用多少的程度，也不能再等到水量不敷使用时，便想尽办法开发新水源。这种伦理的建立，并不是可有可无的。如果没有这样一种用水伦理来保护河流的生态系统以及上下游地区之间的和谐共处，那么整个流域地区的社会经济发展就要受到阻碍和制约。

（三）取用水模式的革新

进入 21 世纪的今天，城市取水、用水策略必须进行根本性的转变。需要转变成为一种使上下游城市用水、人类用水与自然和谐发展的新模式。

相比传统的取水模式，这种新模式具有以下显著的特点。

1. 以流域为单元的水资源利用模式

流域是一个从源头到河口的天然集水单元，也是水文大循环的基本单元。所以，在人类社会用水循环中，也必须以流域为单位进行管理才符合水资源本身的自然属性和系统特性。这种以流域为单元的取用水模式打破了原来基于行政区管理水资源的模式，可以统筹兼顾上下游各城市、各地区间的利益。目前，以流域为单元对水资源进行综合开发与统一管理，已经得到世界上越来越多的国家和国际组织的认可和接受，成为一种先进的水资源管理模式。

2. 水资源的共享与循环利用

城市用水的主要水源要在本地区河流流域内解决，就要求改变一次性用水的直流模式，在城市、流域范畴上实现水的利用、处理与再循环。这种方式主要通过城市用水的再生循环利用来实现。在这种取水模式中，一个很大的特点就是可以实现水资源的共享。这种共享主要有两个层次，第一个层次是流域上、中、下游地区之间水资源的共享。河流上游城市用水之后，排放的处理水不会影响下游城市的使用，从而实现了一条河流上、下游城市对良好水资源的共享。也就改变了城市取水越来越向上游发展、修建越来越远的引水工程的局面，每个城市都可以从本地区河流上游取水，从而大大降低供水成本，提高供水服务水平。第二个层次是流域内人类用水与河流生态需水的共享，这种新的模式要求每个城市的取水必须满足河流生态需水的要求，这种要求不仅仅是水量或水质的某一方面，而是同时需要满足水质与水量这两方面的要求。从而，保障了河流的生命及富有活力的生态系统。

3. 增强水安全

用水安全性有多种含义，其中包括具有满足使用要求水质的充足水量，它是水量和水质的函数。本地水循环的健康发展，可以减轻对外流域水资源的依赖性，相应地也就提高了本地用水的可靠程度。同时，新的流域用水模式增强了城市用水的安全性，如果城市实现污水再生水循环利用，在一定程度上可减轻突发性自然灾害

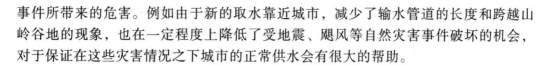

事件所带来的危害。例如由于新的取水靠近城市，减少了输水管道的长度和跨越山岭谷地的现象，也在一定程度上降低了受地震、飓风等自然灾害事件破坏的机会，对于保证在这些灾害情况之下城市的正常供水会有很大的帮助。

二、城市节水

节制用水首先是一种水资源利用观，或者是水资源利用的指导思想。在水资源开发利用过程中，不仅要节省、节约用水，更要在宏观上控制社会水循环的流量，减少对自然水循环的干扰。从这个意义上看，节制用水不是一般意义上的用水节约，它是为了社会的永续发展、水资源的可持续利用以及水环境的恢复和维持，通过法律、行政、经济与技术手段，强制性地使社会合理有效地利用有限的水资源。它除包含节约用水的内容外，更主要在于，根据地域的水资源状况，制定、调整产业布局，促进工艺改革，提倡节水产业、清洁生产，通过技术、经济等手段，控制水的社会循环量，合理科学地分配水资源，减少了对水自然循环的干扰。

除水资源短缺、水资源利用模式不合理外，全国各城市还不同程度地存在用水效率低、管网漏失率高、水资源污染等问题。因此，在开源的同时，高效的节流对于实现我国水资源优化配置、合理使用、有效保护与安全供给等具有重大的战略意义。节约用水，是指通过行政、技术、经济等管理手段加强用水管理，调整用水结构，实行计划用水，杜绝用水浪费，运用先进的科学技术建立科学的用水体系，有效地使用水资源，保护水资源，适应城市经济和城市建设持续发展的需要。

"节流优先，治污为本，多渠道开源"，既是城市水资源可持续利用的基本策略，也是城市节水的基本原则。值得强调的是，节约用水的目的，是提高用水效率、防止水污染，而不是单纯地减少用水量，城市雨、污水资源化也属于节水的范畴。因此，国内有专家认为"节制用水"一词更能反映"合理有效用水"的实际内涵。本书对节约用水与节制用水作了区分，并分别进行了阐述。

城市节水工作是全社会节水工作的重要组成部分，它可以取得巨大的经济效益、社会效益和环境效益。城市节水涉及面广，政策性强，是一项复杂的系统工程，需要政府部门按照法律法规的要求，密切配合，形成合力，全面统筹，综合运用法律、经济、行政及技术等手段搞好各项工作。

从管理与技术层面看，城市节水工作包括建立节水制度、加强节水执法、加强城市用水定额管理、减少城市给水管网漏失率、提高工业用水重复利用率、推广应用节水器具、城市污水、雨水利用及合理调整水价等内容。

（一）节制用水概念

节制用水首先是一种水资源利用观，或者是水资源利用的指导思想。在水资源开发利用的过程中，不仅要节省、节约用水，更要在宏观上控制社会水循环的流量，减少对自然水循环的干扰。从这个意义上看，节制用水不是一般意义上的用水节约，它是为了社会的永续发展、水资源的可持续利用以及水环境的恢复和维持，通过法律、行政、经济与技术手段，强制性地使社会合理有效地利用有限的水资源。它除包含节约用水的内容外，更主要在于，根据地域的水资源状况，制定、调整产业布局，促进工艺改革，提倡节水产业、清洁生产，通过技术、经济等手段，控制水的社会循环量，合理科学地分配水资源，减少了对水自然循环的干扰。

水资源的短缺和污水处理费用的昂贵，要求每个城市都要大力节制用水，以缓解水荒和经济重负。节制用水是为了人类的永续发展，将水视为宝贵的、有限的天然资源，在各领域均应改变观念，由传统的"以需定供"转变为"以供定需"，在国土规划上要将水系流域和城市统筹考虑，渗入节制用水的理念，在保障适宜生态环境用水基础上，合理规划、调整区域经济、产业结构和城市组团，促进工艺改革，提倡清洁生产与节水产业，采取以供定需，合理分配水资源，不断提高用水效率。

对于普通用户来说，主要是节约用水的范畴，按照不同用水户可分成工业、农业、生活节水等方面。

（二）节制用水的意义

①节制用水减少了对新鲜水的取用量，减少了人类对水自然循环的干扰，是维持水的健康循环所必需的；

②节制用水实现了流域水资源的统一管理，可提高水的使用效率，减轻了水的浪费状况；

③节制用水减少了污水排放量，从而节省了相应的排水系统和其他市政设施的投资及运行管理费用，同时，由于减少污水排放量，减少了污染，改善了环境，可以产生一系列的环境效益及生态效益；

④节制用水不仅是用户的行为，更重要的是政府行为，可以提高全社会节水意识，是创建节水型、水健康循环型城市的前提条件；

⑤节制用水可以促进工业生产工艺的革新，反过来又可进一步降低水的消耗量；

⑥节制用水可以节省市政建设投资，提高资金利用率，在目前我国市政建设资金普遍紧缺的情况下，具有重要的现实意义（例如，节水投资、开发新水源投资、污水治理的投资，解决了等量的缺水问题等）。

⑦通过节制用水的推广，社会水环境的改善和城市良好形象的建立，会产生一系列的增量效益。如由于投资环境的改善而使地价的增值，对于旅游城市，由于城市面貌的改善而提高旅游收入，提高了城市卫生水平，相应地提高了人们的生活质量，自来水厂由于原水水质的改善而减少了运行及改造费用。

（三）节制用水的措施

1. 法律手段

法律是最具权威性的管理手段，依法治水是社会进步的必然趋势，也是现代化社会的内在要求。目前还缺乏对于节制用水的一系列相关管理、实施的法律法规，应该根据我国水资源的实际情况，在有关法律的基础上，尽快建立可操作性强的节制用水法律法规。通过法律途径促进节水型社会的建设和高效水管理机制的形成，是节制用水策略得以顺利实施的前提和基础，也是我国节制用水得以健康发展的最有力保障。

在发达国家，水环境能够维持或恢复到较为良好的水平，严格、完善、可操作性强的法律法规体系起着重要的作用。如德国的环境法制体系已经进入较为完备的阶段，而且其法律规定明确、具体且易于操作。

2. 管理手段

管理薄弱是导致水资源未能合理利用的重要原因，在某种程度上也影响水问题的顺利解决。我国目前的水管理体制表现为条块分割、相互制约、职责交差、权属不清、行政关系复杂，水资源的开发、利用和保护缺乏统一的规划与系统的管理。

水资源管理必须从全流域角度进行统一管理，改变传统的管理方法，由供给管理转向需求与供给有机结合的管理，进而逐步实现需求管理。同时在水资源管理当中，政府的宏观调控功能应该得到加强和完善。

3. 教育手段

目前，虽然许多事实迫使人们对于水问题有了一定的认识，但是社会上有许多人对于水资源仍存在一些错误观念，对于水环境的恶化没有足够的认识。因此，通过课本、电视、网络等多种媒体形式开展有针对性的宣传教育，向公众大力宣传我国水资源短缺的现状，增强公众对水资源短缺的危机感和紧迫感，让人们了解国内水环境恶化的现状和危害，增强公众对再生水的了解，取得社会对节制用水的共识和支持。这样有助于纠正人们认识的误区，提高全社会保护水资源和水环境的意识，对于恢复流域水环境、提高用水效率等方面具有极其重要的作用。

在国外，对于水问题的教育已经渗透到了人们生活的许多方面。在美国，除了在小学至大学设置环境和水资源课程外，还利用电视、报纸、广播等现代媒体向公众传授水资源保护的重要性。

4. 科技手段

清洁生产、少或无水工艺等先进的生产技术可以从根本上减少水的消耗量。采用先进的生产技术包括工业上的新工艺及新设备，农业上的节水灌溉新技术、新品种等多方面的内容。例如农业灌溉用水中，发展了许多新的灌溉技术，包括小畦灌、喷灌、滴灌、低压管道灌溉技术等。采用喷灌比目前的畦灌可以节水50%，滴灌可以节水70% ~ 80%。

5. 经济手段

环境问题是在经济发展过程中产生的，也须在经济发展过程中解决，而最好的解决方法就是经济手段。这在发达国家多年实践中已得到证明，例如荷兰和德国，环境税已实施多年，环境保护的主要财政来源就是环保税收。针对居民的废物回收费和污水处理费，不仅有效保证了城市环保处理设施的正常运行，同时在很大程度上鼓励了公众节约用水与减少废物的产生。

第二节 城市水经济建设

一、城市水经济内涵

城市水生态系统的经济体系与水利工程经济有类似之处，但也有差别。城市的水经济主要是指因"水"的存在产生的与经济有关的事务，通常涉及城市取水、供水、用水及由于水生态系统的参与带来的经济变化等方面。

二、城市水市场

近年来，水资源日益短缺，我国全国中约 1/4 的城市存在严重缺水现象，城市供水水源日趋紧张，许多城市的水价一路攀升。水资源的合理优化配置的研究已经为人们所重视，由此产生的水权、水价问题也引起了广泛关注。

目前国内很多城市在建设适合自身经济发展模式的城市水市场，着眼于建立合理的水分配利益调节机制，以产权改革为突破口，明晰水资源产权，建立由价格制度、保障市场运作的法律制度为基础的、合理的水权分配和市场交易管理模式。在按量分配与协调分配相结合原则的基础上，同时建立地表水和地下水的水权机制。设立促成交易的组织或管理单位，完善水资源调节基础设施。逐步建立对第三方不良影响的补偿机制，完善水市场由于水权交易而受到损害的第三方利益的机制。

建立水市场的良性运行机制，其中很重要的一点是建立和完善科学、合理的供水价格形成机制。比较常用的是强化定额管理，采用基本水价和计量水价相结合的两部制水价。对供水水源受季节影响较大的工程，推行丰枯季水价或季节浮动水价，对各类用水实行重要产品用水单耗、万元产值和计划用水相结合的办法进行定额管理，包括：超定额用水，加价收费；定额内用水按价计费；低于定额降价计量，并改革供水管理体制，加强水费计收和管理力度。建立水价执行情况联系网络，加强对水价执行的监督，掌握水价执行动态，及时和准确地指导水价管理工作。通过建立适应城市市情的水市场运行机制及良性的水价格形成机制，实现水资源开发、利用、节约及保护的良性循环。

三、其他涉水经济

追求环境的自然和谐、生态的良性发展已成为现代城市发展的最高目标和居住适宜度评判的标准。城市中高品位的居住区在讲究绿地面积和覆盖率的同时，开始追求水景观的补充，要求一定的水面面积和动静水面的最佳组合。因为水生态系统

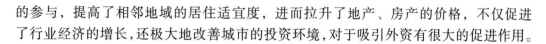

的参与，提高了相邻地域的居住适宜度，进而拉升了地产、房产的价格，不仅促进了行业经济的增长，还极大地改善城市的投资环境，对于吸引外资有很大的促进作用。

四、城市水经济开发途径

城市水经济开发就是运用市场经济手段，将城市水生态系统中可以用来经营的资本和生产要素推向市场，进行重新组合和优化配置，寻求开发途径，从中获得收益，再将这笔收益投入到城市水生态系统建设和管理的新领域，从而实现城市水生态系统建设的可持续发展。

（一）城市水经济开发方法

1. 城市水经济开发的主要内容

城市水经济开发经营的主要内容包括城市涉水的有形资产和无形资产。有形资产包括城市水生态系统中的社会公共产品，如城市河道、湖泊、土地、桥梁、堤防、供水、排水、水处理厂、商业点、娱乐场所等资产。无形资产包括城市水利工程的冠名权以及市政府及行业政策规定的特许权等，城市水经济的有形和无形资产都必须加强开发工作。

2. 树立经营城市水经济的科学理念

①要树立城市水利资产也是商品要素的意识，即城市水资源、河湖沿岸土地资源、水面景观旅游资源、休闲娱乐场所资源、公共设施物质资源等要素。既然是资源，就可以有计划地合理开发，就可以像商品一样推向市场，就可以通过投入使城市涉水资源产业化后实现资产增值；

②要树立水生态意识，水生态环境就是效益，一个城市水生态环境的好坏，直接关系到城市的形象、城市的品牌、城市招商引资的成败、城市资产价值的高低、城市综合竞争力的强弱。必须树立"管理就是生产力""环境就是生产力"的观念，强化城市水经济管理，优化美化城市水环境，提升了城市品位和档次，使城市水经济方面的资产不断增值；

③要树立市场意识，要经营好城市水经济，必须树立强烈的市场意识，用市场的眼光认识城市水生态系统，用市场的手段经营城市水生态系统，把市场经济中的经营意识、经营机制、经营主体、经营方式等多种要素引入城市水生态系统建设，把城市水经济经营贯穿于城市水生态系统规划、建设和管理的始终，走出一条用市场机制筹措城市水生态系统建设资金的路子，形成了投入–产出–再投入的良性循环。

3. 城市水经济开发和经营的主要方式

（1）政府直接开发方式

政府直接开发建设城市水生态系统中水经济项目是指工程既有经济价值更有社会公益性价值的项目。由于经济利润微薄，仅靠市场化运作，可能投资的来源较少，或不能达到市民的要求，因此，这类工程项目一般以政府直接开发为宜。如城市人工湖建设，该工程具有蓄洪、排涝、景观、休闲等城市公共利益价值，虽然也具有提升地价、商业网点、水上娱乐等商业性价值，但其社会公益性作用明显，一般由政府开发和经营，当然也可结合其他方式。

（2）联合开发和经营方式

对城市水生态系统建设的重点项目可采用多种资金投入渠道，实施联合开发和经营的方式，按投资比例来分配经营利润或经营权。我国现阶段城市建设项目，尤其是有市场化前景的项目大多数都采用了政府、集体及个人联合开发和经营的方式。如城市河道整治、水环境改善、沿岸园林绿带建设、湖泊景观建设等，可以多渠道筹集资金建设。投资方可通过工程效益，如工程在促进周边土地升值和拉动房地产市场等方面的潜力，获得投资利润和未来发展的机会。

（3）产权拍卖转让方式

对城市水生态系统中的很多资产，可通过招标拍卖、转让产权或经营权等方式，直接获取水土资源收益。对水资源产权的转让，首先必须明确城市水资源权属，即"水权"问题，根据河湖或地下水资源的所属权，进行水资源开发利用权的分配和转让。对河流、湖泊及湿地周边土地资源也同样可以进行资产转移，当然这种转移后的资源，必须满足城市水生态系统功能对水土资源的要求，用不丧失正常运行和不破坏管理为原则。

（4）经营权出租方式

经营权出租就是将水生态系统中的资产按市场化运作方式进行经营权出租，以提高经营成效和经济效益。如城市供水、排水、污水处理厂等公共设施，是我国城市长期较难解决的问题，造成投入资金不足和运营资金短缺，城市水环境质量长期得不到改善。近年来城市给排水和水处理厂通过建设资金筹集方式和经营权出租的改革，不仅解决了投入资金和运营资金问题，而且还有赢利，取得了显著的社会、经济和环境效益。在城市河湖沿岸水经济建设的商业网点、娱乐设施等都可实施经营权出租方式。

城市水经济经营的利润应该应用于城市水生态系统建设和管理中。从城市水生态系统建设和管理的公益性特点来看，城市政府公共财政的直接参与应该是经营城市水利的重要资金来源：一是城市政府财政的供给，如土地出让金、城市建设维护税、机动财力等。二是城市政府的地方性规定补给费，如城市防洪保安资金、基础设施配套费等。政府财政的供给，不但提供了初期建设必需的资金，且政府对城市水生态系统建设的投入政策，为向银行融资提供有效的担保。

（二）城市水经济经营的保障措施

1. 强化规划的"龙头"作用

城市水生态系统规划是城市水生态系统建设的"龙头"，也是城市水经济经营的依据。要搞好城市水经济，就必须强化规划，规划的主要内容如下：

①做好城市水生态系统规划与流域生态规划和城市总体规划的有机衔接，确保其超前性、科学性和可操作性。

②编制国有水上资源使用权出让规划。为防止出现盲目过量开发水上资源现象，

必须编制城市国有水土资源使用权出让规划，来保证城市水上资源开发在规划指导下有规划、有秩序地进行。

③编制城市水经济开发和经营规划。城市水经济开发和经营活动必须与城市经济发展规划相协调，水上娱乐经营活动必须符合城市旅游发展规划；河湖沿岸商业活动必须符合城市商贸发展规划，并形成自身的特色。

④注重规划的多学科结合。鉴于城市水生态系统建设过程中的不确定因素多、发展变化快，为保证规划在一定时期内的适应性和先进性，在城市水经济开发和经营规划编制过程中要全面引入水市场经济分析、水景观生态经济、水环境容量经济等新思想、新技术和新学科，通过多学科的融合，提升城市水经济开发和经营规划的水平。

⑤加强对城市水生态系统中无形资产经营的规划引导，一方面通过对城市河道、湖泊沿岸以及桥梁、水闸、坝附设的广告位置进行定点规划，在达到美化、亮化的同时，获得广告权出让收益；另一方面对水生态系统规划近期修建的人工湖、河道、水文化广场等的冠名权进行招标、拍卖，在改善城市水生态环境的同时，努力的增加城市水经济经营在无形资产方面的收益。

2. 水资源有偿使用政策

（1）水资源的价值观

水资源可分为天然水资源和人工水资源，其中人工水资源是指采用人类的工程或非工程措施拦蓄、调配、治理或处理净化将废水转变为可以利用的淡水资源，淡水资源具有价值是毫无疑问的；天然水资源是指自然环境中未受人类活动影响或人类活动影响甚微的各种形态的淡水资源，有的人称其为"原水"。长期以来，人们对自然水资源具有价值的问题认识不足，其实天然水资源不仅有支持生命、生态、环境和社会、经济发展的正面价值，而且还有洪、涝、旱及碱等灾害，从而成为妨碍人类生存发展的负面影响。因此，必须客观地界定水资源的价值。

（2）水资源市场价格的确定

①确定合理水源价格的作用。制定合理的水资源价格是实施社会经济和生态环境可持续发展战略的一个重要问题，也是水资源能否持续利用的关键问题之一。确定合理的水资源价格，包括使用天然水资源应收纳的水资源费的单价与经开发后进入市场交换的商品水的单价两个部分，它们都对水资源利用和支持可持续发展起着重要的作用。②水资源市场价格的确定。水资源市场价格如何确定一直是水利部门十分关注的问题，对该问题的研究也十分普遍。它涉及国民经济各个行业、人们日常生活和生态环境的保护等多方面，所以要合理地确定水资源市场价格是十分困难的。天然水资源转化为产品水或商品水，对它的价格确定，既要考虑它具有商品的一般性，又要考虑到商品水的特殊性。水资源作为商品的特殊性，除表现在其本身的属性外，还有资源的日益短缺性、开发的日益困难性、供用水过程的易污性、传统用水的无节制性和水对可持续发展的重要性等。因此，水资源市场价格组成应包括水资源费、水厂工程建设费（投入折算价）、供水运营成本及利润价、排水及污

水处理价、水环境保护治理年费用价等组成,各部分的价格根据城市的实际情况确定。一般来说,排水及污水处理费比例较大。

3. 城市河湖水环境容量资源有偿占用机制

水环境容量资源已经早被人们所认识,水环境容量是一种资源性商品,具有价值和使用价值。在我国水资源短缺日益突出的今天,水环境容量资源更得到人们的关注。水环境容量资源的使用价值是指它能容纳排污者排放的一定数量的污染物,使排污者(商品生产者)的生产能够顺利进行。科学的水环境资源价值观的建立,为水环境资源的有偿使用提供了理论依据,同时也为合理制定排污权的价格和健全排污权有偿转让市场奠定了基础,有利于充分利用经济手段管理水环境资源和进行水资源保护工作。排污权初始分配又称为"排污许可""排污指标"等,是环保行政主管部门向排污者颁发的允许其在一定时间内向环境排放一定量的污染物的行政许可,排污者因此而获得的有限的排放污染物的权利,其实质是对水环境容量资源这种商品的一种配置。

在市场经济体制内,无偿取得排污权,便是无偿获得了财富,并且往往剥夺了其他人在同等条件下无偿获得相同的财富的机会。我国现实行污染物排放总量控制,谁拥有了水环境容量资源,谁就拥有了排污权。对于其他受总量控制制度制约,而不能同样无偿地获得自己所需的全部排污指标的排污者来说,这是不公平的。因为作为同样的生产者和排污者,它必须把排污的成本内部化,从而要么因提高了技术改造的难度,而提升了生产成本,要么因提高商品的销售价格而降低了竞争力,与无偿获得排污权的生产者展开的是一种不公平的竞争。同样,对其他社会公众也是不公平的,因为水环境容量资源既是有限的,也是公共的,无偿取得排污权的生产者,实际上不仅占用了本身的环境容量份额,同时还大量地无偿占有了社会公众的环境容量份额,使其他公众要么失去了使用自己份额的环境容量资源的机会(一旦使用将会加剧环境污染),要么必须支付更高额的费用才能得到本应自然拥有的清洁的水和优美的环境。这与市场经济的平等公平原则和等价有偿原则是相悖的。实行有偿取得原则后,排污者取得排污权必须支付相应的代价,它就不会滥占排污权。对于其他生产者来说,在同样条件下就有机会获得排污许可,竞争便是公平的。对于公众来说,政府把排污许可的收入用于环境保护和改善,环境损失得到了弥补,或者因政府调控能力加强而不会造成环境损害,有限的水环境容量资源得到合理的使用和补偿,这也是公平的。因此,在城市水生态系统管理之中,实施河湖水环境容量资源有偿占用机制是有理论依据并且是合理的。

4. 完善河湖沿岸土地资源出让行为

(1)高度垄断土地资源的一级市场

要保证政府在土地资源方面的收益,必须在城市形成统一的土地资源市场,对城市区域内的河流堤防、湖泊岸线、湿地周边规定的土地资源,实行统一规划、统一储备、统一开发、统一管理。对不利于经营城市水经济要求的土地资源供应政策要以新的制度予以规范。

（2）理顺城市土地资源管理体制

一是建立法人制度，建立城市水经济运营公司。法人制度是市场经济的伴生物，市场中的一切经济活动，必须有市场法人来运作。传统的水行业管理模式只是代行政府对国有资产的监控职能而不具有市场法人资格，无法履行、行使市场义务和权利。建立水利资产经营公司法人主体，是依法建立法人制度的前提条件。二是建立法人资本制度，资本金来源主要依靠政府的政策性投入。首先是依靠政府的管理资源，重组分散在多行业、多部门的城市涉水水务资产，这是国有资产的主要来源渠道；其次是依据开发利用规划和年度实施计划，通过红线储备和征用、收回、收购及置换等实物储备方式，实施城市河道和湖泊岸线土地的储备；再次是依靠政府的政策资源，根据法规政策规定，界定城市河道和湖泊岸线管理的土地使用权。

5. 合理分配水土资源收益

为了调动城市社会各方面对水生态环境建设的积极性，必须对城市水土资源收益作出定量考核并进行合理分配。定量考核的依据可结合城市水生态环境评价体系提出的专门方法建立城市水土资源收益考核体系，并且根据水生态环境的判断依据，建立城市水经济开发经营收益体系。

6. 把握水经济开发重点

（1）系统开发

城市河湖既是流域的重要组成部分，又是十分重要的市政基础设施。由于城市河道的服务对象、承担的任务都具有相当的特殊性，必须把城市河湖纳入整个流域和城市基础设施这两大系统中，使之有机地协调、兼容。城市河湖的整治由偏重某一功能向全面系统延伸，已成为城市水生态系统建设的一种趋势。

（2）生态开发

长期以来，生产力的进步和经济的发展一直是衡量人类社会进步的标志。但这个标志现今已经不全面了，存在着明显的缺陷和不足。人类社会进步的标志应该是社会、经济和生态三个方面协同发展。在城市发展中，生态环境建设的重要性显得越来越重要。我国城市水生态环境恶化十分普遍，水质下降的趋势还没有完全得到遏制，水生态系统退化十分严重，生态环境问题已经直接影响到城市社会经济的可持续发展。因此，在城市水经济活动中应该优先考虑生态开发建设。

（3）综合开发

综合开发利用主要表现在城市河流、湖泊、湿地以及其他洼陷结构的建设治理目标、手段、措施以及城市水域功能的多元化。

第三节 城市水文化建设

一、水文化的内涵及功能

水文化是一种反映水与人类社会、政治、经济及文化等关系的行业文化。目前我国对水文化的研究还很少，对其内涵的界定也不十分明确。水文化有广义和狭义之分，广义的水文化是大文化概念，即城市水利在形成和发展过程中创造的精神财富和物质财富的总和；狭义的水文化是指河湖沿岸以及水域所发生的各种文化现象对人的感官发生刺激，人们对这种刺激会产生感受与联想，通过各种文化载体所表现出来的作品和活动。一般地也可以理解为水文化是人们在从事水务活动中创造的以水为载体的各种文化现象，是民族文化中以水为轴心的文化集合体。

广义上的水文化包括三方面的内容：

①水务活动是水文化产生的基础。水是人类乃至地球生命不可或缺之物，它是人类衣食之源，但也会给人们带来危害。人类在对水进行治理、开发、利用、配段、管理的同时，也建立了对水的认识、观赏和表现水务活动精神的文化。

②水文化是反映人们对水务活动的思考和社会意识。水文化是人们对各种水务活动理性思考的结晶，同时也必然形成与之相适应的社会意识。所谓理性思考，就是人们从丰富多彩的水务活动深厚的历史底蕴和现实活动中，运用概念、判断、推理等思维方式，去探求书物内在的、本质的联系，进而形成一定的观念和思想。

对于水务活动的这种理性思考首先表现为对城市治水、管水、用水、保护水的经验总结和规律的认识，表现为城市水利工作的方针、政策、法规、条例、办法等；其次，它还表现为反映城市水务活动的社会意识。社会存在决定社会意识，社会意识反映社会存在。城市水务活动是一种客观的社会存在，必然形成与之相适应的社会意识。这种社会意识主要表现为城市水行业的文化教育、自然科学、技术科学；表现为城市水行业职工的思想道德、价值观念、行为规范、组织机构和以水为题材创作的神话传说、民谣故事、诗词歌赋、绘画戏剧、文学作品等社会意识形态。这些都是人类精神财富中的灿烂明珠，都是反映城市水务活动的社会意识。从城市文化的形态看，城市水文化是城市文化中以水为轴心的文化集合体。城市文化从内容上讲，是生活在城市这个区域内人们的思想感情和意识形态经过扬弃后而沉淀形成的共同的心理状况、文化行为、价值观念、社会规范以及由此形成的各种文化形式。从时空上讲，它包含各种不同时期、不同地区、不同类型的城市文化，如古代、近代、现代的不同城市文化，而城市水文化只是各种文化中和水有关系的那一部分文化。无论水文化、城市文化，还是城市水文化，都是中华民族文化的组成部分，也是有中国特色社会主义文化的组成部分。城市水文化是一种体现水和城市关系的文化，这种文化的实质是人们对城市水务活动的一种理性思考和社会意识，即以水为载体的文化现象的总和；是城市文化中以水为轴心的文化集合体。

③水文化是民族文化中以水为轴心的文化集合体。水文化是民族文化中的重要组成部分，是民族文化中以水为轴心的文化集合体，是作为历史的沉淀和社会意识的清泉渗入社会心理深层，构成民族文化的一支奇葩。

城市水文化是自城市出现以后就存在的一种文化形态，但是把这种文化形态作为一种科学概念提出来加以考察，是随着我国城市化进程的加快和城市水利专业委员会的成立才引起人们关注的。

水利的发展史实际也是一部文明发展史，数千年来人们对水利的追求基本保持在防洪安全和生产生活用水的保障方面。即便如此，洪涝灾害一直困扰了中华民族几千年。我国的水利建设事业突飞猛进，通过水利工程建设，得到防洪抗旱的相对安全保障。但同时，人们也逐渐发现，人类活动对这些自然的河流湖泊的干扰已过分严重，特别是在中小城市，水系污染、江河断流、生态环境恶化、美丽的自然特征消失等重大问题相继发生。另一方面，随着人们生活水平的提高，对河流提出了许多新的要求，人们要求河流能够给社会生活提供越来越多的服务，除了防洪、抗旱的安全保障之外，人们开始关注水环境、水生态、水景观以及城区中的水塘、湿地等水环境的保护，关注城区水生态和水循环系统的建设。社会的客观要求推动城市水利建设事业的发展，在城市水利建设的同时如何改善水域的景观和生态环境，已成为现代城市水利事业发展的主流。现代水文化创立的基本原则是满足现代人对水文化的基本需求、反映现代人与水的关系、体现现代科技进步。在不断地总结现代水文化发展经验的基础上，创造新的水利建设理论，充分展现我国水利建设事业的文化内涵。并且通过水文化的发展，引导社会建立人水和谐的生产生活方式。总之，水文化内涵要丰富多彩，水域空间设计更不能平铺直叙、匆忙上马，一定要深思熟虑、精心推敲。首先要挖掘、保护、继承当地优秀的水文化历史遗存、历史文脉，形成历史、现代、未来的有机结合和相互辉映；其次要与时俱进，理念创新，创造高品位、有特色、有个性的新的水文化精品，做到功能与形式、艺术与实用、工程与生态的有机统一。

二、水文化建设途径

要发展和繁荣城市水文化就必须加强城市水文化的建设。城市水文化建设作为有中国特色社会主义文化建设的重要组成部分，应该坚持中国先进文化的前进方向。具体地讲，该体现在全面提高城市水利工作者的思想道德和科学文化素质，体现在提高水利工程的文化品位，为实现城市水利的现代化提供智力支持和精神动力。根据这一正确方向的要求，加强城市水文化建设的主要途径有以下几点：

①全面提高城市水文化规划、设计和建设工作者的思想文化素质，只有高素质的人才，才有高水平的工作，才有高品位的水文化工程。

②更新观念，提高城市水工程的规划、设计和建设的文化品位。随着社会经济

的不断发展和人民物质文化生活水平的不断提高，城市水利的功能日益多样化，不仅要满足除害和提供生产、生活用水的需要，还要建设清澈、美丽、舒适、人水相亲、人水相依的水环境，满足人们亲水、爱水、戏水、休闲、娱乐等文化的需要。在此情况下，就要求更新设计和建设观念，注重水工程的文化内涵和人文色彩，将每一项工程当作文化精品来设计、建设。使每项水利工程成为具有民族优秀文化传统与时代精神相结合的工艺品，使水工程和水工程管辖区在发挥工程效益和经济效益的同时，成为旅游观光的理想景点、休闲娱乐的良好场所、陶冶情操的高雅去处，为提高人们的生活质量提供优美的水环境。在建设具有浓厚的城市水文化环境方面，上海的苏州河、天津的海河、南京的秦淮河、浙江绍兴的城市河道以及其他一些城市都做了大量的工作，取得良好的效果。首都北京是一个城市水文化极为丰富的城市，在建设一流的现代国际化大都市和世界历史文化名城中、在申办和筹办奥运中，对城区的水系治理提出了"水清、岸绿、流畅、通航"的目标；全市水系治理提出了"一三环绿水绕京城，一千顷水面添美景"的目标。这些目标都有极浓的人文色彩和极深的水文化内涵，体现人与水的和谐相处关系；在具体的河湖水系的整治和建设当中，十分注意水工程建筑物功能的拓展和工程的造型艺术。

③要继承和发扬我国优秀的城市水文化遗产。我国有 5 000 多年的历史，创造和形成了极其光辉灿烂的城市水文化，其主要体现在大量的历史典籍、文物、古迹和各种古代水利工程中。这些都是中华民族优秀文化遗产的重要组成部分，我们应大力发掘，精心维护，使之与现代化城市水工程和水文化相映成辉，同时作为进行爱国主义教育的良好教材。

④提高认识，加强领导，注重宣传。任何一个行业，如果只有物质产品，没有精神产品，没有了行业的文化，没有行业的思想、精神、理论和哲学，就不可能成为真正意义上完整的行业，就不可能立足社会，更谈不上发展。城市水利，是一项历史悠久、前途远大的伟大事业，它有灿烂、博大精深的文化，这是维系、支撑城市水利延续和发展的精神动力。在城市化进程加快，城市水利迅速发展的情况下，加强城市水文化建设的意义十分重大。城市水文化建设是一个新生事物，领导的重视和支持是关键。因此，建议应把城市水文化建设列入议事日程，组织有关方面的力量，加强对这一新兴边缘学科的研究，采取了有效措施，落实城市水文化建设的各项任务。

（一）历史文化

原始信仰中，水能够祛灾除秽，甚至能赋予接受者以新的生命。

"再生"只是原始人眼中自然之水的文化功能之一，总结了起来，"生殖"及"通灵"也是水的原始文化功能，它们都属于原始水文化的范畴。原始水文化的生成是以人们对水的依赖与渴望作为基础的。人类对水之重要性的认识几乎与人类的诞生同时，因为水是世界最重要的组成成分，同时它也是人类生存最基本的条件。据考古学、历史学与人类学的研究表明，人类的所有文明几乎都是起源于水边，河流文化促进了人类文明的发展，如埃及有尼罗河、印度有恒河等。中华文明也是如此，黄河是中华民族的摇篮，是中华民族的母亲河。城市依水而建，人类靠水而生，"水是人类文明的一面镜子"。水域的严重污染，说明流域内居民的生产生活方式文明程度不高，缺少优秀的、先进的水文化，先进的水文化可以促进人水关系的协调，落后的水文化使人水关系紧张。

（二）现代文明

城市河道与城市生活的休戚相关，更形成了城市独特的水文化。"水"逐渐能成为一个城市的灵魂，这在我国江南地区更是如此。进入工业化进程后，城市的滨水自然环境、水文化与水景观一度遭到严重的破坏，而随着城市经济社会的发展，水文化的建设在近年来得到了重视。结合城市的重大市政工程契机，更好地制定、运用城市政策，挖掘城市水文化内涵，塑造城市特色水景观，进而实现城市水文化与水景观的和谐发展，是建设城市水文化的良好契机。

水域的严重污染，说明流域内居民的生产生活方式不文明，缺少优秀的水文化。优秀的水文化可以促进人水关系的协调，落后的水文化使人水关系紧张。在现代的水利建设中应当倡导水文化，既要注意保存我国历史遗留的优秀水文化，又要创造现代的水文化。在现代社会，由于人与水关系的变化，水文化也在不断地变化。既然有水文化存在，在进行水利工程建设时要充分注意保护该地区的优秀水文化遗产。比如说，在水文化活动、民俗盛行的地方，为了居民从事水文化活动保留足够的场所，如在赛龙舟盛行的水域，堤岸建设要方便人群观看比赛，又如钱塘江堤防的建设既要便于大规模的观潮活动，既要有足够的安全保证，又要体现丰富的现代水文化。相反，如果在水利建设中缺少水文化意识，就有可能破坏了当地的水文化。例如，河流污染、断流、渠化等都可能从根本上破坏了地方水文化的基础。"太湖美，美就美在太湖水"这样家喻户晓的歌词，如今由于水体的严重污染已很难引起人们的共鸣。

建设现代水文化，就是在保存历史水文化的同时，还将现代技术、文化、观念引到水利建设中来，创造现代水文化，如在河岸建设高技术手段的水文化展览馆、现代雕塑、大型喷泉、水上娱乐、水幕电影、音乐广场、水上夜景游览等。

现代水文化创立的基本原则是满足现代人们对水文化的基本需求，体现现代科技进步，反映现代人与水的关系。在不断总结现代水文化发展经验的基础上，创造新的水利建设理论，充分展现我国水利建设事业的文化内涵，并且通过水文化的发展，引导社会建立人水和谐的生产生活方式。

三、水文化与水景观的协调

城市水文化建设与水景观建设是相互影响、相互促进、相互渗透融合的关系。要建设一个生产生活方便舒适的、人与自然和谐的、高品位的城市水文化系统，就必须充分考虑水文化与水景观的协调，把水文化融合于水景观之中，同时水景观应充分体现水文化。

（一）水文化的景观性

在城市中大多数都是仰视角度的景观，这种情况对视觉是不利的，往往给眺望者以紧张的感觉。水平的水面从生理学角度来讲，给人以俯视的景观，让人眼界开阔，看远看深看透，给眺望者以视觉的休息。流动的水则更具有吸引力，无论是急流和缓流，让我们看到了丰富的变化反差。另外像倒景和落日那样，由风形成的水波和光线的反射相映盛辉，给人以意想不到的变化和灿烂。水生动物和水边植物不期而遇，那时的景象会给人以深刻难忘的感觉。溪流、水路、瀑布、喷泉等，在给人以跳动感觉的同时还使人有着湿润、清凉、柔和等感觉，人们对汩汩流出的泉水感觉到的是它的神秘，这些都展示了水的无限性，恰似"无限的彼岸流出的水，理应和我们有亲密的接触"。因此，在设计水文时要充分考虑其景观效应，本着以人为本原则，在城市丰富的水文中体现出别致、优美的景观环境。

（二）水文化景观的特征

在水景观建设中，文化概念的引入使水景观涉及的范围从单纯的自然水生态系统扩大到自然－经济－社会复合生态系统以及人文科学的社会、心理和美学领域。同时，水文化对水景观又有着深刻的影响，不论是半自然的农村水景观还是全人工化的城市水景观，都是不同程度水文化景观的体现，它反映了人类在自然环境影响下对生产和生活方式的选择，同时也反映了人类对精神、伦理和美学价值的取向。因此，水文化景观是人类文化与自然水景观相互作用的结果，是特定时间内形成的自然和人文因素的复合体。

水文化景观作为附加在自然水景观之上的各种人类活动的表现形态，由自然及人文两大因素组成。自然因素为人类物质文化景观的建立和发展提供了基础，正因为如此，由于自然环境本身所具有的地带性规律，使得水文化景观的许多人文因素（如居民等）具有明显的地带性特征。构成水文化景观基础的自然因素包括地貌、水文、气候、植被、动物和土壤等，其中地貌因素对水景观的宏观特征产生决定性的作用，动植物则是区域水文化景观外貌的重要影响因素，常成为区域水文化景观的重要标志之一。例如人们一谈起海南岛，海边婀娜多姿的椰子树便会浮现在眼前；提到苏州，就会联想到小桥流水。构成水文化景观的人文因素包括物质的和非物质的两类，使得水文化景观具备了精神意识特征。在人文因素中，物质因素是水文化景观的最重要体现，包括聚落、交通、栽培植物等；非物质因素主要包括思想意识、生活方式、风俗习惯、宗教信仰等。当研究非物质因素时，可透视水景观外貌深入到水文化景观的内部，寻求水景观内在变化的机制和动力。

随着水文化内涵和外延的不断丰富和扩大，人们精神生活和物质生活需求的增长以及旅游业的发展推动水文化设施不断完善，滨水空间越来越多地得到重视、开发和利用，滨水公园、滨水广场越来越多；亲水建筑、亲水设施和艺术小品越来越多，例如著名的香港文化中心等亲水建筑已成为城市的标志；水文化展览馆、博物馆、水族馆等层出不穷。

水文化景观具有地域性，广义而言，水文化景观包括两个方面，即人们为满足自身生产和生活的需要而对地球表面的自然水景观实施改造利用，它通常以各种滨水土地利用方式和生产方式来实现，如农业、牧业、居住聚落和交通等；同时也包括了人们依附于这种自然环境和生产方式所表现的生活方式，如饮食、服饰、宗教等。这两个方面构成了一个区域总体的水文化景观特征，前一方面是具有空间形态的地理存在，后者则多是非空间形态的物质与精神存在。

　　从狭义的角度出发，水文化景观更多的是研究具有空间形态的水景观。一个区域水文化景观的形成是在当地的自然环境背景下产生的，是人们长期对自然适应的结果，因此产生了以当地自然环境为背景的各种水景观类型。例如，同样是聚落及其建筑形式，平原上的水乡聚落和山区中的村寨就有很大的不同，不但在建筑形式上有差异，即使是在聚落斑块的分形上也有不同，因此水文化景观具有强烈的自然本底性。人类活动改变了自然环境及景观，产生了新的水景观格局，包括半自然水景观、农业景观和城市水景观等，都是不同程度的水文化景观。研究具有区域性空间形态的水文化景观，有助于人们更好地了解和掌握区域水文化景观的基本特征，并通过区域之间的对比，认识区域自然背景的作用、人为活动强度和方式的差异。

　　水文化景观在空间上存在着分异和趋同的运动。所谓分异，是指一个地域中水文化景观类型各自独立发展，相互差异性不断增强，且不断产生新类型的过程；所谓趋同，则是指地域上各水文化景观类型相互渗透、融合、同化，其水景观类型不断趋于单一的过程。在水文化景观发展开始阶段，不同的人群在各自隔离的环境中以不同的生活方式进行着改变自然的努力，其总的运动趋势是分异。随着人们活动范围的扩大、生活内容的日益多样化和丰富，各水文化景观的分异渐趋扩大，地域特色不断区域明显，但是水文化景观的分异常与区域的自然边界相一致，两种水文化景观在其交接地带，形成水文化景观的梯度差。随技术的进步，交流的频繁和人类视野的扩展，水文化景观也出现了趋同现象，水文化的融合与同化逐渐代替了分异的趋势，各水文化景观特色逐渐减弱，特别是那些人类控制力较强的水景观。但是现代趋同的压力使得这些城市在其形态上的差异基本消失，这是现代水文化景观建设当中所存在的明显缺陷。

参考文献

[1] 舒乔生 . 城市河流生态修复与治理技术研究 [M]. 郑州：黄河水利出版社，2021.

[2] 任苇，辛乾龙 . 现代城市水系统综合治理设计理论及实践 [M]. 北京：中国水利水电出版社，2021.

[3] 李慧敏，王太刚 . 水生态文明城市建设体制与机制创新 [M]. 北京：中国水利水电出版社，2020.

[4] 黄静 . 城市水景观体系研究 [M]. 北京：九州出版社，2020.

[5] 郝建新 . 城市水利工程生态规划与设计 [M]. 延吉：延边大学出版社，2019.

[6] 许建贵，胡东亚，郭慧娟 . 水利工程生态环境效应研究 [M]. 郑州黄河水利出版社，2019.

[7] 薛祺 . 黄土高原地区水生态环境及生态工程修复研究 [M]. 郑州黄河水利出版社，2019.

[8] 张一帆，张娜娜 . 海绵城市景观设计中的南方小城市内涝管理 [M]. 长春：吉林大学出版社，2019.

[9] 肖文胜，陶敏，张家泉 . 工业城市湖泊水污染控制理论与实践 [M]. 北京中国环境出版集团，2019.

[10] 朱国忠，李继才，刘海祥 . 城市黑臭河道治理技术与工程实践 [M]. 南京：河海大学出版社，2019.

[11] 朱喜，胡明明 . 河湖生态环境治理调研与案例 [M]. 郑州：黄河水利出版社，2018.

[12] 汪义杰，蔡尚途，李丽 . 流域水生态文明建设理论、方法及实践 [M]. 北京中国环境出版集团，2018.

[13] 喻坤鹏 . 形成中的国际生态秩序历史、理论及对中国的影响 [M]. 厦门：厦门大学出版社，2018.

[14] 朱闻博 . 从海绵城市到多维海绵系统解决城市水问题 [M]. 江苏江苏凤凰科学技术出版社，2018.

[15] 张卉 . 生态文明视角下的自然资源管理制度改革研究 [M]. 北京：中国经济出版社，2017.

[16] 丁志伟，王发曾 . 城市 – 区域系统综合发展的理论与实践 [M]. 北京：中国经济出版社，2017.

[17] 王登伟.城市生态水利系统功能评价研究 [J].北京百科论坛电子杂志，2019，（12）：75-76.

[18] 李爱荣.聊城市生态水利系统建设探析 [J].山东山东水利，2021，（5）：68-69，72.

[19] 赵佳玉.试论城市生态水利规划的基本原则 [J].北京建筑工程技术与设计，2018，（10）：55.

[20] 李海龙.城市生态水利设计新理念的应用效果探讨 [J].北京建筑工程技术与设计，2020，（25）：3261.

[21] 孙英伟.城市生态、水利与智慧工程融入城市建设总体规划的探讨 [J].北京城镇建设，2022，（1）：131-133.

[22] 陈曦濛.城市生态水利设计新理念的有效应用 [J].北京水电水利，2019，（1）：68-69.

[23] 程天竞，孙海宁.刍议城市生态水利工程建设管理 [J].北京水能经济，2017，（11）：260.

[24] 顾小涵，朱诗洁，毛劲乔.基于主成分分析的滨湖城市生态水利效益评价研究 [J].北京人民珠江，2021，42（1）：93-99.

[25] 杨彬.论生态水利在城市水利设计中的运用 [J].建筑工程技术与设计.2021，（33）：1975-1976.

[26] 陈雪文，陈长青，白光军，龙惠子.生态水利设计理念在城市河道治理中的应用 [J].北京区域治理.2021，（52）：94-96.

[27] 路宪.生态水利理念在城市河道治理美化工程中的应用 [J].城镇建设.2021，（19）：173.

[28] 陈庆沙.生态水利设计理念在城市河道治理工程中的应用 [J].北京百科论坛电子杂志.2021，（12）：2061.

[29] 赵建东.生态水利设计理念在城市河道治理工程中的应用分析 [J].北京：商品与质量.2021，（2）：319.

[30] 谭剑.探析生态水利设计理念在城市河道治理工程中的应用 [J].北京百科论坛电子杂志.2021，（6）：2278.

[31] 庄伟祥.生态水利设计理念在城市 河道治理工程中的应用 [J].北京科海故事博览.2021，（30）：57-58.

[32] 罗福.生态水利设计理念在城市河道治理工程中的应用分析 [J].北京城镇建设.2021，（1）：157.

[33] 冯跃东.生态水利理念在城市河道治理美化工程中的应用 [J].北京环球市场.2021，（23）：343.